U0346361

2020年度教育部哲学社会科学研究重大课题攻关项目"数据法学内容和体系研究"
（项目批准号：20JZD020）阶段性成果

论数据治理

李爱君　于施洋　著

STUDY ON
DATA GOVERNANCE

法律出版社　LAW PRESS·CHINA
———— 北京 ————

图书在版编目(CIP)数据

论数据治理／李爱君，于施洋著. -- 北京：法律
出版社，2024

ISBN 978 - 7 - 5197 - 8705 - 9

Ⅰ．①论⋯ Ⅱ．①李⋯ ②于⋯ Ⅲ．①数据管理
Ⅳ．①TP274

中国国家版本馆 CIP 数据核字（2024）第 017486 号

论数据治理 LUN SHUJU ZHILI	李爱君　于施洋　著	策划编辑 沈小英　毛镜澄 责任编辑 毛镜澄 装帧设计 李　瞻

出版发行 法律出版社	**开本** A5
编辑统筹 法治与经济出版分社	**印张** 10.25　　**字数** 317 千
责任校对 裴　黎	**版本** 2024 年 3 月第 1 版
责任印制 吕亚莉	**印次** 2024 年 3 月第 1 次印刷
经　　销 新华书店	**印刷** 三河市兴达印务有限公司

地址：北京市丰台区莲花池西里 7 号（100073）

网址：www.lawpress.com.cn　　　　　　　销售电话：010 - 83938349

投稿邮箱：info@ lawpress.com.cn　　　　　客服电话：010 - 83938350

举报盗版邮箱：jbwq@ lawpress.com.cn　　　咨询电话：010 - 63939796

版权所有·侵权必究

书号：ISBN 978 - 7 - 5197 - 8705 - 9　　　　定价：86.00 元

凡购买本社图书，如有印装错误，我社负责退换。电话：010 - 83938349

前　言

　　2022 年中共中央、国务院颁布了《关于构建数据基础制度更好发挥数据要素作用的意见》（以下简称《数据二十条》），提出了完善数据治理体系目标"统筹发展和安全，贯彻总体国家安全观，强化数据安全保障体系建设，把安全贯穿数据供给、流通、使用全过程，划定监管底线和红线"，以及数据要素治理结构"加强数据分类分级管理……形成政府监管与市场自律、法治与行业自治协同、国内与国际统筹的数据要素治理结构"。《数据二十条》从宏观、微观两个层面对数据治理提出建设性意见。宏观数据治理，是指政府监管、市场自律、法治和行业自治协同、国内与国际统筹的数据要素治理结构；微观数据治理，是指数据控制主体围绕数据来源、数据汇聚、数据质量、数据处理、数据处分、数据安全等各环节，遵守相关法律规定，实现数据资产化。本书以微观层面的数据治理为核心，并兼顾宏观数据治理展开研究，进而建立数据治理体系。

　　数据治理是人类在数据开发利用实践中，基于对数据安全、数据质量、个人信息和隐私保护等问题的认识，重新构建的一种新型的管理模式。数据治理对于数据价值释放、数据安全和数据质量管理均具有重要意义，是"统筹发展和安全，贯彻总体国家安全观，强化数据安全保障体系建设"的重要方式。本书通过分析国、内外对数据治理的研究成果和实践进行了深入且系统的分析和研究，创新性地提出了数据治理的概念、数据治理的本质、数据治理的价值、数据治理的目标、数据治理的立法、数据治理的司法、数据治理的监管、数据整体的治理，数据治理架构、政府数据治理架构、企业数据治理架构，数据治理内容、数据治理的生命周期、数据治理客体、数据治理流程、数据治理工具、数据治理策略、数据治理责任机制、数据技术治理和构建实现数据治理的数据产权制度等方面内容，尤其在最后一章对我国数据治理的实践案例进行了分析。

本书作者长期从事数据基础制度理论研究，广泛参与国家政策制定和地方立法工作，共同参与了《数据二十条》的研究和起草工作。李爱君教授于 2020 年担任教育部哲学社会科学研究重大课题攻关项目"数据法学内容和体系研究"首席专家，形成众多数据基础制度理论研究成果，例如，发表《人工智能法律行为论》《数据权利属性与法律特征》《论数据法学体系》《训练数据主体权益保护的新型数据财产权构建》《加快完善数据产权制度》等论文 30 余篇；出版《中国大数据法治报告》《国际数据保护规则要览》《数据出境法学原理与实务》等著作；承担了全国人民代表大会、司法部、国家发展和改革委员会、国有资产监督管理委员会、最高人民检察院，以及北京、上海、深圳、山东和雄安新区等地有关数据政策和基础制度研究课题 20 余项；负责起草《深圳经济特区数据条例》《北京市数字经济促进条例》，参加山东、广东、四川等地的数据立法工作，现负责起草雄安新区数据立法。于施洋同志现任国家信息中心大数据发展部主任，主要从事大数据、数字中国发展战略研究，近年来承担了大量数据要素和数据治理方面的国家级课题，先后出版《论数据要素市场》《宏观经济大数据分析》《数字中国：重塑新时代全球竞争力》《电子政务顶层设计》等。

本书是在 2020 年教育部哲学社会科学研究重大课题攻关项目"数据法学内容和体系研究"和 2020 年国家信息中心与中国政法大学互联网金融法律研究院合作开展的"数据治理体系研究"的基础之上进一步体系化和深入研究的成果，是对数据治理这一数据要素市场培育、数据价值挖掘和数据安全的核心与前沿问题研究的阶段性总结。

目 录

第一章

数据治理概述

一、数据治理的概念

治理最初是指政府控制、引导的行动或方式。目前，较主流的观点认为，"治理"是一个采取联合行动的过程，它强调协调，而不是控制。[1] 有学者认为，治理是多元主体参与过程，治理主体之间存在权力依赖，最终形成自主自治的网络，这个网络要求治理主体放弃各自的部分权利，依靠各自的优势和资源通过对话和协调来增进理解，确立共同目标后相互信任、相互鼓励并共同承担风险，最终建立一种公共事务的管理联合体，存在权力依赖的多元主体之间的自治网络。[2] 治理与管理也存在差异。治理侧重制度建构，强调效率与公平的合理统一，是有关管理活动的指导、监督和评估。而管理侧重经营权的分配，强调在治理架构下，通过计划、组织、控制、指挥和协同等职能实现目标。[3] 治理与内部控制也有所区分。治理的本质是关于经营管理和绩效进行配置和

---

〔1〕 参见郁建兴、任泽涛：《当代中国社会建设中的协同治理：一个分析框架》，载《学术月刊》2012 年第 8 期。

〔2〕 参见俞可平：《治理和善治：一种新的政治分析框架》，载《南京社会科学》2001年第 9 期。

〔3〕 参见程新生：《公司治理、内部控制、组织结构互动关系研究》，载《会计研究》2004 年第 4 期。

行使控制权的一整套制度安排，[4] 旨在实现相关利益主体之间的权利、责任和利益的相互制衡。而内部控制的本质是一种风险控制活动，侧重为经营的效率效果、财务报告的可靠性、相关法律法规的遵循性等目标的实现提供合理保证，包括五大要素，即控制环境、风险评估、控制活动、信息和沟通、监控。内部控制学的本质特征就是如何管理风险、控制风险。

对于数据治理，国外最先提出并形成了一系列有代表性的观点。国际数据管理协会（Data Management Association，DAMA）提出，数据治理是对数据自然管理行使权利的活动集合。国际数据治理研究所（Data Governance Institute，DGI）指出，数据治理，是指数据相关事务的决策和权限的行使。具体而言，数据治理是处理信息和实施决策的一个责任体系。它根据约定模式运行，这个模式规定了谁可以在何种情境下、何时、采用何种信息、由谁、运用何种方式进行处理，即明确实施者、实施步骤、实施时间、实施情境以及实施途径与方法。国际商业机器公司或国际商业机器公司（International Business Machines Corporation，IBM）认为，数据治理是组织管理其信息知识并回答问题的能力，如数据来自哪里？数据是否符合公司政策及规则？数据治理实践提供了一个全面的方法来管理、改进和利用信息，以帮助决策者建立对业务决策和运营的信心。可以看出，国外对于数据治理概念的关键要素包括组织体系、规则标准、决策权、责任体系、人员和信息管理的实施方法等方面，尤其强调基于数据相关事宜的管理基础上，所作出的相应决策和实施的行动。[5] 此外，国际标准化组织（International Organization for Standardization，ISO）也着力于数据治理国际标准的制定工作，并于

[4] 参见罗红霞：《公司治理、投资效率与财务绩效度量及其关系》，吉林大学2014年博士学位论文。
[5] 参见唐莹、易昌良：《刍论政府数据治理模式的构建》，载《理论导刊》2018年第7期。

2017 年发布了 ISO/IEC 38505 - 1：2017，目前正在进行 ISO/IEC PDTR 38505 - 2 的编制。其中，ISO/IEC28505 - 1：2017 在 IT 治理的原则和模型基础上给出了数据治理的原则和模型，旨在帮助数据治理主体评估、指导和监督其数据利用过程。ISO/IEC PDTR 38505 - 2 旨在为治理主体和管理者建立关联，确保数据管理活动符合组织的数据治理战略。

数据治理的兴起与发展同数据管理紧密相关。最初的行为表现是，数据库管理人员与技术人员为保障数据库中数据的可用性而进行的一系列行为。随着对数据开发利用程度的提升，数据治理逐渐脱胎于数据管理而逐步发展。"数据治理被定义为对数据资产的管理行使权力和控制（如策划、监督和强制执行）。"[6] 而数据管理强调的是对数据集合自身内容的具体管理，是基于整个数据生命周期的管理，包括收集、组织、描述、共享和保存数据，属于被动式管理。DGI 认为，数据管理是确保通过数据治理制定的政策和实践能有效地帮助数据相关开展工作的一系列活动。数据治理贯穿数据管理的全过程，它更注重战略规划、组织以及后续绩效评估和监管等，强调"决定如何作出决定"（decide how to decide）。从上述内容来看，数据治理与数据管理的区别主要体现在：其一，数据治理既包括对数据的管理，也包括对相关利益主体主动式的管理，管理范围更广，体系更完善。数据治理人员通常由组织的决策者和高级别管理人员及其代表组成。其二，数据治理具有方向性，以数据为研究对象，围绕治理内容开展的组织结构、体制机制、人员配置等决策及其行动。其三，通过数据治理，组织能够承担数据责任，解决技术问题，从而进一步提高数据管理的能力。其四，数据治理的体系架构的范畴要广于数据管理，数据治理是以数据为核心，围绕数据客体进行组织结构、体制机制、人员配置等决策及其行动。其五，数据治理具有互动

---

[6] ［美］劳拉·塞巴斯蒂安－科尔曼：《穿越数据的迷宫：数据管理执行指南》，汪广盛等译，机械工业出版社 2020 年版，第 44 页。

性，涉及数据生命周期与主体间的动态互动，而数据管理多为对数据库中数据的可用性与安全性进行单方面的控制与操作。其六，数据治理为数据管理提供原则、策略、流程、框架、度量和监督，并在所有层级上指导数据管理工作，侧重宏观层面，[7] 而数据管理旨在确保大型数据库中的数据是可用和可访问的，侧重微观层面。从这个角度来看，两者之间密不可分，但又有明显区分。

数据治理与信息技术管理也存在差异。信息技术管理专注建设、运营、维护基础设施、系统和应用，而数据治理依赖技术并与技术管理交叉，但又专注实现数据价值。数据管理与内部控制也存在不同。内部控制是保障管理过程发挥作用并对管理过程进行监控的一种工具，[8] 侧重控制；而数据治理是通过对权、责、利的分配，实现安全与效率的平衡，侧重协调。数据管理与 IT 治理也存有差异。IT 治理的对象是 IT 系统、设备和相关基础设施，强调的是 IT 投资和系统实施，忽视了商业价值增长中的数据创建、处理、消耗和交换方式。而数据治理的对象是可记录的数据。[9]

综合以上分析，数据治理，是指通过建立组织架构，明确相关部门职责要求，制定和实施系统化的制度、流程和方法，确保数据统一管理、高效运行，并在经营管理中充分发挥价值的动态过程。数据治理有助于控制数据的开发和使用，降低与数据相关的风险，使相关主体可以战略性地利用数据，并从数据治理中获得价值。

---

〔7〕 参见［美］劳拉·塞巴斯蒂安·科尔曼：《穿越数据迷宫：数据管理执行指南》，汪广盛等译，机械工业出版社 2020 年版，第 48 页。

〔8〕 参见樊行健、肖光红：《关于企业内部控制本质与概念的理论反思》，载《会计研究》2014 年第 2 期。

〔9〕 参见张宁、袁勤俭：《数据治理研究述评》，载《情报杂志》2017 年第 5 期。

二、数据治理的本质

美国国家教育统计中心（National Centre for Education Data Statistics，NCES）将数据治理定义为组织过程和结构，包括确立数据责任，制订计划和指派专门的数据人员，通过系统地创建和实施数据策略、角色、职责和过程，协作改进数据质量。[10] 隐私技术援助中心（Privacy Technical Assistance Center，PTAC）认为，数据治理是对数据使用到数据清理等整个数据生命周期所进行的一种组织管理行为，涉及对数据隐私安全、数据质量、数据访问、数据共享等方面进行的政策制定、标准明晰、程序构建以及合规检测。[11] 数据质量运动（Data Quality Campaign，DQC）指出，数据治理即用于界定数据收集和数据报告过程中应遵循的程序规范，以及确立与数据质量和数据安全相关的数据责任体制。[12] DGI 将数据治理界定为对数据相关事项进行的决策制定和授权归属，明确类似谁在何种情况下，可以使用什么数据，采用什么方式，以及如何使用数据等问题。[13]《银行业金融机构数据治理指引》将数据治理定义为，通过建立组织架构，明确相关部门职责要求，制定和实施

---

〔10〕 See National Centre for Education Data Statistics，*Chapter* 1：*What Is Data Governance and Why Does It Matter*，https：//nces. ed. gov/forum/ldsguide/book3/ch_ 1. asp，2011 – 2.

〔11〕 See Privacy Technical Assistance Center，*Data Governance Checklist*，https：//nces. ed. gov/forum/pdf/data_ governance_ checklist. pdf，2011 – 12.

〔12〕 See Data Quality Campaign，*Roadmap for Cross-Agency Data Governance*：*Key Focus Areas to Ensure Quality Implementation*，https：//2pido73em67o3eytaq1cp8au-wpengine. netdna-ssl. com/wp-content/uploads/2018/01/DQC-Cross-Agency-Gov-Road-map – 01232018. pdf，2018 – 1 – 30.

〔13〕 See Data Governance Institute. *The DGI Data Governance Framework*，http：//www. datagovernance. com/wp-content/uploads/2014/11/dgi_ framework. pdf，2019 – 6 – 4.

系统化的制度、流程和方法，确保数据统一管理、高效运行，并在经营管理中充分发挥价值的动态过程。

数据治理应从以下三个方面进行理解：第一，数据治理的对象是数据，即任何以电子或非电子形式记录的信息，以银行业金融机构为例，包括所有分支机构和附属机构的内部数据和外部数据，覆盖业务经营、风险管理和内部控制流程中的全部数据。[14] 第二，数据治理的目标是实现数据价值。数据治理实质上是将数据视为资产，即可以被拥有、使用并产生价值的经济资源。[15] 现有的规范性文件普遍将数据活动作为重点规制对象，旨在规范数据行为、防范安全风险。但数据活动规制的最终目标应定位于实现数据价值，也就是让经营者从规范数据行为和提升数据质量中获取收益，从而形成正向激励。如通过高质量的数据洞察客户需求，并基于此对产品、服务等进行创新，从而获取更大的商业利益。第三，数据治理应关注 3 个重点：一是数据治理架构，数据治理架构是开展数据治理工作的前提和基础；二是数据质量，高质量的数据有助于经营者更好地决策，而低质量的数据可能存在安全、道德等风险；三是价值实现，数据治理工作的最终目标是实现数据价值，包括提高管理精细化程度、提升风险管理体系有效性、提升客户服务质量和水平等方面的价值。

数据治理可分为两重维度：一是对数据进行治理；二是用数据进行治理。就通过数据进行治理而言，强调数据为治理构造了一个新的治理场域，推动治理主体以一种新的观念和视角去重新审视社会治理，并自觉地按照数据时代所呈现的新特征推动社会治理的变革，并在开发和应用数据资源的过程中自觉依照数据去安排和开展社会治理，从属治理理

---

[14] 参见《银行业金融机构数据治理指引》第 5 条。

[15] 参见［美］劳拉·塞巴斯蒂安·科尔曼：《穿越数据迷宫：数据管理执行指南》，汪广盛等译，机械工业出版社 2020 年版，第 5 页。

念层面；对数据进行治理来说，治理对象是明确的，即数据，从控制数据主体进行分类上看，包括个人、政府数据、企业数据和其他组织。从控制数据的量来看，政府数据和企业数据是数据应用的重要主体，同时是数据要素市场培育的重要主体，因此本书主要从政府数据和企业数据的治理进行研究。政府数据治理"不仅是政府机构内部数据的治理，更是政府为履行社会公共事务治理职能，对自身、市场和社会中的数据资源和数据行为的治理"；[16] 企业数据治理更强调对企业数据静态和动态的管理。以是否记录个人信息，分类为个人信息数据和非个人信息数据。个人信息数据治理更强调的是对数据安全、个人信息和个人隐私的保护。2018 年，中国银行保险监督管理委员会印发的《银行业金融机构数据治理指引》，含有"对数据进行治理"和"用数据进行治理"的双重维度，如第 38 条、第 39 条第 1 款、第 40 条实质上是"用数据进行治理"，而第 23 条、第 25 条实质上是"对数据进行治理"。这两重维度实质上具有相互关联、相互作用的关系，前者为后者供给所需数据，是后者实现目标的前提与基础，对后者具有保障作用；若后者向前者提出用数需求，对前者具有指引作用。[17]

　　无论是对数据进行治理，还是用数据进行治理，数据治理都是以数据的社会价值和经济价值的增值为最终目标，是通过建立制度架构，实现权利、责任和利益的相互制衡，以及效率与安全的有机统一。

三、数据治理的价值

　　"从学理上分析，价值包括三层含义：价值主体的价值需求、价值

---

〔16〕黄璜：《对"数据流动"的治理——论政府数据治理的理论嬗变与框架》，载《南京社会科学》2018 年第 2 期。

〔17〕参见董晓辉：《活动理论视角下高校教育数据治理体系构成要素研究》，载《中国电化教育》2021 年第 3 期。

客体的价值属性和作为价值形态的价值目标。"[18] 数据治理的价值，是指数据主体通过治理行为得以实现的各种价值目标的集合，具体包括安全价值、效率价值和秩序价值。

（一）数据治理的安全价值

频发的数据安全风险事件要求数据主体必须重视安全。市场主体在数字化转型过程中面临频发的数据安全风险事件。数据安全风险事件，是指由于人为原因、软硬件缺陷或故障、自然灾害等对数据造成危害、对社会造成负面影响的安全事件。数据安全风险事件具有极强的传染性和危害性，尤其是依托网络设施和计算机信息系统实施的数据安全犯罪危害极大。一旦处置不当，将会严重影响数据主体的安全运营，使原本脆弱的信用关系在外部冲击下中断，从而导致市场动荡，甚至损害整个社会信用体系，而数据治理可以帮助数据主体实现安全的价值目标。

首先，数据治理着眼数据的全生命周期，贯穿于收集、处理、存储、传输、销毁的全过程。数据安全风险事件的发生既有外部因素，也有内部因素，而内部因素占主要原因。数据安全制度漏洞、管理漏洞、工作人员过失等均会诱发数据安全风险事件。原先采取的数据管理措施，往往局限于收集、处理等具体环节。数据管理是基于微观层面对数据安全加以保护，无法从宏观层面审视制度漏洞。而数据治理与数据管理不同，数据治理是为数据管理提供原则、策略、流程、框架、度量和监督，并在所有层级上指导数据管理工作。[19] 就数据安全问题而言，数据治理能够从各环节、各层次上审视数据主体现有的数据安全制度与安全管理工作，并从宏观层面完善数据安全制度，改进安全管理工作，以此填补微观层面的不足，降低数据安全风险，确保数据安全。

---

[18]　朱景文：《法理学》（第 3 版），中国人民大学出版社 2015 年版，第 46～47 页。

[19]　参见 [美] 劳拉·塞巴斯蒂安·科尔曼：《穿越数据迷宫：数据管理执行指南》，汪广盛等译，机械工业出版社 2020 年版，第 48 页。

其次，数据治理包含制订数据安全策略、明确数据安全标准、定期审计数据安全的具体要求。数据安全策略，是指可以实现数据安全目标的方案集合。数据安全标准，是指关于数据安全的一系列规范性约束。数据安全标准是数据安全管理工作的主要参考依据，通过将数据安全管理工作与数据标准相关联，一方面可以监督数据安全管理工作，另一方面也可以提升数据安全管理水平，以确保数据安全。数据安全审计，是指由专业审计人员对数据活动或数据行为进行检查并作出评价的过程。[20] 无论是数据安全策略，还是数据安全标准，抑或是数据安全审计，实则都是基于宏观层面。数据安全策略为数据安全管理工作的实施提供方案，数据安全标准为数据安全管理工作的规范提供依据，数据安全审计为数据安全管理工作的监管提供支持，以此提升数据安全管理水平，以确保数据安全。

（二）数据治理的效率价值

数据市场对效率的本质需求要求数据主体在数据活动中重视效率。数据市场的根本要求是效率，追求以较少或较小的投入获得较多或较大的经济产出，使社会财富最大化。这就决定了数据主体在数据活动中也应当重视效率。

数据市场建设的目标是发挥市场配置数据资源的决定性作用，使数据资源得到更充分、合理的配置，从而实现利益的最大化和效率的优化。而数据资源市场化配置的前提是通畅数据流通渠道，使数据在价格信号等引导下流向具备先进生产力的主体。因此，数据市场建设的重点是破除阻碍数据流通的体制机制障碍，提高数据资源配置效率，使数据自主有序、高效流动。数据主体作为数据市场的参与主体，应当主动采取措施，推动数据自主有序、高效流动，而数据治理可以帮助数据主体实现

---

[20]　参见江茜：《大数据安全审计框架及关键技术研究》，载《信息安全研究》2019 年第 5 期。

效率的价值目标。

首先，数据主体可通过完善数据治理架构，明确相关部门职责要求，破除阻碍数据流动的组织障碍，提高数据流动效率。在实践中，数据主体常常面临内部各组织、各部门数据管理工作难以协调的问题，各信息系统常常因数据格式、数据接口、数据标准等问题处于事实上的割裂状态，极大阻碍了数据在内部各组织、各部门之间的数据流动，导致数据管理工作难以展开。而通过建立组织架构健全、职责边界清晰的数据治理架构，能够协调各组织、各部门的数据活动，减少组织制度障碍，提升数据管理工作的效率。以德意志银行为例，其实施数据治理前存在数据分类模糊、依存关系不明、数据质量不高、没有数据存档、缺乏元数据管理等诸多问题，并由此导致数据维护困难、使用缺乏效率，给经营管理带来了高昂的额外成本。2015 年，德意志银行开始实施数据治理，并在组织架构上，采用自上而下的组织方式，设立了集团层面的首席数据官及其领导的数据委员会、部门层面的数据官及其领导的治理办公室，以及地区层面的数据委员会，并设立专人专岗（如数据内容负责人、数据平台负责人等）。通过此种自上而下、统一完备的组织制度，德意志银行的数据管理工作效率得以显著提升。

其次，数据主体可以通过建立数据质量管理目标、定期组织现场检查等控制数据质量，减少数据质量问题，提高数据使用效率。数据质量直接决定数据使用效率，高质量的数据相对应的是清洗成本低、使用效率高，而低质量的数据相对应的是清洗成本高、使用效率低。在实践中，数据主体常常面临数据错误、遗漏、冗余等情况，并直接影响数据统计分析结果的准确性和高层决策的科学性。数据质量低下不仅使数据本身无法得到有效利用，更给数据主体带来 15% ~25% 的额外的清洗成本。而通过建立数据质量监控体系等举措，能够有效减少数据质量问题，提升整体数据质量，进而提升数据使用效率。以德意志银行为例，其制订了明确的数据质量治理的问责机制和具体路线图，着重对数据质量问题展开治理。短短 5 年间，德意志银行的整体数据质量有了显著提升，数据使用效率也显著提高，德意志银行已成为欧洲银行数据治理的典范。

最后，数据主体可以通过加强数据应用，改善风险管理方法，完善风险管理策略，提高风险管理效率。根据监管要求，数据主体要建立严格的内部风险控制制度，发现某些风控指标达到预警标准时必须及时进行风险处置。数据作为承载所有经营管理活动信息的数字化载体，可以为数据主体风险管理提供直接且客观的依据。数据主体多是通过数据统计分析报告等文件分析其风险管理中出现的问题，监管机构也是通过报送的监管数据分析被监管者是否存在风险管理问题。可见，无论是从数据主体的角度，还是从监管机构的角度，数据对风险管理都十分重要。而通过数据治理，数据主体能够从数据中充分挖掘其风险管理中出现的问题及隐藏的漏洞，并据此改进风险管理方法、完善风险管理策略，进而提升风险管理效率。以德意志银行为例，通过数据治理，其能够识别出高风险的经营管理活动，并对风险及时进行评估和控制。通过数据治理，其还能够识别出潜在的控制缺陷，并持续监测改进情况，进而实现风险管理效率的提升。

（三）数据治理的秩序价值

"秩序意味着某种程度的关系的稳定性、结构的一致性、行为的规则性、进程的连续性、事件的可预测性以及人身财产的安全性。"[21] 数据治理有助于形成数据秩序，进而实现秩序的价值目标。

数据秩序，是指由数据治理规则所确立和保障的，以数据活动相关利益主体的权利义务为基本内容的，具有稳定性、一致性、规则性、连续性、可预测性的自治管理秩序。数据秩序本质上是由实体性制度和观念化意志所合成的。"实体性制度"表现在，数据秩序为相关利益主体

---

[21] 张文显：《法哲学范畴研究》（修订版），中国政法大学出版社 2001 年版，第 195～197 页。

提供了所依循的行为界限与规则。例如，归口管理部门负责协调数据管理工作，组织数据应用活动，设置监管数据相关工作岗位；而业务部门负责本业务领域的数据管理工作，管理业务数据源头，执行监管数据相关工作要求。"观念化意志"，是指数据秩序反映了数据主体的意愿或根本追求，展现了数据主体特有的数据文化。

数据秩序根源于调和内部利益冲突的需要。由于数据活动贯穿经营管理的始终，参与主体多，涉及环节多，不可避免地在各层级、各部门之间存在利益冲突，而这种冲突已然对数据管理工作造成了不必要的阻碍。以数据标准管理工作为例，部分数据主体的各级分公司并不统一，有的数据甚至分散在各域近 20 套系统中，导致数据无法实现有效整合，数据价值难以充分发挥。为解决各部门、各层级之间存在的利益冲突，实现相关利益主体的权利、义务、责任的相互制衡，有必要构建数据秩序，为相关利益主体提供可依循的界限和规则，使数据活动高效、有序进行。

数据秩序的建立有赖数据治理工作。数据治理本质上是一种制度架构，架构的核心在于明确相关利益主体的具体职责。而搭建组织架构、明确主体职责要求的过程实则就是数据秩序建构的过程。数据秩序的构成同样是从主体入手，将相关利益主体按照一定的次序，纳入统一的组织架构，并在此基础上，划分相关利益主体的活动边界，明确相关利益主体的职责要求。数据治理规则实质上为数据秩序建构提供了执行依据，而数据治理工作实质上与数据秩序建构相辅相成。

四、数据治理目标

数据治理是价值和风险的平衡，数据治理的主要目标是通过特定的机制设计，实现数据增值、保障数据安全、实现数据资产化。

（一）数据安全目标

大数据技术的快速发展不断催生新的产业形态，正成为经济社会发展的新动能。与之相伴的是，数据安全风险日益成为影响产业发展、网络安全甚至国家安全的重要因素。习近平总书记强调："要切实保障国家数据安全……强化国家关键数据资源保护能力，增强数据安全预警和溯源能力。"发展数字经济、加快培育发展数据市场，必须把保障数据安全放在突出位置。这就要求我们着力解决数据安全领域的突出问题，有效提升数据安全治理效能，切实保障各类数据的安全。[22]

数据治理旨在为数据的访问管理、评估和管控风险、实现合规、明确数据利益相关人、建立决策权分配机制、明晰岗位职责提供全面支持，能够全面保护数据安全。数据治理主体通过对数据进行覆盖整个生命周期的、有效的治理，能够提供更全面的安全保障，而更高水平的数据安全及价值发挥也能够更好地支撑其业务目标的实现。

（二）数据资产化目标

随着数据爆发、井喷式的增长，越来越多的企业认识到数据的重要性，把数据当作数据资产。传统意义上的资产，是指由过去交易或事项形成的、由企业拥有或控制的、预期能为企业带来经济利益流入的资源。随着数据时代的到来，企业交易或运营过程中会使用大量数据资源，企业往往对其拥有或控制，即享有与之相关的实质性控制权，而对这些数据资源的有效利用往往能够给企业带来预期利益。因此，数据资源逐渐转变成为企业的一种新型资产。但数据不等于数据资产，必须是以合理、易用、安全和易于理解的方式组织起来的，能够给企业带来预期利益的数据才能作为数据资产。

数据资产不同于实物资产，其价格不仅受到使用价值与供求关系的

---

〔22〕　参见黄石：《人民日报新知新觉：提升数据安全治理能力》，载人民网 2020 年 8 月 18 日，http：//opinion. people. cn/n1/2020/0818/c1003 – 31825527. html。

影响，还受到数据自身特性的影响。结合前文所述，要求数据主体必须对数据进行切实管用的标准管理、质量管理、安全管理，不断解决数据标准、数据质量、数据安全等方面的突出问题，以达到"以合理、易用、安全和易于理解的方式组织起来的、能够给企业带来预期利益"的实际效果。而这个过程实则就是数据治理的过程，通过有效的数据治理活动，能够形成可信、安全、合规、可用且便于管理的数据集，并通过数据集的利用给企业带来预期利益，即实现数据从资源到资产的根本性转变跨越，推动实现数据的资产化。

（三）数据增值目标

在数字经济时代，数据已经成为第一要素，成为促进经济高质量增长的重要驱动力。例如，数据就好像一座待开采的含有丰富矿藏的矿山，而数据治理则是具体的开采方法和手段。

一则，通过对基础数据进行记录、检索、整理、标注、比对、分析、挖掘等处理和利用，能够生产出客户需要的数据产品、提供客户需要的数据服务。但处理和利用的基础是数据具有高质量，即准确、客观、完整、及时、可用，而这正是数据质量治理的题中应有之义。也就是说，数据治理是数据增值应用的前提和保障。在有效的数据治理活动的基础上，数据主体对高质量的基础数据进行加工处理，从而产生数据增值。

二则，通过对数据所记录的信息加以分析，能够预测出未来的发展趋势、深挖出曾经的问题隐患；通过对数据模型等手段的利用，能够提升决策的科学性、合理性、可行性，改善决策效果。而通过有效的数据治理活动，数据主体可以得到标准化、规范化的数据，进而降低数据维护、集成的成本；通过有效的数据治理活动，数据主体可以作出更科学、合理、可行的决策，进而提高经营管理收入。随着成本降低、收入提高，整体效益的改善在数据治理中得以体现。

第二章

数据治理机制

当今人类已经进入大数据时代，数据成为核心要素，是国家治理的重要基础之一。治理不同于传统管理，就数字治理的现实而言，传统宏观结构基于专业分工而形成，无法适应大数据安全、统一、效率的要求。因此，数据治理需要构建新型宏观架构，从立法、司法、监管、社会等方面进行全面规划，这四个层面互相补充协调但不可替代，通过建构系统化的配套制度以及多层次的执法司法机制以实现国家数据治理蓝图。

一、数据治理立法

（一）数据治理立法的必要性

随着科技的不断进步，越来越多的领域开始将数据视为自身生产经营活动中不可或缺的要素，我国大数据的发展模式是紧跟全球大数据发展的步伐，利用需求优势和市场优势，创新应用驱动技术与产业同步发展，取得了良好的发展效果，数据在各行各业所能发挥的作用也日益增加，数据已经成为上至国家下至个人皆重视的重要资源。

与之相伴而生的是，数据及数据相关主体所面临的数据安全问题的发生频率与损害后果逐渐增加，在个人利益之外，数据同样日渐成为国家之间博弈的武器之一，国家利益与社会公共利益同样可能因数据安全问题而遭受威胁。由于相关法律制度的缺失，呈现繁荣发展态势的同时显现数据垃圾严重、数据权属不清、数据市场混乱、数据流动无序、数据风险隐患剧烈等问题，严重制约大数据的发展。

因此，围绕数据建立一套健全完善的法律体系，既协助数据充分发挥其效能又预防出现数据安全问题，在当今的时代背景下就尤为重要。积极探索数据权属、数据交易规则、数据定价原则、数据流动机制、数据应用与转化机制、数据安全等大数据发展所必需的法律制度体系，先试先行，积累经验，推动大数据发展制度环境的不断完善，确保大数据的健康、可持续发展，实现数据价值的增值。同时，从技术上、制度上完善安全保障措施，构建安全稳定的一体化发展环境。

随着国务院《促进大数据发展行动纲要》、工信部《大数据产业发展规划（2016—2020年)》等相关纲领性文件陆续出台，大数据已经提升为国家战略。要切实保障国家数据安全，要加强关键信息基础设施安全保护，强化国家关键数据资源保护能力，增强数据安全预警和溯源能力，要加强政策、监管、法律的统筹协调，加快法规制度建设，要制定数据资源确权、开放、流通、交易相关制度，完善数据产权保护制度。数据治理立法工作势在必行。

（二）数据治理立法原则

数据治理立法原则，即数据治理主体的权利义务的设定及其关系模式之制度安排应如何符合法治要求的问题。

1. 数据治理立法要有上位法依据并且不抵触

在一套法律规则体系中，要求下位的法律规则必须与上位的规则保持一致性。首先，下位法的制定必须要有上位法的依据；其次，下位法的规定不得与上位法的规定或原则相抵触，否则将构成下位规则的违法，并导致其无效的后果。如果涉及有关基本权利和自由的限制，还需要遵守"法律保留"原则。根据《立法法》第91条的规定，没有法律或行政法规的规定，规章不得自我赋权，不得减损公民的权利和自由，不得增加其义务。也即，在规章这个层面的立法，如果做权利义务的"加减法"，进行权利义务的设定，应受到原则和权限的法律限制。

在当前数据治理的相关规则制定过程中，存在不少缺乏上位法依据的问题。比如，就《数据安全管理办法（征求意见稿）》而言，在征求意见的过程中，很多业界专家和法律界学者都指出，该征求意见稿的不少条文，特别是第23条、第25条、第30条、第31条等，都存在缺乏上位法依据的问题，因而可能直接面临形式合法性的问题。该征求意见稿第36条[1]也存在同样的问题，一个部门的规章对网络经营者设定了向诸多国务院有关主管部门提供数据的义务，这种规定使网络经营者承担较大的义务，也使我国网络经营者在国际竞争环境中面临不利问题。其上位法的依据到底是什么？

数据治理的有效性追求，当然无可厚非，但如果突破形式合法性要求，就会突破法治底线，造成对法治的破坏。正因如此，我国建立了法规、规章的备案审查制度和合宪性审查制度，对违法和不合宪的规则予以纠偏。

2. 数据治理立法法律体系应保持一致性

数据治理的整个法律体系应当保持必要的一致性。对于当前正在讨论中的数据治理规则制定来说，最典型的问题就是，十三届全国人大已经对数据治理的一些重要立法作了规划，包括个人信息保护、数据安全，还有民法典中的人格权编等。在这种情况下，先行制定位阶较低的规章和规范性文件，就会存在立法的"层级不清"问题。

如果是进行试验性立法，也需要立法机关的特别授权。如果没有任何特别授权就紧锣密鼓地"开张"，不仅会面临立法权限问题，也会给

---

[1] 《数据安全管理办法（征求意见稿）》第36条第1款规定，国务院有关主管部门为履行维护国家安全、社会管理、经济调控等职责需要，依照法律、行政法规的规定，要求网络运营者提供掌握的相关数据的，网络运营者应当予以提供。

后续人大的立法带来现实难题，还会使数据主体在守法和合规面临进退两难的境地。所以，数据治理不同层级法律的制定，应当放在我国数据治理的整体和系统性立法体系中进行考虑。

在法律还没有出台的情况下，管理的需要当然是一个需要考虑的现实问题，如果仅考虑眼前的管理需要而不考虑数据治理立法的系统性，将会顾此失彼，在解决一些问题的同时，也会产生新问题。

3. 数据治理立法应平衡安全与发展

数据治理，肯定是要考虑数据安全、经济安全、公共安全、社会安全等。从更宏观的层面来说，还需要考虑国家利益层面的安全。但是安全并不等于一味地对网络经营者进行控制，而是建立起互联网技术和监管的有效合作，既要保护数据主体的权益，也要实现国家利益和社会福利的最大化。

整个数据产业，它的发展不仅是产业的问题，在宏观意义上也是国家安全的问题。因为只有靠这些企业不断更新技术，不断提升竞争力，才更能够获得安全。在数字经济全球博弈的背景下，建议充分考虑国内规则的外溢性和竞争性，既要避免规则缺失导致中国在数据治理国际博弈中缺乏制度工具，也要避免规则过严遏制国内企业的创新发展，最终影响国家整体竞争力的提高。

4. 数据治理立法要考虑国内法治与国际法治

数据治理立法，不仅需要国内法治，也需要考虑国际法治，建立既促成维护国家利益又能进行对话、竞争和合作的国际数据治理体系，以提升在国际数据治理体系中的话语权和治理能力。

国内数据治理规则体系的过分"内化"，在单向度追求秩序的同时，如果脱离了国际数据治理的体系，就有可能被边缘化，这不仅会危害国内数据治理的效果，也会带来数据治理引发的网络安全和国家安全问题。

5. 数据治理立法应该审慎

对数据治理的有关事项是否需要立法，立法者对所涉及的社会现象是否有充分了解，对拟议中的立法将对社会生活、对产业、对经济效率等方面产生的系统性后果是否有深入研究，都必须有清醒认识。否则，草率立法不但不能达到有效解决问题的目的，反而会制造问题。

即使要制定严格意义上的法律，审慎的态度也意味着在立法过程中，更多地采取一种开放式的立法态度，更多地听取和吸收各方的意见，尤其是注意尊重和吸收不同的意见，对于没有把握的问题，在立法上最好不给出刚性规则，留待未来进一步发展。甚至可以通过立法技术的应用，有意为未来的法律规则留出足够的空间，确保法律的弹性。通过这些方法，尽量避免不合适的立法成为数字经济发展的桎梏。

(三) 数据治理立法功能

1. 保护数据权益

目前，企业数据纠纷基本都是由于权利归属不明确导致的，在司法层面从已成立的法律中寻求法律依据，如通过合同法、知识产权法和反不正当竞争法来解决，定分止争，但由于现有的法律制度有着自身的特定立法目标和保护对象，因此无法实现数据纠纷被公平与正义地解决。最终绝大部分企业只有采取协商解决，或求助于行业管理部门进行协调解决，由此导致企业为了维护自身权益，通过技术和内部控制，进而承受了过高成本，影响了企业在数据开发技术研发的投入和积极性。保护和激励数据资源生产者和开发者的积极性与创造性的唯一途径就是要保护好数据资源生产者和开发者权益，建立一套科学合理的数据权利利益分配法律机制，使数据生产者和开发者能够在数据资源市场和数据服务市场中真正实现自己的权益。

2. 促进数据有效利用

新时代，中国经济发展正从传统的经济方式进入创新发展阶段，传统发展方式已经难以为继，需要实现结构性调整，实现动能转换，发育新动能，实现新发展。数据可以被大量存储、操作、集成和聚合，而后用于不同领域，包括商务智能和预测分析。数字化转型能使各个组织通过使用数据来创新产品、共享信息、积累知识，并提升自身的成功概率。随着技术的迅速发展，人类产生、获取和挖掘有意义的数据的能力持续增强，同时对数据进行有效管理的需求也在不断增加。数据发展的核心在于对数据价值进行挖掘和运用，促进数据在政用、商用、民用领域的服务创新和价值创造。加快数据治理立法，是实现创新发展的现实需要。

数字技术、数字经济、智慧社会迅猛发展，深刻改变传统工业时代的经济贸易结构和社会组织活动方式，同时带来了体系性和全局性的变革和治理新问题。数据是数字经济时代的核心资源，是数字经济的关键要素，是创新发展的重要资产。数字经济的健康快速发展，离不开巨量可利用的政务数据和社会数据资源的不断生产、集中、共享和融合，也离不开相关数据收集、利用、交易、保护规则的建立健全。发展数字经济，推动数字产业化和产业数字化的有序开展，迫切需要充分发挥法律规则的调整、指引和规范作用，尽快制定、完善数据开放、产权保护、数据交易、跨境传输、安全保护等方面的相关政策法规和标准体系。

面对数字经济发展的新态势、新形势、新情况，要从促进数字经济健康快速发展的长远大局出发，重新审视既有或者正在进行立法的科学性、合理性、精准性，突破"线上线下割裂""部门立法"的局限，把成熟的政策尽快上升为法律制度、把看得准的方向及时确定为法律原则、对阻碍发展的制度坚决进行立改废、对滞后于新业态新模式的立法项目果断进行调整，重新建构符合数字经济发展规律的、具有全球观的、体现综合治理的数据治理立法体系。

（四）数据治理立法问题

随着国家对数据的日益重视，立法者将原本分散在原《民法总则》《侵权责任法》等民事法律中涉及隐私权以及个人信息等与数据相关的规定整理成编，并在《宪法》《刑法》《民法典》等与数据法治相关的法律之外，又通过了《网络安全法》，制定了《数据安全法》《个人信息保护法》等一系列针对保护数据安全和个人信息等的法律以及草案，在对数据保护以及个人信息保护的立法领域上取得了较大进展。基于立法程序的严格性和法律的稳定性，国家难以及时应对现实需要出台或更改数据保护法律。此外，受篇幅限制，法律也难以对数据安全保护制度作出详尽规定。因此，我国在法律之外，结合国情现实需要出台了大量的行政法规与部门规章，以满足数据安全保护的现实需要。随着数据安全日益为国家和社会所重视，近年来与大数据法治相关的行政法规与部门规章数量呈井喷式增长。但目前，在立法领域仍然存在问题。首先，数据治理立法体系不统一。各法律对数据保护的制度由于立法时间与立法水平有所差异，存在表述不一致、难以有效衔接等问题，难以对数据安全形成一套全面、统一的保护机制。因此，在实践中处理数据安全和个人信息安全时，难以最大限度地发挥其效力。其次，数据治理立法领域不全面。目前，我国与数据、网络、个人信息等内容相关的立法大多集中在安全与保护方面，《刑法》《民法典》《网络安全法》《数据安全法》《个人信息保护法》等所规定的内容几乎都着眼数据、网络、信息的保护手段以及为了其安全所规定的禁止性行为，而对于数据性质、数据权属、数据利用、涉数字税收等方面的规定则明显不足，难以满足大力发展数字经济的背景下的现实需要。

因此，推进与健全我国数据相关法律制度，应当坚持安全保护与促进发展并重，既通过针对数据生命全周期的各环节制定相关规定以规范涉数据行为、保护数据安全，又通过各类制度与政策保障促进数据开发与利用活动。此外，国家还应当在健全相应立法的同时，一并注重网络基础设施的建设与发展，以及数据保护技术的创新与发展，为数字经济的发展以及我国国际竞争力的提升保驾护航。

二、数据治理的司法

（一）数据治理司法现状

无论立法是否对数据的财产权益作出规定，数据的经济价值都已被实践证实。随着互联网经济特别是平台经济的快速发展，一些企业经过长期经营、积累，已经掌握了海量数据，而企业之间亦因争夺数据资源、数据资产而争议频发。在此类案件中可以看到，企业往往依据《反不正当竞争法》第 2 条的原则性规定提出竞争权益主张，且在多数案件中，此类主张得到了法院的支持。需要注意的是，尽管此类司法救济在现阶段数据确权立法缺失的背景下，为企业提供了一个有效的确权途径和救济窗口，但法院仅承认数据具有竞争方面的消极"权益"，而并非积极的财产性"权利"。这意味着，上述司法救济对数据的确权只有在数据被不正当获取及使用时才能启动，是一种依据侵权行为产生的救济，且需要结合个案认定。此外，在此类案件中，法院在确定企业数据权益时，通常会首先判断企业数据来源的合法性，并要求提出权益主张的一方对此承担举证责任，即证明其对数据的收集、使用合法合规，对企业的数据合规能力提出了要求。在数据已成为重要资源的背景下，数据治理相关立法缺失，出现纠纷时，司法不能回避，而应该行使自由裁量权，依据相关的法律原则进行案件审理。

（二）数据治理司法功能

1. 规范不正当竞争行为

随着数字经济的发展，涉及数据的不正当竞争纠纷对行业的整体发展有重要的指引作用。如"淘宝诉美景公司利用技术手段非法共享零售电商数据产品案""脉脉非法抓取使用新浪微博用户信息案""百度诉奇虎 360 违反'Robots 协议'爬取数据纠纷案""大众点评网诉爱帮网不正当竞争案"等。上述案例都说明，无论是以数据为基础，经算法、分析软件等方式分离派生数据的纠纷，还是利用技术性优势获取他人受保护的数据，实际上都是利用技术性优势获得市场竞争优势或者凭借技术优势提升商业竞争力的不正当行为。在创新型国家建设过程中，由于数据控制的不同主体之间可能存在商业竞争关系，法律应当保护数据独立性，如果纵容对于其他主体的数据"不劳而获"，显然违背了技术创新的初衷，构成不正当竞争。但应明确的一点是，大数据运作机制不同于个体数据的可识别、可辨别，其主要是通过海量数据的优势分析数据背后的规律，从而创新商业模式等。因此，人民法院在审理不正当竞争案件纠纷时，要正确区分数据的合理获取、算法技术创新、商业模式创新与不正当获得数据之间的界限，尤其是要根据公开数据、半公开数据和非公开数据的不同类型，准确认定数据排他性和公共性的关系，以避免对正当技术的发展造成"误伤"。

2. 依法支持数据流通

根据《民法典》第 127 条的规定，"法律对数据、网络虚拟财产的保护有规定的，依照其规定"。数据作为一种具备经济价值的无形物有着价值属性，有价值属性自然可以自由交易。大数据自 2014 年首次写入《政府工作报告》，并在《中华人民共和国国民经济和社会发展第十三个五年规划纲要》中被提升为国家战略。随着北京大数据交易服务平台、长江大数据交易所、贵阳大数据交易所等大数据交易平台的上线，反映出数据交易市场的繁荣。由此可见，数据就是财产，具有使用价值和交易价值，可以进行正常的商业交换。因此，人民法院要通过裁判规则的确立助力数据流通，以司法保护支持数据的价值转化、支撑数据的社会功能运转，积极服务保障，以数据推动市场经济和社会发展战略的大局工作。但应明确的是，个人信息或者个人隐私保护是数据经济发展的底线。在新业态、新技术和新应用的背景下，人民法院应直面挑战，以司法规则和个案裁量处理和维护好个人信息与合理使用信息的关系。

3. 保护数据权益

数据权益保护的重要原因之一在于鼓励创新，虽然学界对数据的法律属性存在一定分歧，但数据作为不同权益集合而成的权利束，通过合理保护企业的相关数据权益，企业就可以避免数据收集与数据使用中被竞争对手"搭便车"的风险，其才会有动力收集更多的数据和进行更有价值的分析。数据产权，主要是指数据开发者通过运用算法、模型等方式进行脱敏、分析、加工、整合后形成的系统可读的数据，尤其是衍生数据，显然应用了独创性的加工方式。如果法律给予更加有力的保护，则可以防止其他企业的侵权行为与越界行为，避免企业因数据公开而处于竞争劣势，这将更有助于企业开放和共享数据，从而"辐射"下游企业与其他相关企业，促使形成产业链。但随着数据储存形式的不断发展，相关领域的知识产权侵权违法行为已呈现复杂化、高技术化的特点，人民法院应通过推动构建数据权益保护体系，依法运用刑事手段和民事手段的协同规制，努力实现数据保护和数据的共享共赢。

（三）数据治理司法问题

从中国法院审判实践来看，在大数据背景下，数据治理司法保护主要面临以下几方面的新情况：

一是传统的法律概念、司法理念和审判规则不能完全适应大数据背景下数据保护的需要。例如，虽然个人信息保护起源于隐私权保护，但个人信息包含姓名、住址、出生日期等，明显超出了隐私权的保护范围，难以用侵犯隐私权来涵盖滥用个人信息的行为。再如，虽然企业数据是重要的无形资产，但由于企业数据不具备独创性等相关法律特征，数据权益难以纳入著作权、专利权、商业秘密的保护范围。

二是数据保护法律制度和审判规则仍需根据信息技术和数字经济的发展不断作出调整和创新。例如，根据现行法律制度，网络运营者使用个人信息必须明示使用目的、方式，并经个人同意，这一规定的意义重大。但随着大数据深度挖掘技术的发展，在有的案例中，企业对数据的挖掘分析超出了明示使用的范围，如果一律不允许这种使用方式，将对大数据挖掘分析带来负面影响，这就要求进一步细化数据权益范围，进一步明确收集利用个人信息的行为规范。

三是现行诉讼规则需要根据数据司法保护的需要不断进行创新发展。侵犯数据权益的行为具有跨地域甚至跨国界的特征；同时，网络数据具有易被删除、易于篡改且不留痕迹的特点，证据的存储、提取、检验均比较困难。这些都对创新诉讼规则、完善审判制度提出了新要求。

此外，从数据纠纷具体案件中可以看出，大数据司法实践仍面临一些挑战。

其一，注意企业数据与用户数据权益之间的平衡。在不同案件中，用户作为个人信息或者用户数据的主体，是数据的原始来源方，对己方数据拥有一定的利益。但是，平台在平台服务的建设与维护、数据的收集与转化等方面也进行了不可忽略的投入。二者的利益应如何分配一直是司法难题，目前的司法态度是根据不同的数据类型进行利益分配，如在"微信群控案"中，法院提出的平台仅对单一原始数据依据约定享有有限使用权，平台享有竞争性利益的数据主要在巨量单一数据聚合形成的平台数据资源的整体，避免数据垄断。

其二，尊重个人信息主体的选择权。在"校友录案""启信宝案"中，对于公开个人信息的再利用还是更加体现尊重个人信息主体的选择权利，在"微信读书案"中，数据的跨平台利用也需要有效的用户知情同意。总体而言，在与个人信息紧密相关的案件中仍是更加倾向尊重个人信息主体的权益。但正是如此，会使企业和用户之间数据权益的平衡与尊重个人信息主体的选择权之间的冲突更加激烈。例如，在实践中，"微博与微头条"的案件，"微信与抖音、多闪"的案件，均是在取得了用户同意甚至是用户主动发起的数据处理行为，司法对此类案件仍没有明确的观点，需要等待司法的法律适用和观点阐述。

其三，促进数据的流通和利用，但应当遵守一定的规则。法院在不同判决中都提到，数据尤其是公共数据的分享和利用，是促进经济增长的一项重要生产要素，数据的充分流通是互联网经济得以快速发展的原因，有利于提高社会利益，应当挖掘数据的流通价值。但与此同时，促进数据的流通、共享和利用应在建立在保障数据原始主体的权益的基础之上，进行合理限度的开发和利用。如在"蚂蚁金服诉企查查案"的判决中，法院提出数据行业公共数据利用的行业规则，为后续公共数据的利用提供了一定的指引。

（四）数据治理司法发展方向

1. 重视价值判断和利益衡量

数据保护涉及人格权益与财产权益、隐私保护与数据共享、规范秩序与促进创新等密切相关的价值和利益，其中，个人数据保护与数据流通共享往往呈现此消彼长的关系。这就要求法院深刻理解社会价值，更加突出人格权保护，统筹平衡各项利益关系，既有力保护数据权利，又积极促进数据流通共享，取得了最佳的法律效果和社会效果。

2. 注重在司法个案中创制、完善数据保护规则体系

信息技术和数字经济仍处在快速发展过程中，数据保护制度要与经济社会发展相适应，做到既稳定明确，又保留适当弹性，为技术创新和经营模式创新留有空间。这就要求人民法院在司法实践中，根据案件具体情况不断创制完善数据保护规则。法院要在法益衡量的基础上，区分数据类型、不同数据利用方式，施以不同保护力度，从而完善数据权利体系，更好地发挥审判工作促进网络空间治理的积极作用。

3. 推进审判制度机制改革创新

要主动适应信息技术新发展，完善全流程、全业务网上办理机制，健全网上诉讼规则和电子证据标准。要进一步加强互联网法院建设，将涉及数据保护的案件纳入集中管辖范围。要大力培养互联网审判人才队伍建设，不断提升数据司法保护工作水平。

围绕在线审理方式、互联网诉讼规则，各级法院特别是互联网法院

积极开展探索，就网上立案、网上送达、网上开庭建立了一系列新制度、新规范。比如，北京互联网法院实现了全流程网上办案，运用区块链技术，主导建立了"天平链电子证据平台"，目前上链电子数据已超过690万条，形成了集数据生成、存证、取证于一体的审判服务平台，有效解决了互联网案件存证难、取证难、采信难的问题。

三、数据治理监管

（一）数据治理监管原则

1. 包容原则（适度监管）

首先，包容意味着监管者对于新技术和新模式需要以一种倡导、鼓励的监管理念去引导监管，而非简单地贴上一个传统标签，然后简单粗暴地去适用旧的管理手段。数字经济领域每天都在涌现很多新技术、新现象、新模式，这都要求监管者本着开放的心态，去理解、掌握和认知，对其采取一种实事求是的态度，来判断是非曲直，进而采取妥当的管理措施。

其次，监管层面上的包容还意味着在监管机制上以一种容错的心态去处理相关问题。数字经济领域的市场主体在探索各种新技术和商业模式过程中，难免在政策掌握和把握上出现偏差。在这种情况下，监管层面上的包容，意味着监管应该更多地以引导市场主体走向合规以及妥当的商业模式方法为主要导向。

在这一方面，美国联邦贸易委员会的执法理念值得借鉴。对于首次违规的企业，往往以教育整改引导为主，而非直接开罚单。中国目前市场监管领域强调"放管服"有机统一，其实也体现了监管理念上的包容性要求。之所以强调这一点，主要是因为数字经济是一个前所未有的、创造性的新领域。必须以各种方式鼓励创新，从监管层面上，为创新者提供一个较友好、宽松的制度环境和监管环境至关重要。

数据治理需要规范，数据治理也需要监管，但是立法并非万能良药，不当的立法也可能会适得其反。数字经济当然需要适当的监管，但并非越严苛越好。包容应该成为数字经济领域监管的指导思想。

2. 权责一致原则

遵循权责一致的原则，强调法治精神，依法监管，防止权力滥用。监管必须受到约束，即监管活动必须依法进行。不仅监管者本身必须接受法律监督和法律约束，并且在适度监管的各环节，必须遵循法律法规，合理界定数据安全监管机关的职能范围，明确责任，在法定的范围内监管。既应有效避免监管的随意性、过分性，又应避免监管的僵化性、欠缺性。

（二）数据治理监管作用

1. 保护数据主权和国家安全

维护国家主权和安全是数据市场健康发展的前提。《网络安全法》第 31 条规定对关键信息基础设施的重点保护，第 41 条至第 50 条规定对网络中用户信息、个人信息的保护，充分体现了我国对数据安全的重视；《网络安全法》第 37 条规定，"关键信息基础设施的运营者在中华人民共和国境内运营中收集和产生的个人信息和重要数据应当在境内存储。因业务需要，确需向境外提供的，应当按照国家网信部门会同国务院有关部门制定的办法进行安全评估；法律、行政法规另有规定的，依照其规定"。在监管过程中，更应该将数据安全和数据主权视为监管重点。

2. 推动形成健康有序的市场环境

当前，大数据应用逐渐深入社会各个领域，数据成为重要的新资源，健康有序的市场环境对于数据产业发展尤为重要。在保证数据主权和国家安全的前提下，发挥监管对于均衡数据安全和市场发育的积极作用，以激发数据产业发展活力。

3. 保护公民和数据应用者合法权益

监管的根本在于维护人民利益。例如，《数据安全法》第 1 条规定，

"为了规范数据处理活动，保障数据安全，促进数据开发利用，保护个人、组织的合法权益，维护国家主权、安全和发展利益，制定本法"。保护公民和数据应用者合法权益的关键在于切实维护人民利益。

（三）数据治理监管问题

近年来，我国行政监管机关对于数据保护，特别是个人信息保护的治理工作，已取得显著成效。但是，根源于顶层立法的不明确，行政监管在实践中也产生了一些问题：

1. 多头监管导致交叉执法和空白执法

作为网络安全及信息保护的基本法，《网络安全法》第 8 条确立了网络安全及个人信息保护方面的多头监管制度，随后出台的《个人信息安全法（草案）》《数据安全法（草案）》均沿袭了这种思路，形成了在网信部门领导下，电信、市场监管、公安等机关和相关行业主管部门共同监管的格局。

2. 不同监管部门执法标准不统一

作为监管依据和标准的顶层立法不明确，导致不同的监管部门按照自身的理解去解释法律并进行执法，对同样的问题，不同部门很难形成统一的操作标准。结合上述的多头监管问题，重复执法、冲突执法增加了企业的合规负担。

3. 行政执法堵而不疏

现阶段，监管部门的执法活动仍以打击违法违规行为为主要目标，鲜见给企业提供详细的合规指引、操作规范，导致企业在监管过程中并不能很好地理解立法目的、落实监管要求、完善合规措施。

针对上述监管问题，一方面，针对多头监管问题，建议政府进一步厘清各数据行政监管机关的数据治理职权，建立多部门协调联动机制，统一执法标准。另一方面，建议行政监管机关加强与企业的沟通互动。堵而抑之，不如疏而导之，在禁止违法违规行为的同时，监管部门如果能够给企业提供更多、更加详细的合规指引、操作规范，不仅有助于企业更好地理解立法目的、落实监管要求、完善合规措施，还将有利于企业准确判断并合理控制合规成本，提升企业数据保护和利用的内驱力。

（四）数据治理监管沙盒

监管沙盒除利好科技金融的发展与创新的平衡外，更是为数据市场的治理提供了思路。

一方面，监管沙盒具有时限性。现有监管机制对大数据市场的监管模式依旧属于事后监管，而监管沙盒的作用时间则是在任何制度创新推向市场之前的测试阶段。在推向市场以前，入盒的企业能够同监管者展开积极、广泛的合作，并在真实世界，而不是模拟环境中去测试它们的创新产品是否满足合规的要求，由此得到的结果及对产品的修正，更加具有实践的指向性。

另一方面，监管沙盒的运作更具包容性和灵活性。监管沙盒能为公共政策的制定者提供更立体的、与实践相关的经验与参照，供监管者制定更有效的法规政策。现有监管机制的重点在于要求创新符合所有已定规则，而监管沙盒则主要站在创新角度，在保证消费者权益的原则下，就不同个案提供其能够提供的便利，以促成创新转化并走向市场。

在隐私监管沙盒中，监管者在数字产品或服务设计的早期便展开调研，这有助于其理解隐私保护法律法规在哪些阶段才能实现，如何得到运用。"通过设计而保护隐私"这一理念能够得到更具体化的理解，从而给相应的立法增加更多的灵活性与可适用性。显然，监管沙盒的监管理念更具主动性。在作用方式上，现有监管机制遵循的是一种相对被动的监管逻辑，而监管沙盒机制基于监管者与企业之间的沟通，是一种相对主动的监管理念。

尽管监管沙盒作为一种监管创新方式，提供了相对包容的空间与弹性的监管方式，但从目前来说，监管沙盒的探索实践仍旧处于初级阶段，涉及隐私保护领域的合规问题时也有待进一步协调。在监管沙盒在数字治理领域的积极效用逐步显现的当下，其无疑为探索数字治理未来之路提供了一种重要的方法论。如何发挥监管沙盒的效用，降低监管成本和合规成本，提升整体公共福祉，还需要人们更多的智慧。

四、数据治理社会协同

（一）行业自律

《数据安全法》第 10 条规定，"相关行业组织按照章程，依法制定数据安全行为规范和团体标准，加强行业自律，指导会员加强数据安全保护，提高数据安全保护水平，促进行业健康发展"。例如，为切实做好电信和互联网行业网络数据安全保护，持续提升行业数据安全治理水平，工业和信息化部网络安全管理局指导中国互联网协会充分发挥行业组织自律职能，制定发布了《电信和互联网行业网络数据安全自律公约》（以下简称《自律公约》）。《自律公约》主要倡导了企业在网络数据安全责任上的 5 项要求：一是明确管理责任部门，制定管理制度规范；二是加强网络数据资产梳理和分类分级管理；三是深化网络数据安全合规性评估；四是依法规范数据对外合作安全管理；五是建立完善用户举报与受理机制。在第六届中国互联网法治大会数据安全论坛上，中国互联网协会已累计组织中国电信、中国移动、中国联通、阿里、腾讯、百度、京东、360、爱奇艺等 133 家基础电信企业和重点互联网企业签署了《自律公约》。《自律公约》的签署将进一步强化行业自律和共治，促进企业自觉对标对表有关法律法规和政策标准要求，加强网络数据安全保护，共同营造健康安全网络生态，助力数字经济高质量发展。此外，近年来，大数据产业蓬勃发展、日新月异，大数据应用的发展和实体经济不断深度融合，不仅催生了很多新型业态，也衍生出一些新问题。2017年，中关村大数据产业联盟发布《中关村大数据产业联盟行业自律公约》，规范大数据从业者行为，促进大数据行业健康发展，提升企业数据治理能力，共同建设"数字中国"。

（二）协同治理

协同治理从立法层面体现在《数据安全法》第 9 条，即"国家支持开展数据安全知识宣传普及，提高全社会的数据安全保护意识和水平，推动有关部门、行业组织、科研机构、企业、个人等共同参与数据安全保护工作，形成全社会共同维护数据安全和促进发展的良好环境"。《数据安全法》第 17 条规定，"国家推进数据开发利用技术和数据安全标准体系建设。国务院标准化行政主管部门和国务院有关部门根据各自的职责，组织制定并适时修订有关数据开发利用技术、产品和数据安全相关标准。国家支持企业、社会团体和教育、科研机构等参与标准制定"。《数据安全法》第 18 条规定，"国家促进数据安全检测评估、认证等服务的发展，支持数据安全检测评估、认证等专业机构依法开展服务活动。国家支持有关部门、行业组织、企业、教育和科研机构、有关专业机构等在数据安全风险评估、防范、处置等方面开展协作。"

当前，经济生态日益丰富多元，催生了数据智能、网络协同等不同以往的治理模式。这些新治理方式，与行政机关传统的许可、审批、处罚的监管方式，存在衔接和协同的磨合。在此背景下，就需要政府与社会力量形成合力。

在社会协同治理的过程中，平台正在发挥越来越重要的作用。平台因其海量的商家和用户以及没有国界、边界的特点，从而具有比传统跨国公司更大的公共性与责任。它们承担市场主体准入、竞争秩序维护、产品质量担保、合法合规审查、知识产权保护以及消费者维权等方面的职责。以阿里电商为例，平台上的商家约有 1500 万家，活跃消费者超过 5.35 亿人，而且有百万家境外商家和数以亿计的境外消费者，服务范围超过 200 个国家和地区。这些商家和消费者的权益由谁来保障？平台上的秩序由谁来负责？掌握这些规则和全部数据的平台有不可推卸的责任。

其实，政府与平台利用各自优势协同共治可以达到事半功倍之效。政府监管是国家机关依法行政，可以依法采取强制措施和处罚，具有很强的合法性与公信力；而平台治理则能利用技术优势，最大限度地提高治理效率、降低治理成本。当前，国家赋予了平台越来越多的依法行使治理权限的职责，平台应从主动治理、数据共享、技术手段等方面，实现与政府监管的协同治理。比如，巨型平台往往拥有强大的数字技术能力，而政府尽管掌握关键的数据信息，但数据处理和运用能力却相对薄弱。在此种情况下，平台可以充分发挥其优势，在政府网上采购、互联网金融监管、网络防攻击能力等方面，对政府部门提供技术赋能。加强政府与社会的协同共治，不仅有助于数字经济安全健康可持续发展，也会为推动国家治理体系和治理能力现代化贡献力量。

（三）协调机制

数据治理已成为世界各国讨论的中心议题。我国数据治理当前突出问题是缺乏完善的顶层机制设计。前所未有的各种商业场景对于海量数据的应用，给基于传统范式治理带来了挑战。数据治理协调机制，是指多层次、多维度的数据治理体系，需要立法、司法、监管、社会建立有机联系，形成合力，构建立法司法无缝衔接、线上和线下协同发力的监管体系，强化平台和企业在数据合规、数据安全、算法透明等方面的责任，推动形成"政府监管＋行业自律＋社会监督"的数据安全协同治理体系。首先，立法、司法、监管、社会协调构建数据治理机制需要坚守4 项原则：坚持战略思维，以发展数字经济为总目标；坚持系统思维，深刻认识数据治理的一般规律；坚持创新思维，探索新型数据治理方法论；坚持底线思维，切实保障国家安全和人民权益。要构建数据治理协调机制，需切实做好以下工作。

其次，强化顶层设计，理顺权责边界。推动数据相关立法，明确数据确权、隐私保护、交易流通、跨境流动等管理要求；构建政府主导、多方参与的数据治理体系，厘清政府、行业、组织等在数据要素市场中的权责边界。

再次，开展试点示范，推动应用落地。在有条件的地区试点先行，以数据要素市场化配置改革为突破口，探索形成数据评级、数据交易与监管机制；梳理总结并推广试点经验，形成数据治理的新业态，以市场化方式推进应用落地。

最后，加强理论研究，提供技术支撑。鼓励多学科介入，积极开展数据确权、数据流通、数据运营、数据加工等方面的理论方法研究，充实理论储备；支持数据确权、数据互操作、共享流通、数据安全、隐私保护等相关技术研发，提供有效的技术保障方案。

第三章

数据治理制度体系

大数据时代，数据日渐成为各行各业发展的重要资源，越来越多的领域将数据视为重要的生产要素。在此背景下，围绕数据产生的矛盾与问题日益凸显，数据及数据相关主体所面临数据安全问题的发生频率与损害后果日益增加。还有，数据现已成为国家之间博弈的武器之一，国家利益与社会公共利益同样可能因数据安全问题而遭受威胁。因此，围绕数据建立一套健全完善的法律体系，既协助数据充分发挥其效能，又预防出现数据安全问题，进而为我国数字经济高质量发展保驾护航。

数据治理制度体系包括法律（外在）制度体系和伦理（内部）制度体系。数据治理制度体系是一个复杂和富有系统性特征的秩序，是一个严格的逻辑——公理式演绎过程。数据治理制度体系要求数据治理的概念、规则、制度构成具有一致性的整体，相互之间不存在冲突和矛盾。数据治理制度体系所使用的概念不仅要具有准确性、科学性，而且还应当具有一致性。也就是说，数据治理制度体系所使用的各项概念是一以贯之的。尽管某一概念在不同上下文语境中可能存在表述差别，或具有不同内涵，但它的内容具有相对恒定和确定的内核，同一概念在不同语境下不应存在相互冲突的现象。

一、数据治理法律（外在）制度体系

（一）数据治理法律（外在）制度现状

1. 法律

随着国家对数据的日益重视，除原有的散落在《宪法》《刑法》《民法典》中的相关规定之外，还通过了《网络安全法》，制定了《数据安全法》《个人信息保护法》等一系列针对保护数据安全和个人信息的法律，在数据保护以及个人信息保护的立法领域上取得了较大进展。

（1）《民法典》

2020年5月28日，十三届全国人大三次会议表决通过了《民法典》。《民法典》于2021年1月1日起正式施行。作为我国首部以法典命名的法律，《民法典》包括总则编、物权编、合同编、人格权编、婚姻家庭编、继承编、侵权责任编及附则，共计1260条，内容覆盖了民事主体社会生活领域的方方面面，被誉为"社会生活百科全书"。

数据已成为重要的生产要素之一，个人信息更是与每个人息息相关。数据的有效利用和合理保护关乎个人及所有民事主体的权利保障，关乎生活质量和社会福祉的提高，关乎经济产业的创新发展。以个人信息为核心内容的数据问题，当然也是《民法典》立法过程中备受关注的内容之一。

《民法典》中直接提及数据或个人信息的条款共11条，另有其他一些条款，在条文表述中虽未直接使用"数据"或"个人信息"，但也与此相关。相关条款的内容主要涉及个人信息的定义和权利属性、个人信息处理、个人信息主体的权利内容和个人信息处理者的相应义务、个人信息侵权的救济、特定行业数据的专门规定等多方面的基础性规定。

一是个人信息的定义。《民法典》第1034条第2款明确规定了个人信息的定义，"个人信息是以电子或者其他方式记录的能够单独或者与其他信息结合识别特定自然人的各种信息，包括自然人的姓名、出生日期、身份证件号码、生物识别信息、住址、电话号码、电子邮箱、健康信息、行踪信息等"。《民法典》作为确定民事权利义务根本内容的基础性法典，明确了个人信息的定义和范围，对于加强个人信息保护，包括在司法实践中减轻司法机关裁判压力等有重要意义。该定义基本沿用了《网络安全法》中个人信息的定义，强调了个人信息的"可识别性"判定的特征，这也与包括欧盟在内的世界主要国家和地区颁布的有关"个人信息保护"的法律规定对于个人信息定义保持了一致。

二是个人信息与隐私权的区别及其权利属性。《民法典》经过长时间的研究讨论、摸索和反复修改，最终落实将人格权编独立成篇，其目的在于明确人格权的权利内容，加强对民事主体人格权的保护。其中，隐私权被明确作为人格权的权利内容之一，且除一般规定外，还在人格权编中与个人信息作为单独章节进行了具体规定，凸显了立法者对于当今时代保护隐私权和个人信息的重视和强化的意图。

隐私权与个人信息既有联系又有区别。《民法典》强调了隐私的"私人生活安宁""不愿为他人知晓""私密空间、私密活动、私密信息"的特征。隐私信息中能够"单独或者与其他信息结合识别特定自然人"的信息属于个人信息，个人信息中符合"私密"特征的信息属于隐私信息。根据《民法典》第1034条的规定，个人信息中的私密信息，适用有关隐私权的规定；没有规定的，适用有关个人信息保护的规定。即属于隐私信息的，应当首先按照人格权的一般规定以及《民法典》第1032条、第1033条关于隐私权的保护和禁止性行为的规定进行保护。

此外，个人信息虽然与隐私权一起作为人格权编中的独立内容进行了规定，但与隐私权被明确为人格权的权利内容之一不同，个人信息最终仍然没有被明确为"权利"，而与在原《民法总则》中一样，被规定为应当依法受到保护的"权益"。其根本原因在于，与隐私权等纯粹的私人权利不同，个人信息数据是当代生产要素之一，个人信息的立法需要兼顾对其合理保护和有效利用双重的法律价值；其立法结果也是与包括互联网企业在内相关行业的博弈结果。

虽然，在《民法典》中个人信息没有明确为民事权利，但是并不妨碍其作为法定的权益内容，依法受到保护。而且《民法典》再次强调和进一步明确了个人信息权益的具体内容，个人依法追究侵犯个人信息责任的法律依据将更加明确。企业应当更加注意相关领域的合规操作。

三是个人信息的处理原则。我国关于个人信息处理的合法基础采取选择同意原则（"opt-in"），《民法典》对这一原则再次予以明确。根据《民法典》第 1035 条第 1 款第 1 项的规定，处理自然人个人信息的，应征得该自然人或者其监护人的同意，但是法律、行政法规另有规定的除外。该条款重申了《网络安全法》《消费者权益保护法》《信息安全技术——个人信息安全规范》。

相关法律法规、国家标准所确立的选择同意原则，同时，《民法典》还进一步规定了处理个人信息的责任豁免情形。第 1036 条规定了 3 种豁免情形，包括在自然人或其监护人同意范围内合理处理、个人信息系自然人自行公开或已合法公开（但是该自然人明确拒绝或者处理该信息侵害其重大利益的除外），为维护公共利益或该自然人合法权益而进行合理处理。此外，《民法典》第 999 条还规定了为公共利益而进行新闻报道、舆论监督的特别例外情形。根据《民法典》的上述条款，我国法律目前认可的处理个人信息的合法基础包括：①个人信息主体或其监护人同意；②个人信息系自然人自行公开或已合法公开（但是该自然人明确拒绝或者处理该信息侵害其重大利益的除外）；③为维护公共利益或该自然人合法权益，包括基于公共利益目的而进行新闻报道或舆论监督；④法律、行政法规规定的其他合法基础（例如，根据《电子商务法》的规定，电子商务经营者应主管部门要求，依法向主管部门提供有关电子商务数据信息的，无须征得个人信息主体的同意）。

四是处理的基本原则。《民法典》第 1035 条规定了处理自然人个人信息的基本原则。首先，在条款的适用范围方面，《民法典》第 1035 条明确将处理个人信息的基本原则适用于所有民事主体的个人信息处理活动且涵盖个人信息全生命周期；在规制的主体和场景方面，不再仅限于《网络安全法》所适用的网络运营者对个人信息的处理，或《消费者权益保护法》所规定的经营者对消费者个人信息的处理活动。尽管《个人信息安全规范》对于上述原则也作出相同或类似规定且其适用范围并不局限于特定主体或场景，但《个人信息安全规范》是不具有强制执行力的推荐性国家标准，因此其法律效力和执行力度有限。由于此前立法上的空白，现实中造成对个人信息保护往往重线上、轻线下或偏重特定场景的问题，在监管和执法领域易形成"盲点"。《民法典》首次以法律形式确定了个人信息处理的基本原则全主体、全场景、数据全生命周期的适用范围，完善了个人信息保护的顶层立法。其次，在该条款所确立原则的具体内容方面，该条款重申了《网络安全法》《消费者权益保护法》《个人信息安全规范》等相关法律法规、国家标准所确立的个人信息处理原则，除上文已讨论的选择同意原则外，还包括合法、正当、必要原则，明示、披露原则等。

　　五是个人信息主体的权益。首先，根据前述个人信息的处理原则，个人信息主体的信息被处理的，享有被告知相应信息的权益，包括被告知处理信息的目的、方式、范围，有权知晓处理信息的规则。尽管《民法典》第 1035 条并未直接规定个人信息主体享受什么权益，我们理解，该条规定虽不同于欧盟《通用数据保护条例》（GDPR）直接将获取处理个人信息相关的信息，如目的、方式、范围、收集个人信息的主体名称及联系人、个人信息的接收者（或接收者种类）等明确地规定为一条权利，但是其施加给个人信息处理者的义务实际上可推导出个人信息主体享有获知《民法典》第 1035 条个人信息处理原则条款中所提及的信息的权益。其次，《民法典》第 1037 条明确规定，个人信息主体享有以下权益：（1）获取个人信息的权益：个人信息主体可依法向信息处理者查阅或者复制其个人信息。（2）更正权：个人信息主体发现信息处理者处理的其个人信息有错误的，有权提出异议并请求及时采取更正等必要措施。（3）删除权：个人信息主体发现信息处理者违反法律、行政法规的规定或者双方的约定处理其个人信息的，有权请求信息处理者及时删除。

六是个人信息处理者的义务。与《信息安全技术　个人信息安全规范》（市场监督管理总局、中国国家标准化管理委员会 2019 年 10 月 22 日发布，2020 年 10 月 1 日实施）采用的"个人信息控制者"的概念不同，《民法典》对于对个人信息进行处理的主体并未使用"信息控制者"概念，而是提及"信息处理者"的概念，但并未进行定义。《民法典》中的"个人信息的处理"，是指个人信息的收集、存储、使用、加工、传输、提供、公开等活动。因此，《民法典》项下的信息处理者，是指进行前述活动的主体。

以下简要介绍信息处理者的义务：①一般性义务。根据《民法典》第 111 条的规定，任何组织或者个人，包括信息处理者，除不得非法收集个人信息外，还不得非法使用、加工、传输他人个人信息，不得非法买卖、提供或者公开他人个人信息。该条规定整体上确定了信息处理者的依法收集、使用、提供、公开个人信息的原则，也是信息处理者应坚守的一般性义务。②披露及依法处理义务。与《民法典》第 1035 条规定的信息处理原则相适应，信息处理者处理个人信息的，应履行公开处理信息的规则，明示处理信息的目的、方式和范围的义务，以取得同意为前提或依照法律法规的规定可不取得个人信息主体同意的，依法处理个人信息。③对个人信息主体权益的配合义务。与《民法典》第 1037 条规定赋予个人信息主体的权益相对应，信息处理者对于个人信息主体行使其获取个人信息的权益、更正权和删除权时，负有配合义务。当然，这些配合义务的具体履行方式和详细要求，《民法典》未作出具体规定。④安全保障义务。信息处理者负有确保个人信息安全的义务，具体体现在《民法典》第 1038 条，这些规定与《网络安全法》的规定是一致的，但如前所述，作为统领民事领域的法律，《民法典》对于个人信息的保护不局限于通过网络、互联网信息技术手段处理个人信息的情形，还包括非网络环境下的个人信息处理。因此，无论是否将个人信息储存在网络设备或网络环境中，信息处理者都应当采取技术措施和其他必要措施，确保其收集、存储的个人信息安全，防止信息泄露、篡改、丢失。

七是《民法典》侵权责任编的适用。个人信息侵权责任未在《民法典》侵权责任编中独立成章规定。因此，个人信息侵权责任适用《民法典》侵权责任编第一章"一般规定"、第二章"损害赔偿"、第三章"责任主体的特殊规定"。其一，侵权责任承担方式。《民法典》第179条规定了承担民事责任的主要方式，其中包括停止侵害、排除妨碍、消除危险、恢复原状、赔偿损失等。个人信息受到侵害时，侵权人依照《民法典》第179条的规定承担相应责任。根据个人信息的特点及具体应用场景，通常而言，停止侵害、排除妨碍、恢复原状、赔偿损失为侵权人承担责任的主要方式。对获取个人信息的权益以及更正权、删除权的履行，如果信息处理者拒绝作为的，个人信息主体可请求法院判令信息处理者采取实现个人信息主体权益的相应行动，采取予以提供、予以更正、删除等行为。其二，侵权责任主体。《民法典》第三章"责任主体的特殊规定"中，第1194条至第1197条对于利用网络服务实施侵害他人民事权益的责任主体予以规制。其中，根据《民法典》第1194条的规定，网络用户、网络服务提供者利用网络侵害他人民事权益的，应承担侵权责任，法律另有规定的从其规定。《民法典》第1195条规定了就网络用户利用网络实施的侵权行为，权利人可通知网络服务提供者采取删除、屏蔽、断开链接等措施，网络服务提供者应将该等通知转送网络用户，并根据构成侵权的初步证据和服务类型采取必要措施；未及时采取必要措施的，对损害的扩大部分与该网络用户承担连带责任。《民法典》第1197条规定，网络服务提供者知道或者应当知道网络用户利用其网络服务侵害他人民事权益，未采取必要措施的，与该网络用户承担连带责任。因此，企业作为网络服务提供者，对于网络用户侵犯个人信息的行为，在符合《民法典》规定的情形下可能构成承担侵权责任的主体。对于可发布信息的网络平台来说，网络平台宜筛查平台上用户发布个人信息的行为（比如，有无大量个人姓名、身份证、手机号或银行卡号发布），或者通过技术上的设置预先阻止发布个人信息，尤其是敏感个人信息，以避免侵权风险，当然这可能增加网络平台的管理或技术成本。

八是关于特定行业的规定。随着我国健康医疗大数据的应用发展以及社会信用体系的建设，特别是在此过程中暴露出来的个人信息侵权案件的激增，大量个人敏感信息的个人健康信息和信用信息成为个人信息保护领域的重点。《民法典》也特别提及了医疗机构和信用机构的个人信息保护问题。其一，健康医疗。个人健康信息是医疗大数据分析的基础，也是涉及国家战略安全、群众生命安全的重要战略性资源。除关于隐私权和个人信息保护的一般性规定外，《民法典》还在侵权责任编第六章"医疗损害责任"中从两个方面对个人信息保护作出额外规定：第1225条规定了医疗机构对病历资料的管理义务以及患者对其病历资料的查询和复制权；第1226条则对患者的隐私权加以保护。从个人信息保护角度来看，上述条款可视为《民法典》第1037条、第1038条关于个人信息主体的权益和信息处理者义务的规定在特定场景下的具体化。其二，征信和公共信用管理。《民法典》通过两个条款对征信和公共信用管理领域的个人信息保护作出特别规定：第1029条赋予民事主体对其信用评价的查询权和异议权，且信用评价人有义务及时响应民事主体的请求并采取必要措施；第1030条则明确民事主体与征信机构等信用信息处理者之间的关系适用《民法典》人格权编有关个人信息保护的规定和其他法律、行政法规的有关规定。在《民法典》正式颁布之前，我国就征信机构对个人信息的处理和保护主要在《征信业管理条例》中加以规制。总体而言,《征信业管理条例》与《民法典》有关个人信息的规定原则上是一致且互为补充的。

(2)《数据安全法》

十三届全国人大常委会第二十九次会议通过了《数据安全法》。这部数据领域的基础性法律,于 2021 年 9 月 1 日起施行。《数据安全法》作为我国第一部数据安全相关的专门法律,也是国家安全领域的一部重要法律,《数据安全法》的出台,为国家重要数据保护和各行业数据安全监管提供依据,标志我国在数据安全领域有法可依。

在《数据安全法》出台之前,大数据行业的无序状态导致了个人信息问题的形成,对个人隐私和国家安全造成危害与威胁。我国执法机构也曾展开多次打击侵犯公民个人信息违法犯罪行为的收网行动打掉了大量的黑灰产大数据公司。当前,企业的数据需求不知道应当通过怎样的公开、合法途径得以满足,这一问题严重阻碍了大数据产业发展。《数据安全法》很好地回答了这个关键问题,即在守好数据安全底线的前提下鼓励和支持数据在各行业、各领域的创新应用。《数据安全法》在第 1条中阐明了立法目的:为了规范数据处理活动,保障数据安全,促进数据开发利用,保护个人、组织的合法权益,维护国家主权、安全和发展利益,制定本法;第二章以"数据安全与发展"为主题,强调国家统筹发展和安全,坚持以数据开发利用和产业发展促进数据安全,以数据安全保障数据开发利用和产业发展。因此,《数据安全法》更多地体现了以数据安全底线为基础,鼓励创新大大促进数据要素加速流通,发展壮大大数据产业。

《数据安全法》第三章、第四章、第五章,从具体的法律技术性条款出发,对于数据安全制度、数据安全保护义务、政务数据安全与开放进行了规定。这里进行详细论述

第一,对"数据"及"数据处理"作出界定。

其一,信息记载形式的全覆盖。《数据安全法》第 3 条规定"本法

所称数据，是指任何以电子或者非电子形式对信息的记录。"即除《网络安全法》所界定的"网络数据"外，还将"其他方式对信息的记录"纳入了数据范畴。按照这一界定，纸质的档案信息以及其他书面形式对信息所作的记录，也属于数据。其二，数据全生命周期的覆盖。《数据安全法》对于"数据处理"的界定，则包括数据的收集、存储、使用、加工、传输、提供、公开等，形成了对数据全生命周期的覆盖。虽然《数据安全法》对于上述全生命周期的规则并未全面展开，但可以预期的是，后续立法将会对于数据全生命周期的处理规则作出进一步的规定与完善。

第二，《数据安全法》的主要制度框架。

一是数据分级分类与重要数据保护制度。其一，数据分级分类。《数据安全法》第21条中明确规定，由国家建立数据分类分级保护制度，国家建立数据分类分级保护制度，根据数据在经济社会发展中的重要程度，以及一旦遭到篡改、破坏、泄露或者非法获取、非法利用，对国家安全、公共利益或者个人、组织合法权益造成的危害程度，对数据实行分类分级保护。其二，重要数据保护。根据《数据安全法》第21条的规定，国家数据安全工作协调机制统筹协调有关部门制定重要数据目录，加强对重要数据的保护。将关系国家安全、国民经济命脉、重要民生、重大公共利益等数据列入国家核心数据，实行更加严格的管理制度。同时，《数据安全法》将数据分类分级保护制度与重要数据目录直接对应，并要求各地区、各部门按照数据分类分级保护制度，确定本地区、本部门以及相关行业、领域的重要数据具体目录，更具参考性和实操性，深化加强对重要数据的保护。其三，重要数据的界定。《数据安全法》规定了分级分类的大原则，但对于什么是"重要数据"，并未明确界定。在进一步的细则对此进行界定之前，可以根据其他法律法规及征求意见稿的规定进行识别。《网络安全法》首次提出了"重要数据"概念，并对重要数据的分类保护以及出境作出了规定。该法第21条第4

项规定了网络运营者应"采取数据分类、重要数据备份和加密等措施"。但这一条款并没有界定什么是重要数据。国家互联网信息办公室于2017年7月7日公布的《数据出境安全评估办法》第19条也规定了重要数据，本办法所称重要数据，是指一旦遭到篡改、破坏、泄露或者非法获取、非法利用等，可能危害国家安全、经济运行、社会稳定、公共健康和安全等的数据；"重要数据，是指与国家安全、经济发展，以及社会公共利益密切相关的数据，具体范围参照国家有关标准和重要数据识别指南"。

二是数据安全审查制度。《数据安全法》第24条规定了数据安全审查制度，国家建立数据安全审查制度，对影响或者可能影响国家安全的数据活动进行国家安全审查。《数据安全法》审查的对象包括所有的影响或可能影响国家安全的数据活动，既包括线上的数据活动，也包括线下的数据活动，且对数据活动主体并未作出限制。数据安全审查制度将数据活动对国家安全的影响作为其规制的价值目标，这也意味着，企业或其他社会主体，在从事数据活动时，应首先进行国家安全判断。当然，《数据安全法》对于审查的程序并未作进一步规定，有待相关细则加以界定。

三是重要数据风险评估制度。《数据安全法》第30条第1款规定："重要数据的处理者应当按照规定对其数据处理活动定期开展风险评估，并向有关主管部门报送风险评估报告。"《数据安全法》确立了重要数据风险评估制度。与重要数据出境评估作为特定事项监管不同，重要数据风险评估制度是一种针对重要数据的常态化监管机制。即无论重要数据处于收集、存储、使用、加工、传输、提供、公开等各个处理环节的哪个环节，只要其数据处理活动可能涉及重要数据，都需要进行定期的风险评估，并将评估报告报送给主管部门。风险评估报告应当包括处理的重要数据的种类、数量，开展数据处理活动的情况，面临的数据安全风险及其应对措施等。这意味着，企业内部的重要数据风险评估将成为一种常态化的合规要求，企业应建立自身的重要数据"风险全景图"。鉴于该法第 21 条第 3 款规定"各地区、各部门应当按照数据分类分级保护制度，确定本地区、本部门以及相关行业、领域的重要数据具体目录，对列入目录的数据进行重点保护"，并且第 22 条规定"……国家数据安全工作协调机制统筹协调有关部门加强数据安全风险信息的获取、分析、研判、预警工作"，评估报告应报送给相关重要数据目录的制定部门。当然，对于报送对象和审核流程，最终仍需相关规则进一步明确与细化。

四是数据出境管理制度。其一，重要数据出境评估制度。《数据安全法》第 30 条规定："关键信息基础设施的运营者在中华人民共和国境内运营中收集和产生的重要数据的出境安全管理，适用《中华人民共和国网络安全法》的规定；其他数据处理者在中华人民共和国境内运营中收集和产生的重要数据的出境安全管理办法，由国家网信部门会同国务院有关部门制定。"《数据安全法》确立了重要数据出境评估制度。事实上，在《网络安全法》及《数据出境安全评估办法》中，均规定了数据出境的安全评估制度，但上述制度仅限于数据或重要数据出境过程中的评估。如《网络安全法》第 37 条则规定，"关键信息基础设施的运营者在中华人民共和国境内运营中收集和产生的个人信息和重要数据应当在境内存储。因业务需要，确需向境外提供的，应当按照国家网信部门会同国务院有关部门制定的办法进行安全评估……"。其二，数据出口管制措施。《数据安全法》第 25 条规定了数据出口管制制度。该制度不仅针对重要数据，而是可以针对任何数据类型。该条规定："国家对与维护国家安全和利益、履行国际义务相关的属于管制物项的数据依法实施出口管制。"即只要按照出口管制的规则判定该数据属于管制物项，均可实施出口管制。其三，司法执法活动涉及的数据出境管理制度。《数据安全法》第 36 条规定，"中华人民共和国主管机关根据有关法律和中华人民共和国缔结或者参加的国际条约、协定，或者按照平等互惠原则，处理外国司法或者执法机构关于提供数据的请求"。非经中华人民共和国主管机关批准，境内的组织、个人不得向外国司法或者执法机构提供存储于中华人民共和国境内的数据。这一规定涉及两个方面：首先，在向境外司法与执法机构提供境内存储数据的，均须经过主管机关批准。其次，主管机关根据有关法律和国际条约、协定，或者按照平等互惠原则，处理外国司法或者执法机构关于提供数据的请求。即如果境外法律对于中国执法机关、司法机关获取数据存在限制的，我国主管机关将基于平等互惠原则处理。

五是数据歧视的对等措施。《数据安全法》还有一个值得关注的新制度，即针对数据歧视的对等措施。该法第 26 规定："任何国家或者地区在与数据和数据开发利用技术等有关的投资、贸易等方面对中华人民共和国采取歧视性的禁止、限制或者其他类似措施的，中华人民共和国可以根据实际情况对该国家或者地区对等采取措施。"对等原则是国际投资与贸易的基本原则之一，对此，我国《外商投资法》第 40 条已经作了明确规定，任何国家或者地区在投资方面对中华人民共和国采取歧视性的禁止、限制或者其他类似措施的，中华人民共和国可以根据实际情况对该国家或者该地区采取相应的措施。《数据安全法》的规定是投资、贸易对等原则在数据活动领域的特别体现，也在很大程度上反映了当前主要大国之间围绕网络安全与数据安全进行激烈博弈的现状。对于与数据和数据开发利用技术等有关的投资、贸易方面的歧视性政策以对等原则进行反制，是维护中国数据安全及中国企业开展正常数据活动的必要措施。

（3）《个人信息保护法》

《个人信息保护法》为了保护个人信息权益，规范个人信息处理活动，促进个人信息合理利用而制定，由全国人民代表大会常务委员会于 2021 年 8 月 20 日发布，自 2021 年 11 月 1 日起施行。

一是明确本法适用范围。其一，对该法相关用语作出界定，规定：个人信息是以电子或者其他方式记录的与已识别或者可识别的自然人有关的各种信息；个人信息的处理包括个人信息的收集、存储、使用、加工、传输、提供、公开、删除等。其二，明确在我国境内处理个人信息的活动适用该法的同时，考察有关国家和地区的做法，赋予该法必要的域外适用效力，以充分保护我国境内个人的权益，规定：以向境内自然人提供产品或者服务为目的，或者为分析、评估境内自然人的行为等发生在我国境外的个人信息处理活动，也适用本法；并要求境外的个人信息处理者在境内设立专门机构或者指定代表，负责个人信息保护相关事务。

二是健全个人信息处理规则。其一，确立个人信息处理应遵循的原则，强调处理个人信息应当采用合法、正当的方式，具有明确、合理的目的，限于实现处理目的的最小范围，公开处理规则，保证信息准确，采取安全保护措施等，并将上述原则贯穿个人信息处理的全过程、各环节。其二，确立以"告知—同意"为核心的个人信息处理一系列规则，要求处理个人信息应当在事先充分告知的前提下取得个人同意，并且个人有权撤回同意；重要事项发生变更的应当重新取得个人同意；不得以个人不同意为由拒绝提供产品或者服务。考虑经济社会生活的复杂性和个人信息处理的不同情况，还对基于个人同意以外合法处理个人信息的情形作了规定。其三，根据个人信息处理的不同环节、不同个人信息种类，对个人信息的共同处理、委托处理、向第三方提供、公开、用于自动化决策、处理已公开的个人信息等提出有针对性的要求。其四，设专节对处理敏感个人信息作出更严格的限制，只有在具有特定的目的和充分的必要性的情形下，方可处理敏感个人信息，并且应当取得个人的单独同意或者书面同意。其五，设专节规定国家机关处理个人信息的规则，在保障国家机关依法履行职责的同时，要求国家机关处理个人信息应当依照法律、行政法规规定的权限和程序进行。

三是完善个人信息跨境提供规则。其一，明确关键信息基础设施运营者和处理个人信息达到国家网信部门规定数量的处理者，确需向境外提供个人信息的，应当通过国家网信部门组织的安全评估；对于其他需要跨境提供个人信息的，规定了经专业机构认证等途径。其二，对跨境提供个人信息的"告知—同意"作出更严格的要求。其三，对因国际司法协助或者行政执法协助，需要向境外提供个人信息的，要求依法申请有关主管部门批准。其四，对从事损害我国公民个人信息权益等活动的境外组织、个人，以及在个人信息保护方面对我国采取不合理措施的国家和地区，规定了可以采取的相应措施。

四是明确个人信息处理活动中个人的权利和处理者义务。其一，与《民法典》的有关规定相衔接，明确在个人信息处理活动中个人的各项权利，包括知情权、决定权、查询权、更正权、删除权等，并要求个人信息处理者建立个人行使权利的申请受理和处理机制。其二，明确个人信息处理者的合规管理和保障个人信息安全等义务，要求其按照相关规定制定内部管理制度和操作规程，采取相应的安全技术措施，并指定负责人对其个人信息处理活动进行监督；定期对其个人信息活动进行合规审计；对处理敏感个人信息、向境外提供个人信息等高风险处理活动，事前进行风险评估；履行个人信息泄露通知和补救义务等。

五是关于履行个人信息保护职责的部门。个人信息保护涉及各个领域和多个部门的职责。《个人信息保护法》根据个人信息保护工作实际，明确国家网信部门负责个人信息保护工作的统筹协调，发挥其统筹协调作用；同时规定：国家网信部门和国务院有关部门在各自职责范围内负责个人信息保护和监督管理工作。

此外，立法还对违反本法规定行为的处罚及侵害个人信息权益的民事赔偿等作出了规定。与数据、信息相关的法律汇总参见表 3－1。

表 3 - 1 与数据、信息相关的法律汇总

序号	法律	公布日期	相关条款
1	《数据安全法》	2021 年 6 月 10 日	—
2	《个人信息保护法》	2021 年 8 月 20 日	—
3	《民法典》	2020 年 5 月 28 日	第 111 条、第 1029 条、第 1032 条至第 1035 条、第 1037 条、第 1038 条、第 1194 条至第 1197 条、第 1225 条、第 1226 条
4	《反不正当竞争法》	2019 年 4 月 23 日	第 9 条、第 17 条、第 21 条、第 32 条
5	《疫苗管理法》	2019 年 6 月 29 日	第 10 条
6	《密码法》	2019 年 10 月 26 日	第 1 条至第 2 条、第 6 条至第 8 条、第 12 条至第 15 条、第 21 条至第 26 条、第 32 条
7	《电子商务法》	2018 年 8 月 31 日	第 5 条、第 23 条至第 25 条、第 30 条至第 32 条、第 69 条、第 72 条、第 79 条、第 87 条
8	《宪法》	2018 年 3 月 11 日	第 33 条、第 37 条、第 38 条、第 40 条
9	《刑法》	2020 年 12 月 26 日	第 253 条
10	《律师法》	2017 年 9 月 1 日	第 38 条、第 48 条

续表

序号	法律	公布日期	相关条款
11	《网络安全法》	2016 年 11 月 7 日	第 17 条、第 21 条、第 25 条、第 27 条、第 37 条、第 38 条、第 40 条至第 47 条
12	《国家安全法》	2015 年 7 月 1 日	第 51 条至第 54 条
13	《电子签名法》	2019 年 4 月 23 日	第 15 条、第 27 条、第 34 条
14	《消费者权益保护法》	2013 年 10 月 25 日	第 29 条、第 50 条
15	全国人大常委会《关于加强网络信息保护的决定》	2012 年 12 月 28 日	第 2 条至第 5 条、第 7 条、第 10 条
16	《居民身份证法》	2011 年 10 月 29 日	第 6 条、第 13 条、第 19 条、第 20 条
17	《保守国家秘密法》	2010 年 4 月 29 日	第 23 条至第 26 条
18	《统计法》	2009 年 6 月 27 日	第 9 条、第 25 条、第 37 条、第 39 条
19	《护照法》	2006 年 4 月 29 日	第 12 条、第 20 条
20	《传染病防治法》	2013 年 6 月 29 日	第 12 条、第 68 条、第 69 条

注：本部分数据及信息统计时间截至 2020 年 2 月 14 日，数据主要来源为"法律法规数据库"及"北大法宝"等数据库，检索方式为关键词检索，检索内容为名称中包含"信息""数据"等关键词的文件。我们已尽力实现相关信息的真实性、完整性和全面性，但并不对其准确性作出任何明示或隐含的保证。

2. 行政法规、部门规章

互联网应用的不断发展使数据收集活动日益普遍与便利，但同时，数据安全问题也随之不断涌现。近年来，数据泄露事件发生频繁，数据安全日益引发人们担忧。为了实现数据安全的保护需求，我国不断完善数据安全立法，数据安全保障体系快速推进。但由于立法程序严格性和法律稳定性的要求，国家难以及时应对现实需要，出台或更改数据保护法律；此外，受法律篇幅的限制，数据安全保护制度也难以进行详细规定。因此，我国在法律之外，结合具体国情出台了大量的行政法规与部门规章，以满足数据安全保护的现实需要。随着数据安全日益为国家和社会所重视，近年来，与此相关的行政法规与部门规章数量呈"井喷式"增长。

2020 年共出台 6 部行政法规与部门规章，其内容涵盖了网络安全、信息公开、数据交易、网络监管、平台经济反垄断等领域。

（1）2020 年新行政法规、部门规章评述

伴随信息基础设施运用的日渐广泛，越来越多与国家安全和经济发展密切相关的数据将存储于其中，但目前我国许多关键领域仍然面临严峻的网络安全形势，其网络安全状况仍然有待改善。因此，为了确保关键信息基础设施供应链安全，维护国家安全，国家互联网信息办公室、国家发展和改革委员会、工业和信息化部、公安部、国家安全部、财政部、商务部、中国人民银行、国家市场监督管理总局、国家广播电视总局、国家保密局、国家密码管理局 12 个部门联合制定了《网络安全审查办法》，该办法自 2020 年 6 月 1 日起开始实施。

《网络安全法》第 35 条规定，"关键信息基础设施的运营者采购网络产品和服务，可能影响国家安全的，应当通过国家网信部门会同国务院有关部门组织的国家安全审查"，《网络安全审查办法》脱胎于《网络产品和服务安全审查办法（试行）》（已失效），对这一制度进行了细化，明确了这一制度运行的具体要求，在实际需要以及《网络产品和服务安

全审查办法（试行）》运行经验的基础上，构建了多部门共同协作的网络安全审查机制，为关键信息基础设施运营者与审查者提供了指引。

为了最大限度地防范和化解网络安全风险，《网络安全审查办法》采取了事前审查的策略，要求运营者在采购网络产品和服务时，就应当预判该产品和服务投入使用后可能带来的国家安全风险，并对影响或者可能影响国家安全的产品和服务，向网络安全审查办公室申报网络安全审查。因此，在通常情况下，运营者应当在与产品和服务提供方正式签署合同前申报网络安全审查，以尽量减少网络安全风险的发生，也尽量避免因无法通过网络安全审查而给自身造成损失的不利后果。

其一，审查的对象。

依据《网络安全审查办法》的规定，网络安全审查所审查的对象是关键信息基础设施运营者采购的影响或可能影响国家安全的网络产品和服务。其中，关键信息基础设施运营者，是指经关键信息基础设施保护工作部门认定的运营者，主要涉及电信、广播电视、能源、金融、公路水路运输、铁路、民航、邮政、水利、应急管理、卫生健康、社会保障、国防科技工业等行业领域；网络产品和服务主要包含核心网络设备、高性能计算机和服务器、大容量存储设备、大型数据库和应用软件、网络安全设备、云计算服务，以及其他对关键信息基础设施安全有重要影响的网络产品和服务。

其二，审查的重点。

网络安全审查重点评估采购网络产品和服务可能带来的国家安全风险，在评估时，主要考虑产品和服务使用后带来的关键信息基础设施被非法控制、遭受干扰或破坏，以及重要数据被窃取、泄露、毁损的风险；产品和服务供应中断对关键信息基础设施业务连续性的危害；产品和服务的安全性、开放性、透明性、来源的多样性，供应渠道的可靠性以及因为政治、外交、贸易等因素导致供应中断的风险，以及产品和服务提供者遵守中国法律、行政法规、部门规章情况等因素。

其三，审查的流程（见图3-1）。

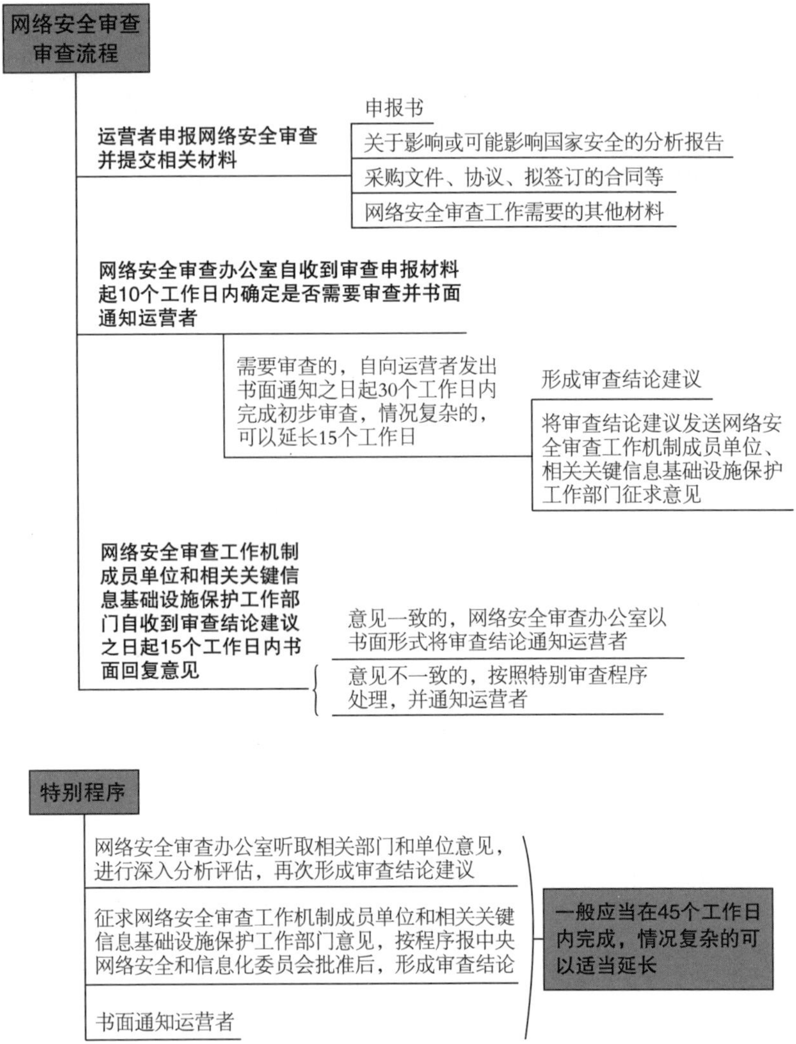

网络安全审查审查流程

运营者申报网络安全审查并提交相关材料
- 申报书
- 关于影响或可能影响国家安全的分析报告
- 采购文件、协议、拟签订的合同等
- 网络安全审查工作需要的其他材料

网络安全审查办公室自收到审查申报材料起10个工作日内确定是否需要审查并书面通知运营者

需要审查的，自向运营者发出书面通知之日起30个工作日内完成初步审查，情况复杂的，可以延长15个工作日

形成审查结论建议
- 将审查结论建议发送网络安全审查工作机制成员单位、相关关键信息基础设施保护工作部门征求意见

网络安全审查工作机制成员单位和相关关键信息基础设施保护工作部门自收到审查结论建议之日起15个工作日内书面回复意见
- 意见一致的，网络安全审查办公室以书面形式将审查结论通知运营者
- 意见不一致的，按照特别审查程序处理，并通知运营者

特别程序

网络安全审查办公室听取相关部门和单位意见，进行深入分析评估，再次形成审查结论建议

征求网络安全审查工作机制成员单位和相关关键信息基础设施保护工作部门意见，按程序报中央网络安全和信息化委员会批准后，形成审查结论

一般应当在45个工作日内完成，情况复杂的可以适当延长

书面通知运营者

图3-1 审查流程

（2）与数据、信息相关的行政法规、部门规章汇总（见表3－2）

表3－2　与数据、信息相关的行政法规、部门规章汇总

序号	名称	解读	发布日期	施行日期	发布部门
1	《企业数据资源相关会计处理暂行规定》	该暂行规定包括以下三部分内容： 一是适用范围。明确该暂行规定适用于符合企业会计准则规定、可确认为相关资产的数据资源，以及不满足资产确认条件而未予确认的数据资源的相关会计处理。后续，随着未来数据资源相关理论和实务的发展，可及时跟进调整。 二是数据资源会计处理适用的准则。按照会计上的经济利益实现方式，根据企业使用、对外提供服务、日常持有以备出售等不同业务模式，明确相关会计处理适用的具体准则；同时，对实务反映的一些重点问题，结合数据资源业务等实际情况予以细化。 三是列示和披露要求。要求企业应当根据重要性原则并结合实际情况增设报表子项目，通过表格方式细化披露，并规定企业可根据实际情况自愿披露数据资源（含未作为无形资产或存货确认的数据资源）的应用场景或业务模式、原始数据类型来源、	2023年8月1日	2024年1月1日	财政部

序号	名称	解读	发布日期	施行日期	发布部门
		加工维护和安全保护情况、涉及的重大交易事项、相关权利失效和受限等相关信息，引导企业主动加强数据资源相关信息披露			
2	《数据出境安全评估办法》	该办法旨在落实《网络安全法》《数据安全法》《个人信息保护法》的规定，规范数据出境活动，保护个人信息权益，维护国家安全和社会公共利益，促进数据跨境安全、自由流动，切实以安全保发展、以发展促安全	2022年7月7日	2022年9月1日	国家互联网信息办公室
3	《数据出境安全评估申报指南（第一版)》	以下情形属于数据出境行为： （1）数据处理者将在境内运营中收集和产生的数据传输、存储至境外； （2）数据处理者收集和产生的数据存储在境内，境外的机构、组织或者个人可以查询、调取、下载、导出； （3）国家网信办规定的其他数据出境行为	2022年	2022年	国家互联网信息办公室

续表

序号	名称	解读	发布日期	施行日期	发布部门
4	《汽车数据安全管理若干规定（试行)》	本规定所称汽车数据，包括汽车设计、生产、销售、使用、运维等过程中的涉及个人信息数据和重要数据。 汽车数据处理，包括汽车数据的收集、存储、使用、加工、传输、提供、公开等。 汽车数据处理者，是指开展汽车数据处理活动的组织，包括汽车制造商、零部件和软件供应商、经销商、维修机构以及出行服务企业等。 个人信息，是指以电子或者其他方式记录的与已识别或者可识别的车主、驾驶人、乘车人、车外人员等有关的各种信息，不包括匿名化处理后的信息。 敏感个人信息，是指一旦泄露或者非法使用，可能导致车主、驾驶人、乘车人、车外人员等受到歧视或者人身、财产安全受到严重危害的个人信息，包括车辆行踪轨迹、音频、视频、图像和生物识别特征等信息。	2021 年 8 月 16 日	2021 年 10 月 1 日	互联网信息办公室、国家发展和改革委员会、工业和信息化部、公安部、交通运输部

序号	名称	解读	发布日期	施行日期	发布部门
		重要数据是指一旦遭到篡改、破坏、泄露或者非法获取、非法利用，可能危害国家安全、公共利益或者个人、组织合法权益的数据，包括： (1) 军事管理区、国防科工单位以及县级以上党政机关等重要敏感区域的地理信息、人员流量、车辆流量等数据； (2) 车辆流量、物流等反映经济运行情况的数据； (3) 汽车充电网的运行数据； (4) 包含人脸信息、车牌信息等的车外视频、图像数据； (5) 涉及个人信息主体超过 10 万人的个人信息； (6) 国家网信部门和国务院发展改革、工业和信息化、公安、交通运输等有关部门确定的其他可能危害国家安全、公共利益或者个人、组织合法权益的数据			

序号	名称	解读	发布日期	施行日期	发布部门
5	《交通运输政务数据共享管理办法》	该办法所称交通运输政务部门（以下简称政务部门），是指交通运输主管部门及法律、法规授权行使交通运输行政管理职能的事业单位和社会组织。该办法所称交通运输政务数据，是指政务部门在履行职责过程中直接或通过第三方依法采集、产生、获取的，以电子形式记录、保存的各类非涉密数据、文件、资料和图表等。该办法所称提供部门，是指产生和提供政务数据的政务部门。本办法所称使用部门，是指因履行职责需要使用政务数据的政务部门	2021 年 4 月 6 日	2021 年 4 月 15 日	交通运输部
6	《资本市场场外产品信息数据接口》	该标准规定了资本市场场外产品信息数据接口的术语和定义、数据化要求、产品类型、分类模板、数据化过程和产品信息。本标准适用于产品注册、产品销售以及其他数据交换场景	2020 年 12 月 23 日	2020 年 12 月 23 日	证监会
7	《证券交易数据交换协议》	该标准规定了证券交易所交易系统与市场参与者系统之间进行证券交易所需的数据交换协议的应用环境、会话机制、消息格式、安全与加密、数据完整性、扩展方式、消息定义、数据字典等内容	2020 年 12 月 23 日	2020 年 12 月 23 日	证监会

序号	名称	解读	发布日期	施行日期	发布部门
8	《文化和旅游部政务数据资源管理办法（试行)》	该办法所称文化和旅游部政务数据资源（以下简称数据资源），是指政务部门在履行职责过程中产生或获取的，以一定形式记录、保存的文字、数字、图表、图像、音频、视频、电子证照、电子档案等各类结构化和非结构化数据资源，包括直接或通过第三方依法采集的、依法授权管理的、政府购买服务的和因履行职责需要依托政务信息系统形成的数据资源等	2020 年 11 月 18 日	2020 年 11 月 18 日	文化和旅游部
9	《监管数据安全管理办法（试行)》	该办法所称监管数据，是指银保监会在履行监管职责过程中，依法定期采集，经监管信息系统记录、生成和存储的，或经银保监会各业务部门认定的数字、指标、报表、文字等各类信息。 该办法所称监管信息系统，是指以满足监管需求为目的开发建设的，具有数据采集、处理、存储等功能的信息系统	2020 年 9 月 23 日	2020 年 9 月 23 日	中国银保监会

序号	名称	解读	发布日期	施行日期	发布部门
10	《农村土地承包数据管理办法（试行)》	该办法所称农村土地承包数据，是指各级农业农村部门（或农村经营管理部门）在承包地管理和日常工作中产生、使用和保管的数据，包括承包地权属数据、地理信息数据和其他相关数据等	2020 年 5 月 18 日	2020 年 7 月 1 日	农业农村部
11	《海关大数据资源共享管理办法》	该办法所称海关大数据资源，是指纳入海关大数据池统一管理的各类信息资源，包括但不限于： （1）海关各业务系统实时产生的业务数据、运维数据，检验检疫迁入系统产生的数据，海关与外部门联合建设的系统产生的海关执法数据，由外部门建设的系统产生的海关执法数据等； （2）海关各级单位购买的外部数据； （3）其他行政机关通过电子口岸平台、"单一窗口"、部门间专网、电子介质、纸质介质向海关各级单位提供的数据； （4）海关各级单位通过国际合作获取的数据； （5）海关各级单位通过爬虫从互联网采集的数据； （6）社会团体、机构向海关提供的其他数据	2019 年 11 月 11 日	2019 年 11 月 11 日	海关总署

序号	名称	解读	发布日期	施行日期	发布部门
12	《电信和互联网行业提升网络数据安全保护能力专项行动方案》	近年来，随着国家大数据发展战略加快实施，大数据技术创新与应用日趋活跃，产生和集聚了类型丰富多样、应用价值不断提升的海量网络数据，成为数字经济发展的关键生产要素。与此同时，数据过度采集滥用、非法交易及用户数据泄露等数据安全问题日益凸显，做好电信和互联网行业（以下简称行业）网络数据安全管理尤为迫切。为积极应对新形势、新情况、新问题，切实做好新中国成立70周年网络数据安全保障工作，全面提升行业网络数据安全保护能力，制定本方案	2019年6月28日	2019年6月28日	工业和信息化部
13	《关于规范快递与电子商务数据互联共享的指导意见》	电子商务与快递数据互联互通和有序共享，是促进电子商务与快递协同发展的重要条件。建立完善电子商务与快递数据互联共享规则，促进电子商务经营者、经营快递业务的企业数据管理和自身治理能力的全面升级	2019年6月12日	2019年6月12日	国家邮政局、商务部

续表

序号	名称	解读	发布日期	施行日期	发布部门
14	《关于加强绿色数据中心建设的指导意见》	建立健全绿色数据中心标准评价体系和能源资源监管体系，打造一批绿色数据中心先进典型，形成一批具有创新性的绿色技术产品、解决方案，培育一批专业第三方绿色服务机构。到2022年，数据中心平均能耗基本达到国际先进水平，新建大型、超大型数据中心的电能使用效率值达到1.4以下，高能耗老旧设备基本淘汰，水资源利用效率和清洁能源应用比例大幅提升，废旧电器电子产品得到有效回收利用	2019年1月21日	2019年1月21日	工业和信息化部、国家机关事务管理局、国家能源局
15	《银行业金融机构数据治理指引》	该指引以"应通过数据治理有效实现数据价值"为主线，起草过程遵循统一性与广泛性结合、普适性与特殊性结合、引导性与主动性结合的原则。重点强调从以下四个方面提出监管要求：一是明确数据治理架构；二是明确数据管理和数据质量控制的要求；三是明确全面实现数据价值的要求；四是明确全面实现数据价值的要求	2018年5月21日	2018年5月21日	中国银行保险监督管理委员会

序号	名称	解读	发布日期	施行日期	发布部门
16	《科学数据管理办法》	科学数据是国家科技创新发展和经济社会发展的重要基础性战略资源。近年来，随着我国科技投入不断增长，科技创新能力不断提升，科学数据呈现"井喷式"增长，而且质量大幅提高。该办法明确了我国科学数据管理的总体原则、主要职责、数据采集汇交与保存、共享利用、保密与安全等方面内容，着重从五个方面提出了具体管理措施	2018年3月17日	2018年3月17日	国务院办公厅
17	《教育部机关及直属事业单位教育数据管理办法》	该办法所称教育数据，是指教育部机关及经法律法规授权具有行政职能的直属事业单位在履行职责过程中获取的各类数字化的数据资源，包括法定统计数据和行政记录数据。法定统计数据是指按照《统计法》的有关规定，通过国家统计局审批备案的统计调查制度采集的数据。法定统计数据为标准时点或时段的静态数据或累计数据。行政记录数据是指行政业务管理信息系统在履行行政管理职责过程中形成的数据资源。行政记录数据主要为动态数据	2018年1月22日	2018年1月22日	教育部办公厅

序号	名称	解读	发布日期	施行日期	发布部门
18	《关于平台经济领域的反垄断指南》	该指南立足我国平台经济领域发展现状和特点，深入总结《反垄断法》实施以来的执法经验，充分考察欧美发达国家平台经济领域竞争规则的实践，以理论研究和实证调研为支撑，着力构建符合高质量发展要求的平台经济领域反垄断监管规则。第5条、第6条、第7条、第8条、第11条、第15条、第17条、第20条规定了利用数据、算法、技术来实施垄断行为	2021年2月7日	2021年2月7日	国务院反垄断委员会
19	《个人信息出境标准合同备案指南（第一版）》	以下情形属于个人信息出境行为： （1）个人信息处理者将在境内运营中收集和产生的个人信息传输、存储至境外； （2）个人信息处理者收集和产生的个人信息存储在境内，境外的机构、组织或者个人可以查询、调取、下载、导出； （3）国家网信办规定的其他个人信息出境行为	2023年5月	2023年5月	国家互联网信息办公室

序号	名称	解读	发布日期	施行日期	发布部门
20	《商用密码管理条例》	该条例所称商用密码，是指采用特定变换的方法对不属于国家秘密的信息等进行加密保护、安全认证的技术、产品和服务。涉及国家安全、社会公共利益且具有加密保护功能的商用密码，列入商用密码进口许可清单，实施进口许可。涉及国家安全、社会公共利益或者中国承担国际义务的商用密码，列入商用密码出口管制清单，实施出口管制。商用密码进口许可清单和商用密码出口管制清单由国务院商务主管部门会同国家密码管理部门和海关总署制定并公布。大众消费类产品所采用的商用密码不实行进口许可和出口管制制度	2023 年 4 月 27 日	2023 年 7 月 1 日	国务院
21	《个人信息出境标准合同办法》	明确通过订立标准合同的方式开展个人信息出境活动，应当坚持自主缔约与备案管理相结合、保护权益与防范风险相结合，保障个人信息跨境安全、自由流动。该办法附件为标准合同范本，主要内容包括合同相关定义和基本要素、个人信息处理者和境外接收方的合同义务、境外接收方所在国家或者地	2023 年 2 月 22 日	2023 年 6 月 1 日	国家互联网信息办公室

序号	名称	解读	发布日期	施行日期	发布部门
		区个人信息保护政策和法规对合同履行的影响、个人信息主体的权利和相关救济,以及合同解除、违约责任、争议解决等事项,并设计了个人信息出境说明、双方约定的其他条款等两个附录			
22	《网络安全审查办法》	该办法明确"掌握100万用户个人信息的网络平台运营者赴国外上市必须申报网络安全审查",申报网络安全审查可能有以下3种情况:一是无须审查;二是启动审查后,经研判不影响国家安全的,可继续赴国外上市程序;三是启动审查后,经研判影响国家安全的,不允许赴国外上市。2021年7月5日,网络安全审查办公室发布公告,对"运满满""货车帮""BOSS直聘"实施网络安全审查。2021年7月2日,该办公室还曾发布公告,对"滴滴出行"实施网络安全审查。审查期间"滴滴出行"停止新用户注册。这是该办法发布以来,正式开展的首轮审查行动	2021年12月28日	2022年2月15日	网信办、发展改革委、工业和信息化部、公安部、国家安全部、财政部、商务部、中国人民银行、市场监督管理总局、广电总局、中国证券监督管理委员会、保密局、密码管理局

序号	名称	解读	发布日期	施行日期	发布部门
23	《网络交易监督管理办法》	针对个人信息保护问题，该办法规定了网络交易经营者应当明示收集、使用消费者个人信息的目的、方式和范围，并经消费者同意；不得强迫或者变相强迫消费者同意收集、使用与经营活动无直接关系的信息；在收集、使用个人敏感信息前，必须逐项取得消费者同意；未经被收集者授权同意，不得向包括关联方在内的任何第三方提供	2021 年 3 月 15 日	2021 年 5 月 1 日	市场监管总局
24	《公共企事业单位信息公开规定制定办法》	该办法强调，重点推进具有市场支配地位、公共属性较强、直接关系人民群众身体健康和生命安全，以及与服务对象之间信息不对称问题突出、需要重点加强监管的公共企事业单位的信息公开。该办法强调，重点推进具有市场支配地位、公共属性较强、直接关系人民群众身体健康和生命安全，以及与服务对象之间信息不对称问题突出、需要重点加强监管的公共企事业单位的信息公开	2020 年 12 月 21 日	2021 年 1 月 1 日	国务院办公厅

序号	名称	解读	发布日期	施行日期	发布部门
25	《中国人民银行金融消费者权益保护实施办法》	第三章"消费者金融信息保护",从消费者金融信息安全权角度,进一步强化了信息知情权和信息自主选择权。中国人民银行将持续做好该办法的落地实施工作,进一步规范银行、支付机构提供金融产品和服务的行为,切实保护金融消费者合法权益。银行、支付机构应当严格落实该办法各项要求,切实承担起保护金融消费者合法权益的主体责任,确保经营行为依法合规	2020年9月15日	2020年11月1日	中国人民银行
26	《网络信息内容生态治理规定》	该规定中所称网络信息内容生态治理,是指政府、企业、社会、网民等主体,以培育和践行社会主义核心价值观为根本,以网络信息内容为主要治理对象,以建立健全网络综合治理体系、营造清朗的网络空间、建设良好的网络生态为目标,开展的弘扬正能量、处置违法和不良信息等相关活动。明确网络信息内容服务平台应当履行信息内容管理主体责任,建立网络信息内容生态治理机制。明确了平台运行环节管理要求,包括建立健全算法推荐的人工干预和用户自主选择机	2019年12月15日	2020年3月1日	国家互联网信息办公室

序号	名称	解读	发布日期	施行日期	发布部门
		制、广告管理制度、平台公约和用户协议制度、举报制度、年度报告制度等。明确了平台的信息安全管理义务，包括不得传播违法信息，应当防范和抵制传播不良信息，鼓励在重点环节传播正能量信息，不得在重点环节呈现不良信息等			
27	《关于促进"互联网＋社会服务"发展的意见》	该意见提出，鼓励开展同步课堂、远程手术指导、沉浸式运动、数字艺术、演艺直播、赛事直播、高清视频通信社交等智能化交互式创新应用示范，引领带动数字创意、智慧医疗、智慧旅游、智慧文化、智能体育、智慧养老等新产业新业态发展，以数字化转型扩大社会服务资源供给	2019 年 12 月 6 日	2019 年 12 月 6 日	国家发展改革委、教育部、民政部、商务部、文化和旅游部、卫生健康委、体育总局
28	《App 违法违规收集使用个人信息行为认定方法》	该认定方法有 6 个要点，分别详细介绍了可被认定为"未公开收集使用规则"的行为，可被认定为"未明示收集使用个人信息的目的、方式和范围"的行为，可被认定为"未经用户同意收集使用个人信息"的行为，可被认定"违反必要原	2019 年 11 月 28 日	2019 年 11 月 28 日	国家互联网信息办公室、工业和信息化部、公安部、市场监管总局

序号	名称	解读	发布日期	施行日期	发布部门
		则，收集与其提供的服务无关的个人信息"的行为，可被认定为"未经同意向他人提供个人信息"的行为，以及可被认定为"未按法律规定提供删除或更正个人信息功能"或"未公布投诉、举报方式等信息"的行为			
29	《信用评级业管理暂行办法》	该办法主要涵盖四个方面：一是建立市场化约束机制。弱化事前监管，信用评级机构完成机构备案后再向相关部门申请业务资质，有助于信用评级机构开展充分的市场竞争。二是以事中、事后管理为重点。加强对信用评级机构在独立性、透明度、利益冲突管理、评级程序规范等方面的监管，要求信用评级机构进行充分信息披露，便于市场各方对信用评级机构的评级质量、评级技术、人员配备、从业经验等做出比较和判断。三是健全符合管理实际的监管模式。基于现有监管格局，明确中国人民银行为信用评级行业主管部门，发展改革委、财政部、证监会为业务管理部门，依法实施具体监管。该办法作为行业基本监管	2019年11月26日	2019年12月26日	中国人民银行、国家发展和改革委员会、财政部、中国证券监督管理委员会

序号	名称	解读	发布日期	施行日期	发布部门
		规则，与分市场、分品种的业务管理规则相补充，既建立了统一监管框架，又体现了各业务管理部门评级监管的相对独立性。四是明确相关部门的监管权及各方法律责任			
30	《网络音视频信息服务管理规定》	一是明确网络音视频信息服务提供者的资质要求，网络音视频信息服务提供者应当依法取得法律、行政法规规定的相关资质。二是明确信息内容安全管理主体责任要求，网络音视频信息服务提供者应当建立健全用户注册、信息发布审核、信息安全管理等制度。三是明确真实身份信息认证要求，网络音视频信息服务提供者应当依照《网络安全法》的规定对用户进行真实身份信息认证。四是明确信息安全要求，任何组织和个人不得利用网络音视频信息服务以及相关信息技术从事法律法规禁止的活动，侵害他人合法权益	2019年11月18日	2020年1月1日	国家互联网信息办公室、文化和旅游部、国家广播电视总局

续表

序号	名称	解读	发布日期	施行日期	发布部门
31	《携号转网服务管理规定》	该管理规定是维护用户合法权益的重要保障。"携号转网"是由基础电信业务经营者提供的一项电信服务，用户可以依据该管理规定向电信业务经营者提出申请，办理"携号转网"。电信业务经营者应明确服务办理条件和流程并向社会公开，以保障用户在办理"携号转网"过程中规则更加透明，流程更加顺畅	2019年11月11日	2019年12月1日	工业和信息化部
32	《关于开展银行保险机构侵害消费者权益乱象整治工作的通知》	本次侵害消费者权益乱象整治的重点是：以规范经营行为、保护消费者合法权益为目标，以《关于加强金融消费者权益保护工作的指导意见》（国办发〔2015〕81号）为依据，以相关法律法规为准绳，排查本机构、本单位、本地区存在的突出问题。整治工作中，要密切结合自身实际，对照附件1所列表现形式，有什么排查什么，查实什么整治什么，有什么问题解决什么问题。在全面排查的基础上，逐项列出问题清单并对照整改	2019年9月24日	2019年9月24日	中国银行保险监督管理委员会

续表

序号	名称	解读	发布日期	施行日期	发布部门
33	《儿童个人信息网络保护规定》	该规定指出，网络运营者应当设置专门的儿童个人信息保护规则和用户协议，并指定专人负责儿童个人信息保护。网络运营者收集、使用、转移、披露儿童个人信息的，应当以显著、清晰的方式告知儿童监护人，并应当征得儿童监护人的同意。网络运营者征得同意时，应当同时提供拒绝选项，并明确告知收集、存储、使用、转移、披露儿童个人信息的目的、方式和范围；儿童个人信息存储的地点、期限和到期后的处理方式；儿童个人信息的安全保障措施；拒绝的后果；投诉、举报的渠道和方式；更正、删除儿童个人信息的途径和方法等事项	2019年8月22日	2019年10月1日	国家互联网信息办公室

序号	名称	解读	发布日期	施行日期	发布部门
34	《互联网个人信息安全保护指南》	该指南制定了个人信息安全保护的管理机制、安全技术措施和业务流程。适用于个人信息持有者在个人信息生命周期处理过程中开展安全保护工作参考使用。该指南适用于通过互联网提供服务的企业，也适用于使用专网或非联网环境控制和处理个人信息的组织或个人。个人信息，是指以电子或者其他方式记录的能够单独或者与其他信息结合识别自然人个人身份的各种信息，包括但不限于自然人的姓名、出生日期、身份证件号码、个人生物识别信息、住址、电话号码等。个人信息还包括通信联系方式、通信记录和内容、账号密码、财产信息、征信信息、行踪轨迹、住宿信息、健康生理信息、交易信息等	2019 年 4 月 10 日	2019 年 4 月 10 日	公安部网络安全保卫局、北京网络行业协会、公安部第三研究所
35	《政府信息公开条例》	进一步扩大了政府信息主动公开的范围和深度，明确了政府信息公开与否的界限，完善了依申请公开的程序规定。有专家表示，该条例有助于更好推进政府信息公开，切实保障人民群众依法获取政府信息	2019 年 4 月 3 日	2019 年 5 月 15 日	国务院

序号	名称	解读	发布日期	施行日期	发布部门
36	《区块链信息服务管理规定》	该规定所称区块链信息服务,是指基于区块链技术或者系统,通过互联网站、应用程序等形式,向社会公众提供信息服务。该规定所称区块链信息服务提供者,是指向社会公众提供区块链信息服务的主体或者节点,以及为区块链信息服务的主体提供技术支持的机构或者组织;该规定所称区块链信息服务使用者,是指使用区块链信息服务的组织或者个人	2019 年 1 月 10 日	2019 年 2 月 15 日	国家互联网信息办公室
37	《政务信息资源共享管理暂行办法》	该办法指出,要加快推动政务信息系统互联和公共数据共享,充分发挥政务信息资源共享在深化改革、转变职能、创新管理中的重要作用,增强政府公信力,提高行政效率,提升服务水平。政务信息资源包括政务部门依法采集、依法授权管理和在履行职责过程中产生的信息资源。按照资源共享属性,政务信息资源分为无条件共享、有条件共享、不予共享 3 种类型。同时严格规定"凡列入不予共享类的,必须有法律、行政法规和党中央、国务院政策依据"	2016 年 9 月 19 日	2016 年 9 月 19 日	国务院

序号	名称	解读	发布日期	施行日期	发布部门
38	《征信业管理条例》	为在征信业务活动中切实保护个人信息安全，该条例主要作了以下规定：一是严格规范个人征信业务规则；二是明确规定禁止和限制征信机构采集的个人信息；三是明确规定个人对本人信息享有查询、异议和投诉等权利；四是严格法律责任	2013年1月21日	2013年3月15日	国务院
39	《计算机信息系统安全保护条例》	该条例所称的计算机信息系统，是指由计算机及其相关的和配套的设备、设施（含网络）构成的，按照一定的应用目标和规则对信息进行采集、加工、存储、传输、检索等处理的人机系统	2011年1月8日	2011年1月8日	国务院
40	《信息安全等级保护管理办法》	公安机关负责信息安全等级保护工作的监督、检查、指导。国家保密工作部门负责等级保护工作中有关保密工作的监督、检查、指导。国家密码管理部门负责等级保护工作中有关密码工作的监督、检查、指导。涉及其他职能部门管辖范围的事项，由有关职能部门依照国家法律法规的规定进行管理。原国务院信息化工作办公室及地方信息化领导小组办事机构负责等级保护工作的部门间协调	2007年6月22日	2007年6月22日	公安部、国家保密局、国家密码管理局、国务院信息化工作办公室

序号	名称	解读	发布日期	施行日期	发布部门
41	《互联网电子邮件服务管理办法》	重申了电子邮件通信秘密保护原则。依法保护公民的通信自由和通信秘密，是我国《宪法》确定的基本立法原则之一。该办法依据《宪法》《电信条例》等上位法的规定，进一步明确了对网民通信自由和通信秘密权利的保护。该办法第3条根据《宪法》的有关规定，明确规定，"公民使用互联网电子邮件服务的通信秘密受法律保护。除因国家安全或者追查刑事犯罪的需要，由公安机关或者检察机关依照法律规定的程序对通信内容进行检查外，任何组织或者个人不得以任何理由侵犯公民的通信秘密"	2006年2月20日	2006年3月30日	信息产业部
42	《个人信用信息基础数据库管理暂行办法》	该办法所称个人信用信息包括个人基本信息、个人信贷交易信息以及反映个人信用状况的其他信息。前款所称个人基本信息，是指自然人身份识别信息、职业和居住地址等信息；个人信贷交易信息，是指商业银行提供的自然人在个人贷款、贷记卡、准贷记卡、担保等信用活动中形成的交易记录；反映个人信用状况的其他信息，是指除信贷交易信息之外的反映个人信用状况的相关信息	2005年8月18日	2005年10月1日	中国人民银行

序号	名称	解读	发布日期	施行日期	发布部门
43	《计算机病毒防治管理办法》	该办法所称的计算机病毒，是指编制或者在计算机程序中插入的破坏计算机功能或者毁坏数据，影响计算机使用，并能自我复制的一组计算机指令或者程序代码	2000 年 4 月 26 日	2000 年 4 月 26 日	公安部
44	《计算机信息系统国际联网保密管理规定》	涉及国家秘密的计算机信息系统，不得直接或间接地与国际互联网或其他公共信息网络相连接，必须实行物理隔离。涉及国家秘密的信息，包括在对外交往与合作中经审查、批准与境外特定对象合法交换的国家秘密信息，不得在国际联网的计算机信息系统中存储、处理、传递	1999 年 12 月 27 日	2000 年 1 月 1 日	国家保密局

3. 与数据、信息相关的地方性法规与地方政府规章

2020 年之前，全国各省份出台的与信息、数据相关的地方性法规及地方政府规章，其内容主要集中在地理信息测绘、政府信息公开、信用信息条例以及公共数据管理等领域。而从 2020 年开始，除上述领域外，各地区还开始将注意力转向与数字经济相关的领域，还有部分地区开始针对特定产业的数据管理进行研究。但是，已经或计划出台与信息、数据相关的地方性法规及地方政府规章的省市，主要还是集中在发达地区。较落后的地区由于地区产业发展重点以及法治水平的差异，对于该领域的立法实践以及重视程度都明显落后于发达地区，这也进一步拉大了各地区之间保障数据安全能力与数据利用能力的差距。

（1）地方性立法（见表 3 – 3）

表 3 – 3　地方性立法

序号	名称	解读	发布日期	施行时间	发布部门
1	《厦门经济特区数据条例》	该条例共七章 65 条，以促进数据应用和发展为基本定位，紧扣以规范促发展、以保护促利用的立法主线，聚焦数据流通利用、数据安全管理、数据权益保护三大环节，在满足安全要求的前提下，对公共数据授权运营、数据要素市场培育发展等进行必要探索，引领、促进和保障数据流通与开发利用，赋能数字经济和社会发展。 （1）数据，是指任何以电子或者其他方式对信息的记录。	2022 年 12 月 27 日	2023 年 3 月 1 日	厦门市人大(常委会)

序号	名称	解读	发布日期	施行时间	发布部门
		（2）数据处理，包括数据的收集、存储、使用、加工、传输、提供、公开、删除等。 （3）公共数据，包括政务数据和公共服务数据。政务数据是指国家机关和法律、法规授权的具有管理公共事务职能的组织（以下简称政务部门）为履行法定职责收集、产生的各类数据。公共服务数据是指医疗、教育、供水、供电、供气、交通运输等公益事业单位、公用企业（以下简称公共服务组织）在提供公共服务过程中收集、产生的涉及社会公共利益的各类数据。 （4）非公共数据，是指公共服务组织收集、产生的不涉及社会公共利益的数据，以及政务部门、公共服务组织以外的自然人、法人和非法人组织收集、产生的各类数据			
2	《抚顺市政务数据资源共享开放条例》	该条例所称政务数据资源，是指政务部门在履行职责过程中产生或者获取的，以一定形式记录、保存的文字、数字、图表、图像、音频、视频、电子证照、电子档案等各类数	2022年12月7日	2023年3月1日	抚顺市人大(常委会)

序号	名称	解读	发布日期	施行时间	发布部门
		据资源,包括政务部门直接或者通过第三方依法采集的、依法授权管理的和因履行职责需要依托政务信息系统形成的数据资源等。该条例所称政务部门,是指政府部门以及法律、法规授权具有行政职能的事业单位和社会组织。该条例所称政务数据资源共享,是指政务部门因依法履行职责需要使用其他政务部门的政务数据资源或者为其他政务部门提供政务数据资源的行为。该条例所称政务数据资源开放,是指政务部门面向社会开放政务数据资源的行为			
3	《苏州市数据条例》	该条例是国内首部全面规范公共数据、企业数据、个人数据的综合性地方性法规。该条例明确了数字苏州建设的总体要求,针对促进数据要素流通、推动数据资源高效利用、加强数据安全管理等重点内容都作了探索性规定。其中,对大数据"杀熟"作出禁止性规定,并针对数据侵权维权难问题,规定了公益诉讼制度。	2022年12月6日	2023年3月1日	苏州市人大(常委会)

序号	名称	解读	发布日期	施行时间	发布部门
		(1) 数据，是指任何以电子或者其他方式对信息的记录，包括公共数据、企业数据和个人数据等； (2) 数据处理，包括数据的收集、存储、使用、加工、传输、提供、公开、删除、销毁等； (3) 公共数据，是指本市国家机关，法律、法规授权的具有管理公共事务职能的组织，以及其他提供公共服务的组织（以下统称公共管理和服务机构）在履行法定职责、提供公共服务过程中产生、收集的数据； (4) 企业数据，是指各类市场主体在生产经营活动中产生、收集的数据； (5) 个人数据，是指载有已识别或者可识别的自然人信息的数据，不包括匿名化处理后的数据			
4	《四川省数据条例》	该条例共八章 70 条，主要内容包括了进一步理顺数据管理体制机制、推进数据资源统一管理、促进数据要素有序流通、推动数据资源高效开发利用、加强数据安全管理和个人信息保护、协同推进区域合作六大方面。完善数据交易规则、明确禁止滥用大数据技术进行"杀熟"、	2022 年 12 月 2 日	2023 年 1 月 1 日	四川省人大(常委会)

序号	名称	解读	发布日期	施行时间	发布部门
		强调个人信息保护、公共场所不得以人脸识别等方式作为唯一出入等验证方式、推动数字经济的发展、设置区域合作单章。该条例所称公共数据，是指国家机关和法律、法规授权的具有管理公共事务职能的组织（以下统称政务部门）为履行法定职责收集、产生的政务数据，以及医疗、教育、供水、供电、供气、通信、文化旅游、体育、交通运输、环境保护等公共企业事业单位（以下统称公共服务组织）在提供公共服务过程中收集、产生的涉及公共利益的公共服务数据			
5	《广西壮族自治区大数据发展条例》	广西壮族自治区第一部数据领域地方性法规，条例共八章78条，包括总则、基础设施、数据资源、数据市场、发展应用、数据安全、法律责任以及附则。 （1）数据，是指任何以电子或者其他方式对信息的记录，包括公共数据和非公共数据。 （2）大数据，是指以容量大、类型多、存取速度快、应用价值高为主要特征的数据集合，以及对数	2022年11月25日	2023年1月1日	广西壮族自治区人大（常委会）

序号	名称	解读	发布日期	施行时间	发布部门
		据集合开发利用过程中形成的新技术和新业态。 (3) 公共数据,包括政务数据和公共服务数据。政务数据,是指国家机关和法律、法规授权的具有管理公共事务职能的组织(以下简称政务部门),在履行法定职责过程中收集、产生的数据。公共服务数据,是指教育、卫生健康、供水、供电、供气、供热、生态环境、公共交通、通信、文化旅游、体育等公共企业事业单位(以下简称公共服务组织)在提供公共服务过程中收集、产生的涉及公共利益的数据			
6	《陕西省大数据条例》	该条例所称大数据,是指以容量大、类型多、存取速度快、应用价值高为主要特征的数据集合,以及对数据集合开发利用形成的新技术和新业态。 陕西省人民政府应当统筹部署数字基础设施建设工作,推动构建政府社会协同投资、科技产业协同创新、经济社会融合发展的新型基础设施体系。市场主体合法处理数据形成的数据产品和服务,可以依法交易,有下列情形之一的除外:	2022 年 9 月 29 日	2021 年 1 月 1 日	辽宁省人大(常委会)

序号	名称	解读	发布日期	施行时间	发布部门
7		（1）交易的数据产品和服务包含未依法获得授权的数据； （2）交易的数据产品和服务包含未依法公开的数据			
7	《辽宁省大数据发展条例》	该条例共九章54条。为解决辽宁省数据要素市场发育不充分问题，补齐要素市场"短板"，完备要素市场化配置机制，条例设置"数据要素市场"专章，明确了市场主体在数据采集、加工、使用、交易等基本权益方面的保障性规定，给企业吃下"定心丸"；同时，对数据交易和竞争行为以"负面清单"方式划定禁区，就交易市场配套制度建设予以规定，并对违法交易、侵害其他市场主体合法权益等行为增设了处罚条款	2022年5月31日	2022年8月1日	辽宁省人大(常委会)

序号	名称	解读	发布日期	施行时间	发布部门
8	《黑龙江省促进大数据发展应用条例》	该条例共八章70条，条例所称大数据，是指以容量大、类型多、速度快、精度准、价值高为主要特征的数据集合，以及对数据集合开发利用形成的新技术和新业态。该条例从获取数据主体、数据特征、获取方式等方面，将大数据分为公共数据和非公共数据，并明确了相关概念。 该条例所称大数据，是指以容量大、类型多、速度快、精度准、价值高为主要特征的数据集合，包含公共数据和非公共数据，以及对数据集合开发利用形成的新技术和新业态。该条例所称公共数据，是指国家机关和法律、法规授权的具有管理公共事务职能的组织以及供水、供电、供气、供热、通信、公共交通等公共服务运营单位（以下统称公共管理和服务机构）在依法履职或者提供公共管理和服务过程中收集、产生的，以一定形式记录、保存的各类数据及其衍生数据，包含政务、公益事业单位数据和公用企业数据。	2022年5月13日	2022年7月1日	黑龙江省人大（常委会）

序号	名称	解读	发布日期	施行时间	发布部门
		该条例所称非公共数据，是指公共管理和服务机构以外的自然人、法人和非法人组织依法开展活动所产生、获取或者加工处理的各类数据			
9	《重庆市数据条例》	该条例提出，推进数字技术与实体经济、服务业、政府管理深度融合，加快数字经济、数字社会、数字政府建设。提出支持开展数据跨境流动，依托中新（重庆）等国际互联网数据专用通道，推动国际数据港建设。明确市场主体不得滥用市场支配地位从事操纵市场、设置排他性合作条款等活动，强调自然人、法人和非法人组织可以通过合法、正当的方式依法收集数据；对合法取得的数据，可以依法使用、加工；对依法加工形成的数据产品和服务，可以依法获取收益。 (1) 数据，是指以电子或者其他方式对信息的记录。 (2) 数据处理，包括数据的收集、存储、使用、加工、传输、提供、公开等。	2022 年 3 月 30 日	2022 年 7 月 1 日	重庆市人大(常委会)

序号	名称	解读	发布日期	施行时间	发布部门
		（3）数据安全，是指通过采取必要措施，确保数据处于有效保护和合法利用的状态，以及具备保障持续安全状态的能力。 （4）政务数据，是指国家机关和法律、法规授权的具有管理公共事务职能的组织（以下称政务部门）为履行法定职责收集、制作的数据。 （5）公共服务数据，是指医疗、教育、供水、供电、供气、通信、文旅、体育、环境保护、交通运输等公共企业事业单位（以下称公共服务组织）在提供公共服务过程中收集、制作的涉及公共利益的数据。 （6）公共数据共享，是指政务部门、公共服务组织因履行法定职责或者提供公共服务需要，依法获取其他政务部门、公共服务组织公共数据的行为。 （7）公共数据开放，是指向自然人、法人或者非法人组织依法提供公共数据的公共服务行为。政务数据和公共服务数据统称公共数据			

序号	名称	解读	发布日期	施行时间	发布部门
10	《浙江省公共数据条例》	该条例中的公共数据，是指本省国家机关、法律法规规章授权的具有管理公共事务职能的组织以及供水、供电、供气、公共交通等公共服务运营单位，在依法履行职责或者提供公共服务过程中收集、产生的数据。该条例从拓展公共数据范围、明确公共数据平台建设规范、完善公共数据收集归集规则、建立公共数据充分共享机制、构建公共数据有序开放制度、设立公共数据授权运营制度、健全公共数据安全管理规范等方面对公共数据管理作出规定。条例将公共数据分为无条件共享、受限共享和不共享数据三类，明确公共数据以共享为原则、不共享为例外，并进一步规定保障该原则落实的具体制度。同时该条例提出，落实数据安全主体责任，确立"谁收集，谁负责；谁使用，谁负责；谁运行，谁负责"的数据安全责任制，确保公共数据全生命周期安全。针对社会关心的个人信息采集问题，该条例要求公共管理和服务机构收集数据时，不得强制要求	2022年1月21日	2022年3月1日	浙江省人大(常委会)

序号	名称	解读	发布日期	施行时间	发布部门
		个人采用多种方式重复验证或特定方式验证。已经通过有效身份证件验明身份的，不得强制通过收集指纹、虹膜、人脸等生物识别信息重复验证			
11	《福建省大数据发展条例》	在数据采集方面，该条例规定，采集数据应当向被采集者公开采集规则，明示采集目的、方式和范围，并经被采集者同意。凡能通过共享获取的公共数据，政务部门不得重复采集。在公共数据开放方面，该条例明确应当优先开放与民生密切相关、社会关注度和需求度高的数据。公开数据分为普通开放和依申请开放两种类型。开展涉及个人信息的数据活动，应当对所采集的个人信息进行去标识化或者匿名化处理，记录数据处理全流程，不得泄露或者篡改采集的个人信息。 该条例所称大数据，是指以容量大、类型多、存取速度快、应用价值高为主要特征的数据集合，包含公共数据和非公共数据，以及对数据集合开发利用形成的新技术和新业态	2021年12月15日	2022年1月1日	福建省人大(常委会)

序号	名称	解读	发布日期	施行时间	发布部门
12	《上海市数据条例》	该条例共十章91条，以促进数据利用和产业发展为基本定位，紧扣以规范促发展、以保护促利用的立法主线，聚焦数据权益保障、数据流通利用、数据安全管理三大环节，结合数字经济相关市场主体的发展"瓶颈"，在满足安全要求的前提下，最大限度促进数据流通和开发利用、赋能数字经济和社会发展。该条例涉及领域多、覆盖面广，上海市积极制定配套政策措施，就是为该条例的全面、充分实施提供全方位、多层次的保障，从而实现数字化转型的"整体性转变、全方位赋能、革命性重塑"。该条例设立"数据权益保障"和"个人信息特别保护"专节，明确保障数字经济主体依法使用、加工数据取得的财产性权益，鼓励各类主体开展数据创新活动，并针对广大市民群众普遍关心的隐私保护问题提出了多项举措。（1）数据，是指任何以电子或者其他方式对信息的记录。	2021年11月25日	2022年1月1日	上海市人大(常委会)

序号	名称	解读	发布日期	施行时间	发布部门
		(2) 数据处理，包括数据的收集、存储、使用、加工、传输、提供、公开等。 (3) 数据安全，是指通过采取必要措施，确保数据处于有效保护和合法利用的状态，以及具备保障持续安全状态的能力。 (4) 公共数据，是指本市国家机关、事业单位，经依法授权具有管理公共事务职能的组织，以及供水、供电、供气、公共交通等提供公共服务的组织（以下统称公共管理和服务机构），在履行公共管理和服务职责过程中收集和产生的数据			
13	《山东省大数据发展促进条例》	该条例所称大数据，是指以容量大、类型多、存取速度快、应用价值高为主要特征的数据集合，以及对数据进行收集、存储和关联分析，发现新知识、创造新价值、提升新能力的新一代信息技术和服务业态。 将数据资源划分为公共数据和非公共数据，强调数据收集应当遵循合法、正当、必要的原则，不得窃取或者以其他非法方式获取数据。除法律、行政法	2021 年 9 月 30 日	2022 年 1 月 1 日	山东省人大（常委会）

序号	名称	解读	发布日期	施行时间	发布部门
		规另有规定外，公共数据提供单位不得重复收集能够通过共享方式获取的公共数据。自然人、法人和其他组织收集数据不得损害被收集人的合法权益。被收集人认为公共数据存在错误、遗漏，或者侵犯国家秘密、商业秘密和个人隐私等情形的，可以向公共数据提供单位、使用单位或者有关主管部门提出异议，相关单位应当及时进行处理			
14	《深圳经济特区数据条例》	该条例主要涵盖个人数据保护、公共数据共享开放、数据要素市场培育和数据安全四个方面。是国内数据领域首部基础性、综合性立法。确立以"告知—同意"为前提的个人数据处理规则，即处理个人信息，应当在事先充分告知的前提下取得个人同意，数据处理者应当提供撤回同意的途径，不得对撤回同意进行不合理限制或者附加不合理条件。还强调不得滥用人脸识别数据，用户有权拒绝数据处理者对其进行个性化推荐。 (1) 数据，是指任何以电子或者其他方式对信息的记录。	2021 年 7 月 6 日	2022 年 1 月 1 日	深圳市人大(常委会)

序号	名称	解读	发布日期	施行时间	发布部门
		（2）个人数据，是指载有可识别特定自然人信息的数据，不包括匿名化处理后的数据。 （3）敏感个人数据，是指一旦泄露、非法提供或者滥用，可能导致自然人受到歧视或者人身、财产安全受到严重危害的个人数据，具体范围依照法律、行政法规的规定确定。 （4）生物识别数据，是指对自然人的身体、生理、行为等生物特征进行处理而得出的能够识别自然人独特标识的个人数据，包括自然人的基因、指纹、声纹、掌纹、耳郭、虹膜、面部识别特征等数据。 （5）公共数据，是指公共管理和服务机构在依法履行公共管理职责或者提供公共服务过程中产生、处理的数据。 （6）数据处理，是指数据的收集、存储、使用、加工、传输、提供、开放等活动。 （7）匿名化，是指个人数据经过处理无法识别特定自然人且不能复原的过程。			

序号	名称	解读	发布日期	施行时间	发布部门
		（8）用户画像，是指为了评估自然人的某些条件而对个人数据进行自动化处理的活动，包括为了评估自然人的工作表现、经济状况、健康状况、个人偏好、兴趣、可靠性、行为方式、位置、行踪等进行的自动化处理。 （9）公共管理和服务机构，是指本市国家机关、事业单位和其他依法管理公共事务的组织，以及提供教育、卫生健康、社会福利、供水、供电、供气、环境保护、公共交通和其他公共服务的组织			
15	《贵阳市大数据安全管理条例》	该条例所称大数据安全，是指大数据发展应用中，数据的所有者、管理者、使用者和服务提供者（以下简称安全责任单位）采取保护管理的策略和措施，防范数据伪造、泄露或者被窃取、篡改、非法使用等风险与危害的能力、状态和行动。该条例所称大数据，是指以容量大、类型多、存取速度快、应用价值高为主要特征的数据集合，是对数量巨大、来源分散、格式多样的数据进行采集、存储和关联分析，发现新	2021 年 6 月 7 日	2021 年 6 月 7 日	贵阳市人大(常委会)

序号	名称	解读	发布日期	施行时间	发布部门
16		知识、创造新价值、提升新能力的新一代信息技术和服务业态。 该条例所称数据，是指通过计算机或者其他信息终端及相关设备组成的系统收集、存储、传输、处理和产生的各种电子化的信息			
16	《贵阳市健康医疗大数据应用发展条例》	该条例共六章31条，适用于贵阳市行政区域内信息系统接入市级全民健康信息平台的医疗卫生机构、健康医疗服务企业等，对健康医疗数据的"聚、通、用"进行了规范。明确健康医疗大数据应用发展应当遵循政府主导、便民惠民、改革创新、规范有序、开放融合、共建共享、保障安全的原则。医疗卫生行政主管部门应当建立健康医疗大数据应用发展诚信档案，记录医疗卫生机构、健康医疗服务企业及其相关从业人员的违法失信行为，纳入统一的信用信息共享平台管理。 规定要利用健康医疗大数据实施精准扶贫，通过市级平台数据和居民电子健	2021年6月7日	2021年6月7日	贵阳市人大(常委会)

续表

序号	名称	解读	发布日期	施行时间	发布部门
		康档案，组织开展农村低收入困难群众因病致贫、因病返贫的调查与分析，核实患病家庭、人员、病种、诊治和健康情况，推进医疗服务、公共卫生、医疗救助协同联动			
17	《贵阳市政府数据共享开放条例》	该条例所称政府数据，是指市、区（市、县）人民政府及其工作部门和派出机构、乡（镇）人民政府（以下简称行政机关）在依法履行职责过程中制作或者获取的，以一定形式记录、保存的各类数据资源。该条例所称政府数据共享，是指行政机关因履行职责需要使用其他行政机关的政府数据或者为其他行政机关提供政府数据的行为。该条例所称政府数据开放，是指行政机关面向公民、法人和其他组织提供政府数据的行为	2021年6月7日	2021年6月7日	贵阳市人大(常委会)

序号	名称	解读	发布日期	施行时间	发布部门
18	《安徽省大数据发展条例》	该条例所称大数据，是指以容量大、类型多、存取速度快、应用价值高为主要特征的数据集合，是对数量巨大、来源分散、格式多样的数据进行采集、存储和关联分析，发现新知识、创造新价值、提升新能力的新一代信息技术和服务业态。该条例在总则中明确，开展数据活动必须遵循法律、法规，尊重社会公德，保守国家秘密，保护商业秘密、个人信息和隐私，履行数据安全保护义务，承担社会责任。突出对个人信息和隐私的保护，要求开展涉及个人信息的数据活动，不得窃取或者以其他方式非法获取个人信息，不得泄露或者篡改其收集的个人信息，不得过度处理；未经被收集者同意，不得向他人非法提供其个人信息。但经过处理无法识别特定个人且不能复原的除外。对老年人等运用智能技术困难群体的服务保障作出规定，要求县级以上人民政府及其有关部门应当按照优化传统服务与创新数字服务并行的原则，制定和完善老年人等运用智能技	2021 年 3 月 29 日	2021 年 5 月 1 日	安徽省人大(常委会)

续表

序号	名称	解读	发布日期	施行时间	发布部门
		术困难群体在出行、就医、消费、文娱、办事等方面的服务保障措施,保障和改善运用智能技术困难群体的基本服务需求和服务体验			
19	《山西省政务数据管理与应用办法》	明确政务服务实施机构需采集法律行政法规未作规定的数据的,应当取得被采集对象的同意;被采集对象拒绝的,不得采集,政务服务实施机构不得因此拒绝履行有关职责。政务服务实施机构因采集对象拒绝采集法律、行政法规未作规定的数据,而拒绝履行有关职责的,由同级人民政府责令限期改正;逾期不改正的,对单位给予通报批评,对负有责任的领导人员和直接责任人员依法给予处分;造成损失的,依法承担赔偿责任;构成犯罪的,依法追究刑事责任。 政务服务实施机构应当保障政务数据质量,做好政务数据维护,确保数据准确及时。政务数据的采集、存储和管理应当采用数字化方式。未采用数字化方式采集的信息资源,应当进行数字化处理	2020 年 11 月 27 日	2021 年 1 月 1 日	山西省人大(常委会)

序号	名称	解读	发布日期	施行时间	发布部门
20	《吉林省促进大数据发展应用条例》	该条例所称大数据，是指以容量大、类型多、存取速度快、应用价值高为主要特征的数据集合，以及对其开发利用形成的新技术、新业态。 该条例包括"总则""数据处理""发展应用""促进措施""数据安全与保护""法律责任""附则"共七章61条。明确了管理部门、强化了大数据平台的核心作用、规定了依目录进行管理的机制、大力推动公共数据共享和开放、促进大数据发展应用、强调数据安全法律责任	2020年11月27日	2021年1月1日	吉林省人大(常委会)
21	《贵州省政府数据共享开放条例》	该条例共七章45条，从政府数据管理、政府数据共享、政府数据开放、监督管理等明确贵州省政府数据共享开放事项。明确，省人民政府应当建立政府数据资源有效流动和开发利用机制，推进政府数据资源的开发利用 该条例所称的政府数据，是指行政机关在依法履行职责过程中制作或者获取的，以一定形式记录、保存的各类数据，包括行政机关直接或者通过第三方依法采集、管理和因履行职责需要依托政府信息系	2020年9月25日	2020年12月1日	贵州省人大(常委会)

序号	名称	解读	发布日期	施行时间	发布部门
		统形成的数据。 该条例所称的政府数据共享,是指行政机关因履行职责需要使用其他行政机关政府数据和为其他行政机关提供政府数据的行为。该条例所称的政府数据开放,是指行政机关面向公民、法人或者其他组织依法提供政府数据的行为			
22	《沈阳市政务数据资源共享开放条例》	该条例共七章 38 条,主要规定了总则、政务数据资源归集、政务数据资源共享、政务数据资源开放、政务数据资源安全监管、法律责任和附则等内容。提出"以共享为原则、不共享为例外"原则,对政务数据资源开放和开发应用、数据安全、个人隐私和商业秘密保护等作出了相应规定。从法理上,明确数据主管部门职责。从制度上解决共享开放"瓶颈"问题。从导向上突出民生数据优先开放。从保障上明确监管及相应法律责任。 该条例所称政务部门,是指本市政府部门以及法律、法规授权具有行政职能的事业单位和社会组织。	2020 年 8 月 14 日	2020 年 10 月 1 日	沈阳市人大(常委会)

序号	名称	解读	发布日期	施行时间	发布部门
		该条例所称政务数据资源，是指政务部门在履行职责过程中产生或者获取的，以一定形式记录、保存的文件、资料、图表、音视频等各类数据资源，包括政务部门直接或者通过第三方依法采集的、依法授权管理的和因履行职责需要依托政务信息系统形成的数据资源等。该条例所称政务数据资源共享，是指政务部门因依法履行职责需要使用其他政务部门的政务数据资源或者为其他政务部门提供政务数据资源的行为。该条例所称政务数据资源开放，是指政务部门依法面向公民、法人和其他组织开放政务数据资源的行为			
23	《山西省大数据发展应用促进条例》	该条例明确了大数据发展应用各级政府及相关部门的职责，其中，第4条规定，县级以上人民政府负责本行政区域内大数据发展应用工作，将大数据发展应用纳入国民经济和社会发展规划，确定大数据发展应用重点领域，建立大数据统筹协调机制，研究解决大数据发展应用中的重大问题；第5条明确	2020年5月15日	2020年7月1日	山西省人大(常委会)

序号	名称	解读	发布日期	施行时间	发布部门
		省人民政府工业和信息化主管部门负责全省大数据发展应用的统筹推进、指导协调和监督管理工作，并要求市县人民政府确定主管部门，做好本行政区域大数据发展应用具体工作。该条例所称大数据，是指以容量大、类型多、存取速度快、应用价值高为主要特征的数据集合，以及对其开发利用形成的新技术和新业态			
24	《海南省大数据开发应用条例》	该条例所称大数据，是指以容量大、类型多、存取速度快、应用价值高为主要特征的数据集合，以及对数据集合开发利用形成的新技术和新业态。该条例共六章57条，海南成为继贵州、天津之后全国第三个出台大数据方面地方性法规的省份。内容丰富，涵盖了整个社会大数据领域。基于体制机制创新，设立全国首个法定机构形式的省大数据管理机构；政务信息资源实行目录管理和负面清单审核制度，推进公共信息资源应共享尽共享；有序推进政务信息资源开放，促进政府数据社会化利用	2019年9月27日	2019年11月1日	海南省人大(常委会)

序号	名称	解读	发布日期	施行时间	发布部门
25	《贵州省大数据安全保障条例》	该条例所称大数据安全保障,是指采取预防、管理、处置等策略和措施,防范大数据被攻击、侵入、干扰、破坏、窃取、篡改、删除和非法使用以及意外事故,保障大数据的真实性、完整性、有效性、保密性、可控性并处于安全状态的活动。 该条例所称大数据是指以容量大、类型多、存取速度快、应用价值高为主要特征的数据集合,是对数量巨大、来源分散、格式多样的数据进行采集、存储和关联分析,发现新知识、创造新价值、提升新能力的新一代信息技术和服务业态。 该条例所称大数据安全责任人,是指在大数据全生命周期过程中对大数据安全产生或者可能产生影响的单位和个人,包括大数据所有人、持有人、管理人、使用人以及其他从事大数据采集、存储、清洗、开发、应用、交易、服务等的单位和个人。 根据该条例,使用数据应当通过合法方式获取,并保护数据所有人、提供人、采集人合法权益,不得用于非法目的和用途。	2019 年 8 月 1 日	2019 年 10 月 1 日	贵州省人大(常委会)

序号	名称	解读	发布日期	施行时间	发布部门
		明知是通过攻击、窃取、恶意访问等非法方式获取的数据，不得使用。此外，该条例规定，公共数据平台、企业数据中心等集中式大数据存储中心，没有根据国家相关技术标准、规范要求和保障数据安全需要，科学选址，规范建设，建立容灾备份、安全评价、日常巡查管理、防火防盗等安全管理制度			
26	《天津市促进大数据发展应用条例》	该条例所称大数据，是指以容量大、类型多、存取速度快、应用价值高为主要特征的数据集合，以及对其开发利用形成的新技术和新业态。 对政务数据和社会数据分别进行了规定。在政务数据共享方面，政务部门通过共享平台获取的文书类、证照类、合同类政务数据，与纸质文书具有同等效力，可以作为行政管理、服务和执法的依据。而与政务数据相对应，该条例中所称的社会数据是政务部门以外的其他组织、单位或者个人开展活动时，产生、获取或者积累的各类信息资源	2018年12月14日	2019年1月1日	天津市人大(常委会)

续表

序号	名称	解读	发布日期	施行时间	发布部门
27	《西藏自治区网络信息安全管理条例》	为了维护国家安全和社会公共利益,反对分裂,促进民族团结进步,保障网络信息安全,保护公民、法人和其他组织的合法权益,根据《网络安全法》《国家安全法》等有关法律、行政法规,结合自治区实际,制定该条例	2023年1月18日	2023年2月1日	西藏自治区人大（常委会）
28	《湖南省网络安全和信息化条例》	该条例是我国第一部同时规范网络安全和信息化工作的省级地方性法规,将为湖南省解决网络安全问题、推动信息化发展提供有力法治保障,对推进湖南省治理体系和治理能力现代化、建设数字新湖南具有重要意义。实施数据处理活动的单位和个人应当落实数据安全保护责任,不得实施窃取、泄露或者篡改、非法出售4类数据活动禁止行为。该条例规定,为应对紧急状态或者重大突发事件,需要收集、交换、共享个人数据的,由突发事件处置部门按照有关法律法规处理,不得用于与应对紧急状态或者重大突发事件无关的目的	2021年12月3日	2022年1月1日	湖南省人大(常委会)

序号	名称	解读	发布日期	施行时间	发布部门
29	《青海省公共信用信息条例》	该条例所称公共信用信息，是指国家机关、法律法规授权的具有管理公共事务职能的组织等（以下简称信息提供主体），在依法履行职责、提供服务过程中产生和获取的反映具有完全民事行为能力的自然人、法人和非法人组织（以下简称信息主体）信用状况的信息	2021年3月31日	2021年5月1日	青海省人大(常委会)
30	《浙江省公共信用信息管理条例》	该条例所称公共信用信息，是指国家机关、法律法规规章授权的具有管理公共事务职能的组织以及群团组织等（以下统称公共信用信息提供单位）在履行职能过程中产生的反映具有完全民事行为能力的自然人、法人和非法人组织（以下统称信息主体）信用状况的数据和资料	2017年9月30日	2018年1月1日	浙江省人大(常委会)
31	《河北省社会信用信息条例》	该条例所称社会信用信息是指可用以识别、分析、判断具有完全民事行为能力的自然人、法人和非法人组织（以下简称信用主体）遵守法律、法规和规章，履行法定义务或者约定义务状况的客观数据和资料，包括公共信用信息和市场信用信息。公共信用信息，是指国家机	2017年9月28日	2018年1月1日	河北省人大(常委会)

序号	名称	解读	发布日期	施行时间	发布部门
		关以及法律、法规授权的具有管理公共事务和服务职能的组织等公共信用信息提供单位（以下简称信息提供单位），在其依法履行职责过程中产生或者获取的，可用于识别信用主体信用状况的数据和资料。市场信用信息，是指信用服务机构及其他类型企业事业单位等市场信用信息提供单位，在生产经营和社会服务活动中产生的反映信用主体信用状况的数据和资料			
32	《湖北省社会信用信息管理条例》	该条例所称社会信用信息，是指可用于识别自然人、法人和其他组织（以下简称信用主体）信用状况的数据和资料，包括公共信用信息和市场信用信息。公共信用信息，是指国家机关、法律法规授权的具有管理公共事务职能的组织以及群团组织等（以下简称公共信用信息提供单位），在依法履职、提供服务过程中产生或者获取的，可用于识别信用主体信用状况的数据和资料。市场信用信息，是指信用服务机构、行业协会、其他企业事业单位和组织，在生产经营	2017年3月30日	2017年7月1日	湖北省人大(常委会)

序号	名称	解读	发布日期	施行时间	发布部门
		和提供服务过程中产生或者获取的，可用于识别信用主体信用状况的数据和资料。信用服务机构，是指依法设立，从事信用评级、信用管理咨询、信用风险控制等相关经营性活动的中介服务机构			
33	《贵州省大数据发展应用促进条例》	该条例所称大数据，是指以容量大、类型多、存取速度快、应用价值高为主要特征的数据集合，是对数量巨大、来源分散、格式多样的数据进行采集、存储和关联分析，发现新知识、创造新价值、提升新能力的新一代信息技术和服务业态。该条例共六章39条，包括大数据发展应用、共享开放、安全管理等内容。它紧扣贵州省大数据发展应用的现实需求和趋势，对数据采集、数据共享开发、数据权属、数据交易、数据安全以及"云上贵州"等基本问题作出了宣示性、原则性、概括性和指引性规定，把贵州省在以大数据兴业、惠民、优政等领域的创新做法以地方性法规的形式确立下来，将大数据产业发展纳入了法治轨道	2016年1月15日	2016年3月1日	贵州省人大(常委会)

第一，2021年《深圳经济特区数据条例》。《深圳经济特区数据条例》经深圳市第七届人民代表大会常务委员会第二次会议于2021年6月29日通过，于7月6日公布。《深圳经济特区数据条例》将于2022年1月1日起施行，该条例近2万字，内容涵盖了个人数据保护、公共数据共享开放、数据要素市场培育、数据安全四个方面，可以说，每一个部分都触碰到当下数字领域的最核心，是国内数据领域首部基础性、综合性立法。该条例共七章100条，内容涵盖了个人数据保护，公共数据共享、开放和利用，数据要素市场的培育和保障，数据安全及监督及法律责任等，不仅对现行《民法典》《网络安全法》《数据安全法》《个人信息保护法》等上位法进行了更细致的补充规定，还对数据权益、数据交易、数据要素市场体系建设等尚存在立法空白的领域进行了突破与先试。首先，该条例第一次在立法层面对数据权益进行确认，自然人、法人和非法人组织对其合法处理数据形成的数据产品和服务享有财产权益。其次，在认可数据财产权益以及国家推动建立数据要素市场的大背景下，该条例对数据交易制度进行了初次探索，明确规定合法处理形成的数据产品和服务可以依法交易，从而更好地实现数据要素价值。鉴于目前数据领域维权困难的现状，该条例以地方立法形式第一次提出数据领域的公益诉讼制度。

第二，《深圳经济特区数据条例》首创性地使用了"个人数据"这一概念，即"载有可识别特定自然人信息的数据，不包括匿名化处理后的数据"，而非沿用《个人信息保护法》中"个人信息"的定义。

而且提出了企业处理个人数据的合规义务，包括处理个人数据的基本原则以及处理个人数据的具体义务，前者如该条例第11条对"最小必要"的具体内涵作了进一步阐明，列举了5种"实现处理目的所必要的最小范围，采取对个人权益影响最小的方式"的情形，为企业的个人数据处理活动提供了较清晰的行为指引；后者内容包括不得拒绝提供核心功能与服务的义务、明示告知义务、征得同意的义务及除外情形、提供撤回同意的途径、对处理未成年人个人数据的特别要求、及时删除义务、去标识化及匿名化义务、构建投诉举报机制的义务等。

此外，对于数据处理者违反数据安全保护合规义务的法律责任，《深圳经济特区数据条例》第96条规定："数据处理者违反本条例规定，未履行数据安全保护责任的，依照数据安全有关法律、法规规定处罚。"现行涉及数据安全的主要法律、法规规定，包括《数据安全法》《网络安全法》。在《数据安全法》《网络安全法》框架下，违反数据安全保护相关义务可能导致以下责任：民事责任（《数据安全法》第52条第1款）、行政处罚、治安管理处罚及刑事责任（《刑法》第111条——为境外窃取、刺探、收买、非法提供国家秘密、情报罪，第286条之一——拒不履行信息网络安全管理义务罪，第398条——故意泄露国家秘密罪、过失泄露国家秘密罪等）。

第三，数据权益保护以及数据交易制度是《深圳经济特区数据条例》的一大亮点以及突破点，开创了数据权益保护以及尝试建立数据交易管理制度的地方性立法先河。在此之前，立法层面对于数据权益的定义及赋权，以及如何实现、规范数据交易并无任何规定。根据《民法典》第127条的规定，"法律对数据、网络虚拟财产的保护有规定的，依照其规定"，对于数据权益的保护提供了一个窗口。《数据安全法》第19条首次提出，"国家建立健全数据交易管理制度，规范数据交易行为，培育数据交易市场"，表明了对于合法数据交易的支持。《深圳经济特区数据条例》的此次尝试意味着，企业对其满足个人数据处理原则和要求，以及合法处理形成的数据产品和服务享有该条例规定的财产权益，从而有权参与数据交易活动。

在国家推动建立数据要素市场的背景下，市场主体可以通过数据交易平台进行交易，也可以依法双方自行交易。而企业在参与及进行数据交易的过程中，以及使用、处分其合法处理数据形成的产品和服务时，应当注意遵守以下数据交易规则与合规义务：落实数据管理主体责任、向第三方开放或者提供使用个人数据应合法合规、遵守个人数据法律法规及相关协议的约定、不存在禁止交易的情形、公平竞争的义务。

目前，关于企业违反数据交易规则，利用其合法处理数据形成的产品和服务进行不公平竞争的相关法律责任仅在《深圳经济特区数据条例》中进行规定，且主要为行政处罚：违反该条例第67条规定，存在禁止交易的情形时仍然进行交易；违反该条例第68条、第69条关于公平竞争的规定，侵害其他市场主体、消费者合法权益；违反该条例第70条规定，有不正当竞争行为或者垄断行为的，依照反不正当竞争或者反垄断有关法律、法规规定处罚。

4. 国际立法与发展趋势

（1）国际立法

随着科技的发展以及数据运用领域的快速扩张，国际上对于数据立法的重视程度也日益提高，在全球化背景下，发达国家的数据立法活动也不断带动发展中国家对数据立法的重视，加入数据立法活动的国家和地区日渐增多，各类数据法案的数量也快速增长。在法律之外，各国还不断制定强制性或非强制性的协议、规则、指南等，以指引个人、企业、政府等主体对数据的安全保护和开发利用活动。

当今，世界上主要有两类个人数据保护的国际立法。一类以欧盟《通用数据保护条例》为代表，采取统一立法的模式保护个人数据和信息安全，成功整合了欧盟成员国的不同数据隐私法规，促使欧洲形成了完善统一的数据法律体系，同时也带动各国相继通过立法完善数据体系；另一类以《消费者隐私保护法案》（CCPA）为代表。欧美两大经济体所出台的这两部具有代表意义的个人数据保护方面的法规，代表欧美监管机关对于个人数据保护两种不同的管控取向（见表3-4）。

表 3 - 4　国际立法

序号	名称	解读	发布日期	发布部门
1	《数字运营弹性法案》（DORA）	DORA 提出的新框架有几个目标：规定欧盟金融实体必须监控其使用第三方 ICT 提供商所产生的风险；对欧盟金融实体签署的外部合同施加某些限制；赋予欧盟金融监管机构统一的监督权	2022 年 12 月	欧盟
2	《网络与信息安全指令（第二版）》	旨在促进成员国网络安全机制间的互联互通，支撑欧洲更多行业部门的基础设施应对快速变化和大规模的网络攻击安全威胁	2022 年 11 月	欧盟委员会
3	《2022 年数字个人数据保护法案》（DPDP 法案）	该法案建立在以下原则之上。（1）公平和合法使用，（2）目的限制，（3）数据最小化，（4）准确性，（5）存储限制，（6）合理保障，以及（7）问责。它规定了个人数据的收集、存储、处理和转移方式。它引入了数据受托人（类似数据控制者）、数据委托人（类似数据主体）和数据处理者等概念，还规定了这些方面在个人数据方面的权利和义务。最重要的是，该法案对个人数据在印度境外的转移规定了某些限制。它还建议对严重违反规定的行为进行严厉的金钱处罚	2022 年 11 月	印度
4	《数字市场法》	主要规制根据法案中的客观标准被认定为"守门人"的大型在线企业，旨在通过加强守门人义务对平台进行规制与监管，防止科技巨头对企业和消费者施加不公平条件	2022 年 10 月	欧盟

续表

序号	名称	解读	发布日期	发布部门
5	《数字服务法》	关注平台空间的治理，从内容管理、广告推送、商品交易等维度为平台方设置了一系列义务	2022 年 10 月	欧洲议会
6	《网络弹性法》	该法适用于所有直接或间接连接到另一设备或网络的数字产品，其中，数字产品包括"任何软件或硬件产品及其远程数据处理解决方案，包括单独投放市场的软件或硬件组件"。同时，该法将适用于这些产品从设计阶段到淘汰阶段的整个生命周期。供应商需要提供这些产品的组件材料清单，以实现该法的立法目的。该法确定了两个主要目标，以确保欧洲市场的安全度提升和网络正常运转	2022 年 9 月	欧洲
7	《数据治理法案》	将数据分为健康数据、移动数据、环境数据、农业数据和公共行政数据 5 类，为公共部门与企业、企业之间等进行数据共享搭建了基础性制度	2022 年 6 月	欧盟
8	《个人信息保护法》（APPI 2022）	引入了重大改革，对公司的隐私惯例和业务运营产生了影响。该法的主要变化包括：更严厉的法定刑罚；加强数据主体的权利；强制性数据泄露通知要求；一个新的"假名信息"的概念；对向第三方转移数据的新限制（"个人可参考信息"）；以及对国际数据传输有更严格的限制	2022 年 4 月 1 日	日本

序号	名称	解读	发布日期	发布部门
9	《关于电子通信中尊重私人生活和保护个人数据的条例》	对《通用数据保护条例》进行了补充和具体规定，取代 2002 年的条例，以适应广泛适用的网络语言技术、基于网络的电子邮件和信息服务，以及跟踪用户在线行为技术等，加强数字单一市场中的信任和安全	2021 年 2 月	欧盟
10	《国防部数据战略》	提出国防部应加快向"以数据为中心"的过渡，强调通过数据融合实现军种联合、重视数据的安全性、强调数据全生命周期各个阶段的标准化处理能力	2020 年 10 月	美国国防部
11	《欧洲数据战略》在内的一系列关于"塑造欧洲数字化未来"的战略规划	指出欧盟数字经济治理中面临的一系列其他挑战与问题：如欧盟成员国之间数据保护监管水平差距较大、数据可用性与流通性较差、市场力量失衡等，须搭建全面的监管框架	2020 年 2 月 19 日	欧洲

序号	名称	解读	发布日期	发布部门
12	《消费者数据权利规则》	可视为消费者数据权利法案（Consumer Date Right，CDR）的具体实施细则，包括对产品参数请求、消费者数据请求、代表消费者提出请求的认可人员、争端解决、数据标准在内的重要问题提出操作方案。值得一提的是，对受到广泛关注的消费者隐私保护措施也提出了具体规定：（1）数据持有者和数据接收者必须公开化和透明化其对数据管理的政策；（2）数据接收者允许数据持有者以匿名或者假名方式提供消费者数据；（3）禁止非法使用数据；（4）禁止数据接收者通过数据对用户进行精准营销等。另外，还提出了将这些规则逐步应用于银行业的时间表，以及今后还可能修改这些规则以解决其他问题	2020 年 2 月 5 日	澳大利亚
13	《联邦数据战略与2020年行动计划》	美国把科技创新和数字化转型提到国家战略核心层面部署的重要体现，其内容包括 1 项使命宣言、10 项原则、40 项实践指导及年度行动计划 4 个组成部分，描述了美国联邦政府在未来 10 年加速数据使用的愿景，并逐年确定行动计划，突出了对数据认识的深化，把数据看作最有价值的国家资产的理念	2019 年 12 月	美国白宫行政管理和预算办公室

序号	名称	解读	发布日期	发布部门
14	《澄清域外合法使用数据法案》（CLOUD）	确立了境外数据管辖控制者标准，使其可以合法访问境外数据，同时限制他国获取数据资源	2019 年 3 月 23 日	美国
15	《非个人数据自由流动框架条例》	在公共机构的数据共享方面明确提出应确保数据在欧盟境内能够因监管目的而被跨境使用。在私主体进行非个人信息类数据共享方面，提出鼓励制定云服务行为准则，使用户在更改数据存储和处理服务商时能够更便捷	2018 年 10 月	欧盟
16	《通用个人数据保护法》（LGPD）	是一项全面的数据保护法，涵盖数据控制者和处理者的活动，并对处理数据主体的信息提出了要求。它包括关于各方面的规定，例如，数据保护官（DPO）任命、数据保护影响评估（DPIA）、数据传输、数据泄露以及巴西国家数据保护局（ANPD）的建立。但其项下的若干要求在实践中如何落实，一直有待巴西国家数据保护局（ANPD）出台进一步的规则或指引。根据 ANPD 发布的 2023～2024 年监管计划，其将在未来两年内推进 20 项相关工作，其中，优先级最高的事项包括出台有关数据主体权利响应、安全事件报告、数据跨境转移、数据保护影响评估等的细化规则，这些事项也恰恰是企业在合规工作中普遍认为的难点	2018 年 8 月 14 日	巴西

序号	名称	解读	发布日期	发布部门
17	《通用数据保护条例》	该条例不仅赋予了数据主体同意权、更正权、被遗忘权、访问权、限制处理权、拒绝权以及自动化自决权等广泛的数据权利，同时也强调个人数据的自由流通，强调不应在数据处理的过程中不当限制或禁止自然人的权利。该条例的立法理念具有标杆性意义，对全球各国的数据立法都产生了深远的影响。我国于2021年11月施行的《个人信息保护法》，就在制度设计时参考了该文件	2018年5月25日	欧盟理事会和欧洲议会
18	《联邦数据安全法》	完成对《通用数据保护条例》的国内立法转化。德国数据安全执法采取了联邦—地方的两级架构，联邦数据保护与信息自由委员在联邦一级实施数据保护，而16个地区数据保护机构则在各自州的公共和私营部门执行数据保护法。所有监管机构会定期在德国数据保护会议上举行会谈，发布详细的指导方针，进一步完善了德国的隐私法律框架	2017年6月30日	德国
19	《关于保护隐私和个人数据国际流通的指南》	该指南创立了一系列数据控制者在处理个人数据时应当遵循的原则，包括安全保障原则、公开原则、个人参与原则等，这些原则不仅影响了世界各国的国内的数据立法，也对国际组织的数据保护事业作出了指导	1980年9月23日	欧洲经济合作发展组织

序号	名称	解读	发布日期	发布部门
20	《关于自动化处理的个人数据保护公约》(108公约)	该公约是世界上首个关于个人数据保护的国际公约,其要求签署方在其国内立法中采取必要步骤,以适用公约内容中规定的处理个人数据的原则	1980年1月28日	欧洲委员会
21	《有关个人数据处理中的个人保护和所涉数据自由流通的第95/46/EC号指令》(95指令)	该指令在108公约的基础上作出补充,规定了公正合法处理、目的明确和限制、信息准确、知情同意、特殊数据的处理、保障安全等原则,以提供高层次的同等保护。95指令具有重要的历史意义,它虽然不具有直接的法律效力,但为欧盟成员国制定和实施通用数据保护法律提供了一个基本框架的雏形		欧洲议会和欧盟理事会
22	《加利福尼亚州消费者隐私法案》(CCPA)	赋予加利福尼亚州消费者各种隐私权利,包括知晓其个人信息是否被出售或者披露及其流向、拒绝个人信息的出售、访问其个人信息、享有非歧视的服务与价格,为了使这些权利得到保障,该法案监管下的企业有责任履行多项义务,包括披露、《通用数据保护条例》等消费者数据主体权利(DSR)、某些数据传输的"选择退出"和未成年人的"选择加入"要求	2020年	美国

续表

序号	名称	解读	发布日期	发布部门
23	《加利福尼亚州隐私权利法案》（CPRA）	修订并加强了《加利福尼亚州消费者隐私法》（CCPA），意味着美国在隐私保护问题上的强监管趋势，对企业施加更严格的隐私保护义务，并增强消费者权利。该法案是所有修改里影响最深远的新法，因为它包括企业对企业（B2B）和人力资源（HR）数据	2020年	美国
24	《弗吉尼亚州消费者数据保护法》（VCDPA）	为弗吉尼亚州消费者提供隐私权保护，受该法监管的企业对这些消费者负有多项义务，包括提供披露，以类似方式响应《通用数据保护条例》消费者数据主体请求（DSR），以及遵守某些数据处理义务	2021年	美国
25	《科罗拉多州隐私法案》（CPA）	内容要点包括：一是消费者权利，明确了消费者享有访问权、纠正权、删除权、数据可携带权、选择退出权和申诉权等权利。二是适用范围，它适用于经营或生产商业产品或服务的法人实体。三是数据处理者的义务，主要包括透明性义务、目的告知义务、数据最小化义务、避免数据二次使用义务、数据防护义务、避免非法歧视义务、敏感数据处理义务、数据保护评估义务、数据处理合同约束等。四是法案执行，法律没有规定私人诉讼权	2021年	美国

序号	名称	解读	发布日期	发布部门
26	《犹他州消费者隐私法》（UCPA）	大量借鉴 VCDPA、CCPA 以及 CPA 的基础上，采取了一种更宽松且商业友好型的消费者隐私保护方案，赋予消费者以下权利：（1）访问和删除某些企业保存的个人数据；（2）出于某些目的选择不收集和使用个人数据；（3）要求一些企业保护数据，并向消费者提供有关他们如何收集和使用数据的透明度；（4）遵守消费者依法行使权利的要求；（5）让消费者有权知道企业收集什么数据、如何使用个人数据以及是否出售这些数据；（6）要求企业删除消费者的个人数据或停止销售数据（某些例外情况除外）；（7）赋予消费者保护部门管辖权，以调查消费者对个人数据处理的投诉；（8）授权总检察长办公室执行法律并对违规行为进行处罚	2022 年	美国
27	《康涅狄格州数据隐私法》（CTDPA）	该法要求控制者在收集已知儿童（13 岁以下儿童）的个人数据时征得父母同意。CTDPA 还与 CPRA、VCDPA 和 CPA 一道，要求控制者在从事对消费者造成更高风险的数据处理活动之前进行数据保护评估。尽管 CTDPA 最初将赋予控制者纠正违规行为的权利，但纠正权将于 2024 年 12 月 31 日结束。与大多数现有的美国州隐私法一样，该法并未规定私人诉讼权。该法将由康涅狄格州总检察长执行	2022 年	美国

➢《数据治理法》

为进一步规范欧洲数据治理模式，发挥数据在经济和社会方面的潜力，2022 年欧盟委员会通过了《数据治理法》。这是一种完全符合欧盟价值观和原则的欧洲新的数据治理方式，将给欧盟公民和企业带来巨大的利益。作为《欧盟数据战略》的重要支柱，这种新的数据治理方式将增加对数据共享的信任，加强提高数据可用性的机制，克服数据再利用的技术障碍。欧盟《数据治理法》还将支持在战略领域建立和发展欧洲共同的数据空间，涉及私人和公共参与者，具体包括健康、环境、能源、农业、流动性、金融、制造业、公共管理等领域；旨在提供更多数据，并促进各部门和成员之间的数据共享，以利用数据的潜力，为欧洲公民和企业谋福利。

➢《数据伦理框架（草案）》

2020 年 9 月，美国联邦总务署发布了《数据伦理框架（草案）》。该框架的目的是帮助联邦机构系统地识别和评估其在数据获取、管理和使用等工作中的潜在利益和风险，指导从事收集、管理和使用数据等工作的联邦雇员作出符合道德伦理的决策，为履行其机构的使命提供支撑。

《数据伦理框架》的受众和目标主要面向美国联邦政府中从事数据相关工作的人员，包括所有雇员、承包商、研究人员以及其他代表政府工作的合作伙伴，尤其是数据生命周期各阶段处理数据的相关人员。

其数据伦理的基本定义，是指在收集、管理或使用数据时，为实现保护公民自由、最大限度地降低个人和社会的数据使用风险，以及实现公共利益最大化等目的，进行适当判断和问责的依据。

数据伦理的基本原则包括遵守法律法规和行业道德准则、诚实并正直行事、实行问责制、保持透明度、跟踪并掌握数据科学领域新技术、尊重隐私和遵循数据使用限制、尊重公众、个人和社区等原则。

任何机构尤其是政府机构在使用数据时，应该冷静思考将会给未来社会和公众生活带来的冲击，应充分考虑数据使用不当可能引发的伦理冲突和不良后果，并提出合理而具有前瞻性的数据伦理原则，从而反向推动法规和技术应用机制的完善。简言之，如何建立健全数据监管机制，塑造更加公正、更加人性化的数据伦理新秩序，将是摆在科学和社会学者面前的一个重大课题。

（2）立法趋势

近年来，国际数据立法趋势主要表现为以下几个方面：伴随互联网的普及以及数据在生产经营活动中所发挥的作用日益增强，无论是政府还是企业，通过各种手段收集个人数据的行为早已成为常态，而由此导致的自然人个人信息与隐私被泄露的案例也屡见不鲜。随着新冠疫情在全球的暴发，为防疫需要而被强制性收集大量个人数据更是成为许多地区公民生活的常态，被收集的数据的类型甚至从过去的姓名、联系方式、出生日期等简单的自然人身份信息，开始拓展至人脸图像等可能涉及金融安全的信息。而在此背景下，由于得以收集自然人数据的主体大量增多，自然人个人信息和隐私被泄露的情况也日趋严重，因此在原有的数据安全保护的基础之上，进一步发挥数据治理的价值，大量国家和地区开始针对个人信息与隐私保护立法或计划对此立法或出台相应规则。例如，美国发布了《华盛顿州面部识别法》《人脸识别道德使用法案（草案)》《加州人脸识别法（草案)》等法案，英国信息专员办公室（Information Commissioner's Office，ICO）发布了《冠状病毒与个人数据保护指南》，日本个人信息保护委员会也制定了《关于特殊时期个人信息保护的规则》，以满足新冠疫情背景下个人信息保护和隐私保护的特别需要。

①特定领域的数据保护

数据安全保护始终是各国数据立法所关注的中心，而随着对数据保护领域探索的不断深入和立法技术的不断成熟，越来越多的国家在对普遍化数据安全保护立法之后，开始关注特定领域的数据安全保护。澳大利亚在《消费者数据权利法案》（Consumer Data Right Bill）的基础上发布了《消费者数据权利规则》（Consumer Data Right Rules），美国在《加利福尼亚州消费者隐私法案》的基础上继续出台了《加利福尼亚州消费者隐私法实施条例》，进一步为消费者的隐私以及数据权利的保护规则作出细化。此外，美国出台了《儿童在线隐私保护法案》，ICO 也出台了《保护儿童网络隐私的实践守则》，为网络服务提供者提供儿童适龄的网络服务提供了适当的标准指引。

②在保障数据安全的基础上逐渐重视数据利用（实现数据治理的目标，数据资产化）

过去，数据安全保护是各国关注的重点，也是数据立法的重中之重，但是随着数字经济的不断发展和数据日渐成为重要生产要素，在保护数据安全的基础之上，各国开始逐步重视对数据的开发利用的数据治理活动。欧盟《数字服务法》（Digital Service Act）和《数字市场法》（Digital Markets Act）、《数据治理法案》为数字服务领域制定了新规则，旨在保障数字经济背景下经营者得以保持公平、开放和有效的竞争；法国出台了《数字服务税法案》，开始针对在法国经营的大型互联网企业的特定数字服务征收数字服务税，以应对经济数字化发展背景下产生的国际税收问题。

（二）数据治理法律（外在）制度问题

目前，我国在数据立法领域内取得了较大进展，《民法典》与《个人信息保护法》进一步完善了对个人信息安全的保护体系，《数据安全法》也为数据安全构建了保护框架，对实践中的数据安全需求开始逐步作出回应。

随着中国数字经济迅猛发展，数据作为数字经济高度依赖的生产要素，对企业，尤其是互联网企业来说，更是成为无可替代的重要资产。但我国目前以数据为客体的法律是放置于数据安全之上的，对于如何进一步发挥数据效能与数据价值的数据治理这一方面则还存在一定的缺失，即缺乏真正实现数据治理目标的法律制度。

中共中央、国务院《关于构建数据基础制度更好发挥数据要素作用的意见》（以下简称《数据二十条》）中提出有关数据治理的内容有：

完善治理体系，保障安全发展。统筹发展和安全，贯彻总体国家安全观，强化数据安全保障体系建设，把安全贯穿数据供给、流通、使用全过程，划定监管底线和红线。加强数据分类分级管理，把该管的管住、该放的放开，积极有效防范和化解各种数据风险，形成政府监管与市场自律、法治与行业自治协同、国内与国际统筹的数据要素治理结构。

……

五、建立安全可控、弹性包容的数据要素治理制度

把安全贯穿数据治理全过程，构建政府、企业、社会多方协同的治理模式，创新政府治理方式，明确各方主体责任和义务，完善行业自律机制，规范市场发展秩序，形成有效市场和有为政府相结合的数据要素治理格局。

（十四）创新政府数据治理机制。充分发挥政府有序引导和规范发展的作用，守住安全底线，明确监管红线，打造安全可信、包容创新、公平开放、监管有效的数据要素市场环境。强化分行业监管和跨行业协同监管，建立数据联管联治机制，建立健全鼓励创新、包容创新的容错纠错机制。建立数据要素生产流通使用全过程的合规公证、安全审查、算法审查、监测预警等制度，指导各方履行数据要素流通安全责任和义务。建立健全数据流通监管制度，制定数据流通和交易负面清单，明确不能交易或严格限制交易的数据项。强化反垄断和反不正当竞争，加强重点领域执法司法，依法依规加强经营者集中审查，依法依规查处垄断协议、滥用市场支配地位和违法实施经营者集中行为，营造公平竞争、规范有序的市场环境。在落实网络安全等级保护制度的基础上全面加强数据安全保护工作，健全

网络和数据安全保护体系，提升纵深防护与综合防御能力。

（十五）压实企业的数据治理责任。坚持"宽进严管"原则，牢固树立企业的责任意识和自律意识。鼓励企业积极参与数据要素市场建设，围绕数据来源、数据产权、数据质量、数据使用等，推行面向数据商及第三方专业服务机构的数据流通交易声明和承诺制。严格落实相关法律规定，在数据采集汇聚、加工处理、流通交易、共享利用等各环节，推动企业依法依规承担相应责任。企业应严格遵守反垄断法等相关法律规定，不得利用数据、算法等优势和技术手段排除、限制竞争，实施不正当竞争。规范企业参与政府信息化建设中的政务数据安全管理，确保有规可循、有序发展、安全可控。建立健全数据要素登记及披露机制，增强企业社会责任，打破"数据垄断"，促进公平竞争。

目前，我国要素市场培育与数据治理外在制度有待完善。具体如下：

1. 完善数据确权制度

数据确权，是指数据权利归谁所有，是数据权利保护的核心问题；是"数据资源确权、开放、流通、交易的基本制度；是完善数据产权保护制度"的起点和基石，具体包括对数据权利属性的确认、数据权利主体的确认和数据权利内容的确认。数据权利归属问题不解决，则无法真正实现对数据权利的保护，更无法实现数据的有效利用和激励数据开发、利用技术的提高，同时难以实现有效的数据治理。

根据洛克《政府论》第五章"论财产"对财产权的论述，其认为，劳动有所有权并归属劳动者，劳动加在自然物上的东西就是劳动产品，劳动属于劳动者，则劳动产品也属于劳动者。所谓的产权是现代西方经济理论的概念，从其要义看，产权并非单纯表现为对一定财产的权利，而是在交换中体现的权利，并且总是与收益紧密联系，显然不能等同所有权。一个互联网企业与平台拥有的用户数量越多，就可能吸引越多的用户，在和其他互联网企业与平台的竞争中就越可能处于有利地位，这种"滚雪球"式的网络效应使互联网企业往往将数据视为竞争中的核心资产。因此，不正当地获取、使用数据的行为屡禁不止，根本原因系缺乏数据权属规定。数据权属是规范数据活动的起点和基石，在实践中，企业之间因数据收集、处理等产生的纠纷在司法层面往往依据合同法、知识产权法、反不正当竞争法等现有的法律制度来解决，但现有的法律制度有其特定的立法目标和保护对象，无法真正实现数据纠纷裁决的公平与正义，最终，绝大部分企业只能通过协商或求助行业管理部门进行协调解决。上述纠纷使企业承受了高昂的合规成本，极大地影响了企业在数据开发与技术研发方面投入的积极性和主动性。个人信息的保护、激励企业数据的开发利用和公关数据的开放的唯一途径，就是并建立一套科学合理的利益分配机制，使数据要素在市场中真正发挥其应有的效能。明确数据有助于释放数据价值，促进数据流通和商业模式创新，持续优化营商环境，推动数字产业高质量发展。

2. 个人信息保护存在不足

各国对于加强个人信息保护并无争议，但是对于个人信息的分类，个人信息权利类型，数据的收集、处理和使用原则等基本问题，有的问题共识度高，有的问题则存在较大争议。例如，各国对于受保护的个人信息，基本达成共识，即将可识别性作为个人信息判定的依据。但对于不能直接识别但可以间接识别的个人信息是否纳入受保护的个人信息范围之内，各国则存在分歧。又如，个人的知情权、选择权、访问权和更正权，此类个人的信息权利在绝大部分国家和地区的个人信息保护法中都得到了认可，对于被遗忘权、数据携带权、反对用户画像和个性化推荐权等新型个人信息权利，则存在较大争议。比较欧美立法模式不难看出，两者分别代表消极限制和积极利用两种立法规制思路。欧盟对个人信息的保护比较保守，以人格保护为重点，强调信息主体对个人信息的控制，但即使欧盟《通用数据保护条例》强化数据主体的权利，也没有将个人对数据的权利赋权为财产权。而美国在制定法方面非常谨慎，除1974年主要针对政府行为的《隐私法》外，更关注个人数据的经济特性，在监管上采取行业自律的模式，按照重点领域对信用信息、电子通信、金融服务、卫生健康4个领域以及针对儿童等特殊人群予以立法保护，没有综合性立法就个人信息保护进行规制，其保护的理论基础就是公平信息实践准则。如何平衡数据流动和个人信息保护两者利益之间的平衡，不仅涉及法律传统文化、法律资源分配、成本收益和风险预防等方面的考虑，也涉及国家数据规则制定权和产业发展利益的争夺。

3. 完善个人信息收集生成数据法律制度

在个人信息收集生成数据中收集行为中，互联网平台与用户之间的权利义务存在对应关系。首先，作为被收集个人信息主体，用户对于个人信息收集行为具有知情权，个人信息主体有权知道有关其自身的个人信息是否被收集、以什么方式被收集、收集的范围具体包括哪些个人信息、收集的目的是什么、收集者打算如何使用该个信息、是否会进行披露，以及披露的条件、对象和范围是什么，生成的个人信息数据保存的期限是多久，以及有何种安全保障措施等保障个人信息数据的安全。同时，用户对于其自身掌握的个人信息有决定权，有权决定其自身的个人信息是否能够被互联网平台所收集；相应地，该权利对应互联网平台在收集用户个人信息时遵循的义务，包括遵循合法、正当、必要的原则，履行未经同意不得收集的义务，以及公开收集使用用户个人信息的目的与规则的义务等。[1] 其次，用户对其个人信息享有保密权，有权要求互联网平台对其收集的用户个人信息进行保密；相应地，互联网平台对其收集到的用户个人信息负有保密义务。再次，用户对其被收集的个人信

---

[1] 参见《消费者权益保护法》第29条、《网络安全法》第41条以及《数据安全法》第32条第1款。

息具有可携权，有权要求个人信息被平台方收集时获得副本并进行授权传输。可以看出，在个人信息收集阶段，主要涉及的权利义务关系是用户对被收集个人信息的决定权以及互联网平台需要获得用户的同意。根据我国《消费者权益保护法》和《网络安全法》中的规定，互联网平台在收集用户有关个人信息生成数据时"应当取得个人信息主体的同意"。[2]《个人信息保护法》中将同意明确为"书面同意"。但是，针对具体的同意的标准问题仍缺乏细致的规定。最后，从保护被收集主体个人信息的角度来看，我国现行的行为规范多从互联网平台方设定义务的方式进行规制，缺乏对数据权的确认与保护。

4. 数据收集行为法律责任的设定问题

一是民事责任。在违约责任方面，数据收集行为主要涉及的是因对个人信息收集、使用协议的违反产生的违约责任，主要表现为互联网平台作为个人信息收集方对同意规则的违反。由于平台收集的个人信息具有一定的经济价值。因此，在其对个人信息收集的过程中，由于平台方与用户之间地位的差异，平台较容易出现违反个人信息收集协议等违约行为，对个人信息主体造成一定的损害。当前，还是按照违约责任的一般构成要素（违约行为、损害后果、因果关系、无免责事由）进行责任设定，互联网平台个人信息收集行为的违约责任的构成要素可以概括为收集者违法个人信息收集的行为，该违约行为对数据主体（合同相对方）造成了损害后果，该违约行为与损害后果之间具有因果关系，互联网平台无免责事由。主要问题在于，对于互联网平台基于数据开发利用行为而造成的损害后果，通过平等主体之间的违约责任进行设定，缺乏针对不平等主体间的倾斜性责任配置，无法真正实现对个人信息主体的保护。

侵权责任方面也是主要通过其他法律如《民法典》侵权责任编进行

---

[2] 参见《网络安全法》第41条、《消费者权益保护法》第29条。

规制。在一些专门法律，如《网络安全法》第74条第1款以及《数据安全法》第52条第1款中采取的大多是"违反本法规定，给他人造成损害的，依法承担民事责任"的表述。最终还是通过转致条款进行责任认定。虽然《个人信息保护法》中增加了损害赔偿以及共同侵权的法律责任，[3] 但也还是以侵权责任法的基本精神为基础。

二是行政责任。互联网平台个人信息收集行为的行政责任，主要是通过行政系统内部的责令改正、警告与罚款来实现，虽然对一些行为的直接负责的主管人员和其他责任人员设定了一定的罚款，但具体效果还有待考察。[4] 同时，在一些专门性法律中对行政责任的表述也大都是"依法承担行政法律责任"的表述，并未专门给互联网平台不当收集行为设定具体的行政责任。[5]

---

[3]　参见《个人信息保护法》第40条、第42条。

[4]　《网络安全法》第64条规定："网络运营者、网络产品或者服务的提供者违反本法第二十二条第三款、第四十一条至第四十三条规定，侵害个人信息依法得到保护的权利的，由有关主管部门责令改正，可以根据情节单处或者并处警告、没收违法所得、处违法所得一倍以上十倍以下罚款，没有违法所得的，处一百万元以下罚款，对直接负责的主管人员和其他直接责任人员处一万元以上十万元以下罚款；情节严重的，并可以责令暂停相关业务、停业整顿、关闭网站、吊销相关业务许可证或者吊销营业执照。违反本法第四十四条规定，窃取或者以其他非法方式获取、非法出售或者非法向他人提供个人信息，尚不构成犯罪的，由公安机关没收违法所得，并处违法所得一倍以上十倍以下罚款，没有违法所得的，处一百万元以下罚款。"《数据安全法》第45条规定："开展数据处理活动的组织、个人不履行本法第二十七条、第二十九条、第三十条规定的数据安全保护义务的，由有关主管部门责令改正，给予警告，可以并处五万元以上五十万元以下罚款，对直接负责的主管人员和其他直接责任人员可以处一万元以上十万元以下罚款；拒不改正或者造成大量数据泄露等严重后果的，处五十万元以上二百万元以下罚款，并可以责令暂停相关业务、停业整顿、吊销相关业务许可证或者吊销营业执照，对直接负责的主管人员和其他直接责任人员处五万元以上二十万元以下罚款。违反国家核心数据管理制度，危害国家主权、安全和发展利益的，由有关主管部门处二百万元以上一千万元以下罚款，并根据情况责令暂停相关业务、停业整顿、吊销相关业务许可证或者吊销营业执照；构成犯罪的，依法追究刑事责任。"

[5]　《个人信息保护法》第71条规定："违反本法规定，构成违反治安管理行为的，依法给予治安管理处罚；构成犯罪的，依法追究刑事责任。"

三是刑事责任。在现有规范中，专门法律对互联网平台个人信息不当收集行为的规制主要通过设置转致条款进行，[6] 而后才是通过《刑法》进行规制。其中，针对收集行为的主要有《刑法》第253条之一的侵犯公民个人信息罪，第285条的非法侵入计算机系统罪、非法获取计算机信息系统数据罪等。典型的案例主要有"杜某某、冯某等侵犯公民个人信息案"，在该案中，行为人为谋取非法利益，利用微信、QQ等社交软件平台出售、提供、非法获取快递单号等公民个人信息，进行非法出售牟利。最终，法院将其行为定性为侵犯公民个人信息罪。再如，"淦某某、于某某非法获取计算机信息系统数据案"，行为人利用黑客手段入侵全国多家网络充值平台，使用获取的账号和密码盗窃平台内手机话费及Q币等财物。最终，法院将其定性为非法获取计算机信息系统数据罪。可以看出，在对互联网平台不当数据收集行为中，并无直接具体的刑事责任条款，还是通过间接的个人信息和计算机相关的罪名进行追究。

5. 数据处理制度存在的问题

在数据处理行为中，涉及的当事人主要是作为数据处理者的互联网平台和作为数据提供者的用户，核心问题是保障数据的安全。现行规范基本还是遵循对平台方设定义务的方式来保障数据处理行为中的数据安全和用户权益。见诸《消费者权益保护法》和《网络安全法》中规定的不得违反法定或约定义务使用收集到信息的义务、对收集到的信息严格

---

〔6〕《消费者权益保护法》第57条规定："经营者违反本法规定提供商品或者服务，侵害消费者合法权益，构成犯罪的，依法追究刑事责任。"《网络安全法》第74条规定："违反本法规定，给他人造成损害的，依法承担民事责任。违反本法规定，构成违反治安管理行为的，依法给予治安管理处罚；构成犯罪的，依法追究刑事责任。"《数据安全法》第52条规定："违反本法规定，给他人造成损害的，依法承担民事责任。违反本法规定，构成违反治安管理行为的，依法给予治安管理处罚；构成犯罪的，依法追究刑事责任。"《个人信息保护法》第71条规定："违反本法规定，构成违反治安管理行为的，依法给予治安管理处罚；构成犯罪的，依法追究刑事责任。"

保密的义务和发生泄露丢失事件时及时补救的义务〔7〕以及《数据安全法》设专章对数据处理行为中互联网平台方的数据安全保护义务进行了规定，包括开展教育安全培训、采取必要的安全措施、设立安全管理机构以及发生数据安全事件时及时报告风险等义务〔8〕关于数据处理行为中开放与共享的行为则主要针对的是政务数据，在《数据安全法》中设专章对政务数据开放与共享行为进行了规范，明确了国家机关作为数据开放与共享行为的主体依法依规收集，落实数据安全保障的义务〔9〕《网络安全法》中未将数据开放与共享行为设定具体的权利义务，而是通过原则性规定进行数据安全保障〔10〕

可以看出，现行法律规范对数据处理行为中数据安全保护问题的规定散见于《消费者权益保护法》《网络安全法》《数据安全法》中，多为对数据处理主体一方课以数据安全保障的义务，大多停留在一般性规定，缺乏具体的义务与责任设定。为互联网平台方设定的义务范围还不够广泛。另外，虽然《个人信息保护法》中对用户权利进行了较全面的规定。但需要指出的是，现行规范中并未明确数据处理过程中的权属问题，不利于用户维护自身的合法权益。另外，从广义上来看，在对数据处理行为的规定中，对政务数据的共享与开放行为的规定不够明晰，对企业间数据共享与开放也没有明确的规定。

6. 数据交易制度存在的问题

《数据安全法》第 19 条规定，国家建立健全数据交易管理制度，规范数据交易行为，培育数据交易市场；第 33 条规定，从事数据交易中介服务的机构提供服务，应当要求数据提供方说明数据来源，审核交易双

<hr>

〔7〕　参见《消费者权益保护法》第 29 条，《网络安全法》第 42 条、第 44 条至第 47 条。

〔8〕　参见《数据安全法》第 27 条至第 36 条。

〔9〕　参见《数据安全法》第 37 条至第 43 条。

〔10〕　参见《网络安全法》第 18 条。

方的身份，并留存审核、交易记录，对数据交易制度进行了总体性的规定。各地数据条例[11]也对数据交易行为进行了规范，但仍存在问题尚待解决。

（1）数据权属问题

首先，数据法律制度尚未解决数据权属问题。与土地、劳动力、资本、技术等传统生产要素相比，数据资源作为一种新型生产要素具有非稀缺性、非均质性、非排他性等独特特征，这与数据的可复制性特点密切相关。目前，国家、地方层面均未对数据交易中涉及的数据权属、可交易数据范围等核心问题作出明确的法律规定，业界也尚未达成共识。其次，数据的权利性质及权利归属如何界定、哪些数据可以进行交易、不同法律体系下的数据资源如何进行统筹整合等问题。这些均有待解决，该问题在一定程度上会制约数据交易市场的发展。

（2）数据定价问题

在数据交易供求、价格方面，在数据交易供求方面，政府层面，公共数据资源的统筹管理、开放共享制度和机制尚不完善，数据密集型企业向政府共享数据资源的意愿可能较低，政企数据资源对接存在一定的困难；企业层面，数据密集型企业之间梯队划分清晰、数据垄断现象较明显，企业之间数据壁垒森严；个人层面，个人信息数据交易流通机制尚未建立，存在大量违法的个人信息数据交易，损害了个人权益和数据交易市场秩序。在数据交易价格方面，目前数据资产的价值评估方法尚不成熟，尤其是数据资产价值具有相对性（相同数据对于不同使用者的价值不同）、相关性（数据价值根据其相关性的不同而不同）和不确定性，导致数据资产估值、定价难度较大。

---

[11] 《深圳数据条例》第65条、第66条、第67条中明确市场主体合法处理数据形成的数据产品和服务，可以依法交易；《天津市数据交易管理暂行办法（征求意见稿）》从交易主体、交易数据、交易行为、交易平台、交易安全等对数据交易进行了规定。

（3）数据交易收益分配问题

在数据交易收益分配方面，现有法律法规没有进行明确规定。数据的全生命周期中存在多个参与者（数据主体、数据控制者、数据处理者等），每一个参与者在各自环节赋予了数据不同价值。目前，法律规范、行业实践对个人信息数据主体拥有个人信息数据支配权（如访问权、知情权、更正权、删除权等）已初步达成共识，但个人信息数据主体是否拥有数据所有权和收益权、拥有多少比例的收益权仍存在较大争议；对数据控制者拥有匿名化数据的使用权也已初步达成共识。数据主体、数据控制者、数据处理者之间如何分配数据收益权，将是数据交易市场发展面临的问题之一。

（4）数据交易平台法律性质界定问题

数据交易平台把数据置于集中的场所统一进行交易，有助于数据的需求方更快地找到所需数据，也有助于数据的提供方能够更容易找到需求方，以匹配双方的需求。在实践中，数据交易平台扮演的角色有所不同，需要区分对待。

数据交易主要有直接传输（"数据静态交易"）、通过 API 调用（"数据动态交易"）、根据需求方的要求提供订制化交易的服务（"数据定制交易"）3 类。"数据静态交易"模式中，数据的卖方将数据上传到平台中，设定交易价格，由平台对售卖的数据进行托管。数据的买方通过向平台付款，可以从平台直接下载已经整理好的数据，数据交易平台实际上提供了数据的付费下载服务。"数据动态交易"模式中，在数据动态交易中，数据交易平台提供调用数据的接口，并根据付费情况进行验证并决定是否可以获得数据的使用权。数据的卖方通过平台，可以随时对数据进行增删修改，数据的买方在付费后可以按照约定通过开放的接口使用数据。在动态交易的过程中，数据交易平台搭建了沟通卖方与买方的桥梁，起到了中介的作用。"数据定制交易"模式中，买方向平台提出自己的需求及报价，平台在接到需求后寻找合适的卖家，按照买方的具体需求向买方提供数据，平台系受托人。

在实践中，数据交易平台大多会强调自己的中立身份，通常将自己排除在数据交易合同的法律关系之外。但各数据交易平台的具体表述存在差异，而表述差异的根源在于现有规范性文件对数据交易平台的法律地位无明确界定，在实践中因定位不清也产生了一定争议。

（三）完善建议

1. 明确数据的权属

欧盟于 1996 年提出了《关于数据库法律保护的指令》（以下简称《指令》），用以直接保护因不符合独创性标准而无法受到著作权法保护的数据库。《指令》第 1 条规定，数据制作者对其经系统或有序地安排，并可通过电子或其他手段单独加以访问的独立的作品、数据或其他材料的集合，可以享有特殊权利的保护。这种权利以实质投入为条件，且有排他性特征。如不赋予数据的生产、开发主体以财产权，就会对数据的生产、开发、应用及相关技术的发展失去激励作用，使数据资源失去战略意义。

2. 细化个人信息收集同意规则

在立法过程中，细化个人信息收集行为"同意"规则的细化，首先，可以对明示与默示同意的不同效果进行区别规定，对于涉及个人隐私的信息在收集与处理过程中需要得到隐私信息主体的明示同意，因从保护个人隐私信息被收集主体的隐私角度来看，要求收集主体在收集前取得被收集主体，即用户的明示同意是有必要的。对于已经匿名化的个人隐私信息数据，或者不带有个人信息识别性的数据进行收集时，可以考虑采用默示同意的规则。其次，可以结合《个人信息保护法》中对"书面同意"的规定，对书面同意的要求进一步予以强化和落实。

3. 加强对数据行为规范中个人信息与个人隐私的保护

如前所述，在数据收集、处理、融合和流通过程中，对个人信息和个人隐私的保护问题是一以贯之的。现阶段，我国对数据开发利用行为

**type9

中个人信息与个人隐私的保护呈现一种散见于各法的趋势，缺乏系统性地对互联网平台数据开发利用行为中的个人信息与个人隐私的保护。首先，《民法典》第111条和第1034条中明确了自然人的个人信息受法律保护；[12]其次，在个人信息界定方面，《民法典》第1034条明确了"个人信息"在民法上的定义，但在其范围划定上，我国《民法典》采取的是"各种信息"的表述而非"任何"，[13]《个人信息保护法》中对个人信息的定义沿袭了《民法典》上的思路，[14]这在一定程度上缩小了我国所保护的个人信息的范围，不利于对个人信息的保护。同时，对于个人信息中的私密信息，采用的是适用隐私权相关规定的方式，缺乏具体规定。同时，对于自然人隐私权，《民法典》第1032条和第1033条作出了规定，明确自然人享有隐私权，任何人不得随意侵害；数据开发利用相关的行为仅体现在《民法典》第1033条第5项的"处理他人私密信息"与第6项的兜底条款中。[15]针对上述问题，在立法中可以明确

---

[12]　《民法典》第111条规定："自然人的个人信息受法律保护。任何组织或者个人需要获取他人个人信息的，应当依法取得并确保信息安全，不得非法收集、使用、加工、传输他人个人信息，不得非法买卖、提供或者公开他人个人信息。"

[13]　《民法典》第1034条规定："自然人的个人信息受法律保护。个人信息是以电子或者其他方式记录的能够单独或者与其他信息结合识别特定自然人的各种信息，包括自然人的姓名、出生日期、身份证件号码、生物识别信息、住址、电话号码、电子邮箱、健康信息、行踪信息等。个人信息中的私密信息，适用有关隐私权的规定；没有规定的，适用有关个人信息保护的规定。"

[14]　《个人信息保护法》第4条第1款规定："个人信息是以电子或者其他方式记录的与已识别或者可识别的自然人有关的各种信息，不包括匿名化处理后的信息。"

[15]　《民法典》第1032条规定："自然人享有隐私权。任何组织或者个人不得以刺探、侵扰、泄露、公开等方式侵害他人的隐私权。隐私是自然人的私人生活安宁和不愿为他人知晓的私密空间、私密活动、私密信息。"第1033条规定："除法律另有规定或者权利人明确同意外，任何组织或者个人不得实施下列行为：（一）以电话、短信、即时通讯工具、电子邮件、传单等方式侵扰他人的私人生活安宁；（二）进入、拍摄、窥视他人的住宅、宾馆房间等私密空间；（三）拍摄、窥视、窃听、公开他人的私密活动；（四）拍摄、窥视他人身体的私密部位；（五）处理他人的私密信息；（六）以其他方式侵害他人的隐私权。"

数据控制主体的数据权利与义务之间的对应与平衡，以便更好地保护相对方的个人信息和个人隐私，进而激励数据开发利用。

4. 明确与细化数据融合与流通行为规范

当前，我国缺乏对数据融合与流通行为规范的直接规定，因此，建议在立法过程中对数据融合与流通的行为规范进行明确。首先，应当在法律层面对"数据融合"与"流通行为"的概念进行明确界定，划定数据融合和流通各过程的直接责任人员，要求行为主体建立和保留数据融合与流通的过程记录。其次，在法律上构建数据融合与流通行为治理和监管体制机制：一方面，在企业建立内部治理机制，加重股东和董监高的责任。例如，在公司法中增加建立数据企业内部数据治理体制机制，确定直接责任人员和职责事项，以保障数据安全、防止数据被不当使用或滥用；鼓励建立数据企业外部公开、共享机制，将其作为企业社会责任的考评范围，增加数据可融合性，发挥数据价值。另一方面，可以考虑建立统一的数据管理局，对数据利用进行外部监管，形成事前、事中、事后不同的监测管理模式，形成不同行业不同的监管办法，形成不同规模企业不同的监管程度。

5. 完善数据开发利用的行为的法律责任

针对数据开发利用的不当行为，在法律责任的设定上存在忽视数据开发利用与用户间法律地位不平等、行政责任设定过于原则化且责任设定偏轻、刑事责任缺乏针对性等问题。鉴于数据开发利用行为的内部行为联系比较紧密，建议针对数据开发利用行为整体进行明确具体的法律责任设置。民事责任方面，基于数据开发利用和用户之间法律地位不平等的状况，可以对数据开发利用主体采过错推定原则或举证责任倒置，以维护处于弱势地位的用户权益；行政责任方面，可以适当提升罚款的最高限额，加大对数据开发利用主体的不当开发利用行为的惩处；刑事责任方面，可以考虑增设更加明确、更具有针对性的数据不当开发利用行为的罪名，以达到对该行为的有效规制。

二、数据治理伦理（内在）制度体系

"伦理"一词本身具有哲学上的含义，常被理解为规则和道理。强调的是主体在行为过程中遵循的原则和规则。在数字时代，数据已经成为许多数据主体核心竞争力的来源。数据地位的提升，导致数据本身的伦理问题被提上了日程。[16] 数据伦理属于信息伦理范畴，在数据治理框架下探讨数据伦理问题，有助于从理论上拓展信息伦理和科技伦理的具体研究方向，解决其带来的伦理问题，有助于更好地进行数据治理。全面、辩证的数据治理伦理观认为，数据治理，是指治理主体最大限度地开发数据价值，管控相关的风险，实现整个社会价值最大化的战略目标的系列活动。数据治理的伦理规范为数据治理提供了基本的原则和目标，是技术和管理等数据治理手段必须遵循的价值标准。数据治理的伦理观与技术、管理观相比，更加注重数据对于社会和人的价值，而非组织内部的经济价值。[17] 在数据治理过程中，不仅需要挖掘数据自身的经济价值，也需要对数据的伦理价值进行探究，在保障数据经济价值高效利用的同时，发挥数据治理过程中的伦理属性。

数据治理在发挥数据集成与高效属性的同时，人的价值判断牵涉其中，在对数据进行治理的过程中，关乎人类价值的伦理问题也逐渐显现，如隐私、安全、公正、平等等涉及人类的普适性伦理问题。库克耶在其著作《大数据时代》中将大数据伦理界定为新的隐私问题、数据安全问

---

〔16〕 参见韩洪灵、陈汉文主编：《会计职业道德：立体化数字教材版》，中国人民大学出版社 2021 年版，第 1~236 页。

〔17〕 参见彭理强：《生态环境数据治理及其伦理规范》，载《中南林业科技大学学报（社会科学版）》2020 年第 4 期。

题、虚假数据问题。[18] 美国学者戴维斯和帕特森在其著作《大数据伦理学》中讨论了大数据技术的兴起，以及随着大数据技术的兴起人类将面临怎样的伦理挑战，又该如何应对。他们认为，所有企业都应针对数据确立自身适用的道德规范，明确数据对自身的价值，重视数据中所涉及的身份、隐私、归属以及名誉，在技术创新与风险之间保持必要的平衡。[19] 邱仁宗在《大数据技术的伦理问题》中以数字身份为核心展开讨论，进行了总结，探讨了与大数据技术有关的"如何保护互联网上个人的数字身份问题""个人隐私不被泄露的问题""如何确保使用者信息可及以及如何防止不当可及问题""如何使每个人平等获得数字资源"等大数据技术在创新、研发和应用中的伦理问题。[20] 由此可见，自大数据技术产生以来就伴随一系列数据伦理问题，从数据治理周期来看，数据伦理问题也与数据生命治理周期相伴相生；相应地，对数据治理伦理制度体系的构建也紧紧围绕数据治理周期而展开。

（一）数据治理对象中的伦理制度体系

按照数据的类别不同，数据治理的对象可分为元数据治理、主数据治理等。而从治理目标上来看，数据治理的对象又可分为数据安全治理和数据质量治理。

元数据是数据的数据，是对数据本身、数据所代表的概念以及数据和概念之间的连接所进行的描述。通常分为业务元数据、技术元数据和操作元数据。没有元数据就无法对数据本身进行管理。因此，对元数据的治理就成为数据治理的一个重要组成部分。"元数据的治理就是对元

---

[18] 参见［英］维克托·迈尔·舍恩伯格、［英］肯尼思·库克耶：《大数据时代》，盛杨燕、周涛译，浙江人民出版社 2013 年版，第 194~215 页。

[19] See K. Davis, Doug Patterson, *Ethics of Big Data*, O'Reilly Media, Vol. 9, 2012.

[20] 参见邱仁宗、黄雯、翟晓梅：《大数据技术的伦理问题》，载《科学与社会》2014 年第 1 期。

数据进行创建、组织、存储、整合与控制的相关活动。"[21] 元数据治理是整个数据治理的起点，在对元数据治理的过程中，应当先对元数据本身的权属和范围进行确定，明确元数据的价值，并对元数据的类别与功能进行划分，设定完善的元数据治理流程与框架。元数据治理要处理好元数据之间的关系，从元数据应用的角度来看，元数据的价值主要在于其关系的丰富程度。元数据类似数据分析和应用，也是从其关系中探寻出数据的价值，进而指导业务或进行数据创新。因此，只有从长期实践中发现并构建元数据关系，才能发挥元数据治理的价值。主数据是数据治理的主要对象，从企业角度来说，主数据是其业务实体的数据，包括客户数据、产品数据、业务数据等。作为业务运行和决策分析的重要标准，它广泛地分散在企业的各种业务流程、各个信息系统以及应用程序中。从政府角度来说，主数据，是指政府在依法行使行政职能中产生或者收集的有关行政相对人的数据，它反映政府在履职过程中的业务活动。主数据作为基准数据，具有来源准确性、权威性以及与业务活动关系的密切性等特征。"通过主数据治理，可以让企业拥有统一的主数据访问接口，根据指定的主数据标准规范，获取集中、丰富和干净的数据，并建立统一、庞大的主数据库，向各成员单位、业务部门提供一致、完整的共享信息平台，为企业日常经营和决策提供了一个标准化的支撑载体。"[22] 一方面，主数据治理能够打破"数据孤岛"，帮助打破数据传递的壁垒；另一方面，主数据治理能够促进数据生命周期的动态运行。主数据治理的路径包括建立标准、连接数据以及深挖价值三个方面。通过对主数据进行标准化建设，即规定格式、约定规则、统一来源、规范结构、数据清洗，使各组织的信息系统遵循统一的数据标准。在统一标

---

[21]　陈芳：《企业实施数据治理的核心内容及条件保障》，载《信息资源管理学报》2018 年第 4 期。

[22]　盛敏：《集团型企业主数据建设与治理初探》，载《企业科技与发展》2020 年第 3 期。

准的基础上，联通内部业务流程，实现各系统之间的数据集成和整合。

从元数据与主数据的治理情况来看，对元数据和主数据的识别和范围划定是数据治理的起点，由此，对元数据和主数据的识别将成为数据主体对数据进行治理的首要任务。其中，涉及的伦理问题涉及在元数据和主数据的识别过程中数据来源主体的隐私保护问题。因此，现有的处理方式是在元数据和主数据的识别过程中构建保护数据来源主体的伦理制度体系，主要包含数据收集和识别过程中的知情同意制度，对特殊数据主体的保护制度，如对未成年人数据处理的特殊保护等。同时，涉及公共利益的主数据与元数据需要在伦理制度设计上进行特殊保护，保障其在数据治理的过程中不被不当使用。

数据安全治理主要针对的是数据治理过程中产生的安全风险事件。随着数据应用范围的不断延伸以及数据价值的逐步拓展，数据安全的内涵也被不断拓展，进而衍生出更高层面的意义。数据安全主要有以下几个层面的内涵：一是数据作为客体本身的安全，即对数据的保密性、完整性和合法性进行保护，保证数据本身不受到非法窃取、破坏和更改。二是数据之上主体合法权益的安全，包括对个人数据以及隐私权的保护，以及对企业基于数据形成的知识产权或商业秘密的保护。三是保护数据所承载的国家利益或公共利益。数据安全是数据主体进行数据开发利用的"第一道防线"，只有保证数据的安全性，才能进一步挖掘数据的价值。从治理主体角度来看，数据安全治理主要从数据提供主体的隐私保护、数据开发利用主体的泄露风险预防以及数据安全事件的应急保障机制几个角度进行。从制度构建层面来看，我国数据安全制度体系是以《网络安全法》《数据安全法》为核心，以各类法规、规章以及安全标准等规范文件为支撑构建起来的，从技术层面看，主数据治理需要通过夯实网络基础设施的建设以防止内部数据受到外界侵扰，从识别、检测、监测、预警和处置各层面综合提升网络防护能力。同时，需要数据治理主体融合数据加密和区块链技术，保证数据的机密性、完整性和真实性。

数据质量治理是对数据治理效果的反映，经过对数据质量的治理，能够衍生出高质量的数据，高质量的数据能够达到数据消费者的期望并满足数据消费者的需求。数据质量可以从完整性、唯一性、实时性、可用性、有效性、准确性、一致性、价值性等维度进行判断。任何一个维度出现问题，都会降低数据的质量，影响数据价值的发挥。数据质量治理不单纯是一个概念、一项技术或一个系统，而是一个集方法论、技术、业务和管理为一体的解决方案，即通过有效的数据质量控制手段，进行数据的管理和控制，消除数据质量问题，进而提升企业数据变现的能力。在数据治理过程中，数据治理主体要建立数据质量治理体系，通过明确数据治理目标，对数据质量问题进行分析，建立事前预防、事中控制、事后监督的质量控制体系，实现数据质量从发现问题到处理问题的闭环式治理，促进数据质量的不断提升。

从数据安全治理和数据质量治理状况来看，对数据治理伦理制度体系的构建重点着眼对数据安全的保障和对数据质量的要求。其中，数据安全治理伦理主要涉及对数据主权的保护和数据治理过程中数据泄露风险的处置，数据质量治理主要涉及的数据治理伦理是防止数据治理主体在治理过程中滥用数据对其他数据主体的权益造成损害。

（二）数据治理架构中的伦理制度体系

通常来说，数据治理架构主要包括决策架构、管理架构、执行架构、监督架构等部分。为了保障数据治理工作的正常运行，数据治理主体应当建立组织架构健全、职责边界明确的数据治理架构，明确决策架构、管理架构、执行架构、监督架构的职责分工，建立分工合理、相互衔接的运行机制。

决策架构主要负责制订数据治理战略，进行数据治理架构人员配置。需要数据治理主体结合自身业务特点和运行状况，对数据治理进行战略部署与资源配置，同时还应当进行数据治理相关决策的审批工作。在我国主要是董事会、股东会。

管理架构主要负责对组织内部数据治理工作进行管理，其以决策架构制定的数据治理战略为基础和指导，建立该组织内部的数据治理体系和数据治理制度（包括数据治理标准、数据治理程序、数据安全标准等）的具体内容，并根据数据治理战略的要求和经营的实际需要，持续评价以及更新数据治理相关制度，确保数据治理任务与资源合理配置以及数据治理制度贴合实际情况，始终维持高效运作状态。同时，管理架构还需要制定并实施具体的数据治理问责机制与激励机制，并据此对数据治理工作进行问责与激励，以督促数据治理工作高效运行。主要表现为数据治理委员会或设立首席数据官。

执行架构主要是在决策架构和管理架构的指导下开展工作，负责贯彻落实数据决策架构的数据治理战略，同时在业务和技术层面开展组织内部的数据治理工作。主要表现为设置业务专员或专门数据委员会等。

监督架构是数据治理的保障机制之一，主要负责对数据治理过程中的治理行为以及机构设置等进行监督，不仅包含组织体系内部上下级之间纵向的监督，还包括横向的不同机构内部的监督。主要通过监事会或其他专门机构进行。

在数据治理架构设置上，涉及的数据治理伦理主要是对数据治理主体治理价值的认可，体现了人本主义的数据伦理制度设计。通过科学的数据治理架构设置，在肯定数据治理主体发挥主观能动性的同时，防止数据治理主体的异化，从而防止数据治理伦理体系被破坏；从一定程度上来说，数据治理伦理制度的主体架构内涵在数据治理架构之中。

（三）数据治理流程中的伦理制度体系

从广义上来看，数据治理周期涉及数据从产生到使用的各阶段。从对元数据和主数据的收集和识别开始，再到对数据的收集，进而对收集到的数据进行分类与使用等，都可以被包含到数据治理周期之中。由此，数据治理流程从数据的收集开始，演化为对数据的控制、处理、使用，再到数据的传输与交易，从而实现对数据全生命周期的治理。数据治理以数据为核心，围绕数据客体进行组织结构、体制机制、人员配置等决策及其行动。因此，从数据治理流程上来看，数据治理伦理主要表现在对数据治理过程中主体身份性的认可，以及对数据治理对象收集时程序化的要求。在数据收集阶段，传统的知情同意模式及其内在关系预设，都是建立在个人自主性价值之上的。大数据技术将人置于不同的群组进行分析，使"知情同意主体"和"行动主体"的界限变得模糊，从而产生了新的伦理问题。大数据本身所预设的"未知目的"与传统知情同意模式的"确定目的"预设存在深刻的内在矛盾，从而使数据主体的自主性难以得到尊重。[23] 在数据控制与处理使用阶段，拥有强大数据资源的数据治理主体基于自身数据产生的竞争优势，容易形成身份上的异化，利用自身的主体优势在数据治理过程中实施数据滥用行为等违背数据伦理的行为。因此，在制度设计上应注重对数据控制与处理行为主体的伦理规范，主要通过设定禁止性义务来进行制度设计。在数据交换与传输阶段，由于其中可能涉及数据跨境问题，因而伦理制度设计主要考虑的是数据主权与数据安全的问题，如对涉及重要国家安全信息的数据进行限制跨境传输，以及对数据主权进行安全保障等。

（四）数据治理伦理制度解决的问题

在数据治理的过程中，伴随数据场景的丰富，数据使用频率的增加，以及数据处理和技术水平的提升，会产生一系列数据治理的外部性风险，主要是指数据治理结果导致的国家、社会、个人利益的损失，数据的外部性风险从根源上讲来自数据伦理问题。数据治理过程中的伦理问题主要是防范数据非法收集与滥用、数据安全风险、数据垄断与霸权、算法歧视等风险。数据治理伦理的价值目标是实现隐私权、个人信息、数据权的保护，进而实现人类自由和社会公平。

---

[23] 参见李伦等：《智能时代的数据伦理与算法伦理——第五届全国赛博伦理学暨数据伦理学研讨会综述》，载《大连理工大学学报（社会科学版）》2019 年第 3 期。

1. 隐私与个人信息的伦理的保护

隐私是个人生活过程中形成的有关私人生活安宁和不愿为他人知晓的私密空间、私密活动、私密信息。个人信息是以电子或者其他方式记录的能够单独或者与其他信息结合识别特定自然人的各种信息，包括自然人的姓名、出生日期、身份证件号码、生物识别信息、住址、电话号码、电子邮箱、健康信息、行踪信息等。[24] 用户个人信息依托数据，在大数据时代，数据是重要的生产资料，能给它的掌握者带来巨大的发展利益。因此，由于利益驱动，用户个人信息面临许多安全风险。数据治理在创造经济价值、社会价值和科学价值的同时，也存在侵犯隐私权、危及信息安全的风险。隐私权和信息安全是数据治理，乃至整个数据领域价值开发最引人注目的问题。数字化时代的到来意味着数据成为一种生产因素，数据治理主体对数据挖掘的精确程度直接影响数据治理的效果。然而，对个人信息和数据的过度挖掘可能侵害个人的隐私权，肆意追求数据挖掘的广度和深度可能危及信息安全。

学者对数据治理过程中的隐私与信息安全问题一直加以重点关注，并试图从伦理角度提出解决方案。如福柯就将一个公民处在监视之下、毫无隐私的社会和边沁提出的"环形监狱"（Panopticon）联系起来，人们看不到监视者，但他们确知自己是被实时监控的。瑞曼担忧隐私阵地的失守可能导致自由的丧失和个体心理的变异，使人成为一个"单向度的人"；柯亨则提出，当前人们的在线行为可能无时无刻不处于政府和大企业的监控下，他们既能"对监控对象进行识别"，又能将这些数据加以存储和搜索，而可搜索将成为隐私最严重的威胁。[25] 霍文（Jeroen van den Hoven）和维克特（John Weckert）对隐私和个人数据的保护给

---

[24]　参见《民法典》第 1034 条。

[25]　Cohen J. E., *Privacy, Visibility, Transparency, and Exposure*, University of Chicago Law Review, Vol. 75 (1), p. 81–201 (2008). 转引自柳亦博：《人工智能阴影下：政府大数据治理中的伦理困境》，载《行政论坛》2018 年第 3 期。

予高度关注，指出需要从个人身份相关信息的角度来定义个人数据，同时提出需要保护个人数据的 4 种道德理由——"基于信息的伤害""信息的不平等""信息不公平"，以及大数据信息价值开发的伦理约束：机制框架与中国聚焦"道德自治与道德认同"。迈尔－舍恩伯格（Viktor Mayer－Schonberger）和库克耶（Kenneth Cukier）深入分析了大数据技术引发的隐私风险，认为在大数据时代，如果沿用传统的告知与许可方式，采取模糊化和匿名化等技术手段保护个人隐私已收效甚微，传统的隐私保护技术如密码访问、身份确认和用户访问控制等在大数据技术下形同虚设，原有的信息安全和隐私保护的法律法规也出现了很多空白。[26]

隐私与个人信息问题在数据治理伦理体系中最鲜明的表现是对个人数据的滥用。个人数据，相对非个人数据而言，一方面承载数据主体的个人隐私，另一方面承载该主体的个人信息。具有承载内容上的双重性。从法律规范上进行考察，可以对个人数据进行较全面的认识。例如，在欧盟《通用数据保护条例》中强调，个人数据是任何指向一个已识别或可识别的自然人的信息。[27] 德国《联邦数据保护法》规定："'个人数据'是指已识别或可识别个人（数据主体）的个人情况或实质情况的任何信息。"[28] 新加坡《个人数据保护法》中规定，"个人数据"是指通过该数据或该数据以及机构已经或可能获得的数据和其他资料可以识别

---

〔26〕 ［英］维克托·迈尔－舍恩伯格、［英］肯尼斯·库克耶：《大数据时代：生活、工作与思维的大变革》，周涛等译，浙江人民出版社 2013 年版，第 197～201 页。转引自李伦、孙保学、李波：《大数据信息价值开发的伦理约束：机制框架与中国聚焦》，载《湖南师范大学社会科学学报》2018 年第 1 期。

〔27〕 欧盟《通用数据保护条例》第 4 条第 1 款规定，"个人数据"，是指任何指向一个已识别或可识别的自然人（"数据主体"）的信息。该可识别的自然人能够被直接或间接地识别，尤其是通过参照诸如姓名、身份证号码、定位数据、在线身份识别这类标识，或者是通过参照针对该自然人一个或多个如物理、生理、遗传、心理、经济、文化或社会身份的要素。

〔28〕 德国《联邦数据保护法》第三节（1）。

的个人数据，而不考虑其真实性。[29] 可见，域外对于个人数据的界定强调的是可识别性，即通过该数据能够对数据主体进行识别，从而对应上该主体的个人情况与信息。域内对于个人数据并无对个人数据的法律规范界定，大多是从学理上进行定义，如齐爱民认为，个人数据与个人信息联系密切，认为个人数据是指可以直接或间接识别该个人的全部信息；[30] 张文亮认为，个人数据或信息通常是指关于某一确定的或可被确定的自然人（"数据主体"）的所有信息，其以电子或者其他方式被记录，能够单独或者与其他信息结合识别自然人的个人身份；[31] 王忠认为，个人数据包含一切可以识别本人的数据。[32] 在数据治理过程中，个人数据往往是数据治理的主要对象，在对个人数据进行治理的过程中，由于个人数据上承载数据主体的隐私与个人信息，很容易被数据治理主体通过滥用牟取不当利益，从伦理角度看，是对个人隐私与个人信息的侵害，也是违背伦理价值与精神的。

2. 数据安全问题

数据安全是数据活动的基础和前提，也是数据治理的基本目标。数据本身就具有高效性、流动性，在人工智能领域，数据具有自衍化性，至今已在机器视觉、生物特征识别智能搜索、定理证明、博弈、自动程序设计等方面取得了重大成就。然而，与尽可能降低风险、排除隐患的安全传统不同，在数据领域和网络空间，更具有对抗性和竞争性，博弈论作为现代数学的一个分支，研究博弈行为中对抗各方是否存在最合理的行为方案以及如何找到这个合理方案，最典型的如纳什均衡（Nash

---

〔29〕 参见新加坡《个人数据保护法》（2012年）第一章第2条。

〔30〕 参见齐爱民：《大数据时代个人信息保护法国际比较研究》，法律出版社2015年版，第127页。

〔31〕 参见张文亮：《个人数据保护立法的要义与进路》，载《江西社会科学》2018年第6期。

〔32〕 参见王忠：《大数据时代个人数据隐私泄露举报机制研究》，载《情报杂志》2016年第3期。

equilibrium）在亚当·斯密所著《国富论》中对"理性经济人"[33] 的论证。网络空间的攻防、密码的加密和破译、电脑病毒的制作和"防火墙"的升级、信息的隐藏与分析等，都有赖人与人之间智慧的碰撞和发展。人类的安全观经历了一个从静态到动态的过程。数据安全在静态的安全观下是不可能实现的，只有在动态且不断发展的安全观下才能满足现阶段的所需、所求。

数据安全是立法、司法、执法、行政监管等相关制度的核心目的，数据收集者、控制者、处理者具有保障数据安全的义务，但数据如何才能安全，什么程度才能称为安全。或者说，如何将自然人单体性地对数据安全的担忧转化为具有强制执行力的制度，是数据安全现阶段的重要命题。在数据收集时，被观测方可能是消费者、劳动者，甚至只是在摄像头里匆匆路过的行人，再短暂的交互却能被精准地记录甚至是自动化识别、处理，整合为对隐私权、个人信息更具侵略性的情报结论，且永不遗忘。但尽管如此，人们依旧会相信此时他们的"数据"是安全的，因为威胁尚未显现，危险仍蛰伏在未知领域。与此同时，令人担忧的是，一旦出现数据安全问题，出现的破坏将会是难以修复的持续性损害，且极易引发系统性风险，威胁人身安全、财产安全甚至国家安全。

因此，数据安全问题在数据治理过程中的重要性不言而喻，从个体角度来讲，数据安全关乎个人隐私与信息安全，从社会角度来讲，对数据安全的治理关乎国家数据主权与社会公共利益。因此，在数据治理过程中，在治理制度体系不健全的情形下，极容易出现数据治理过程中重要数据泄露的风险，从数据治理伦理制度角度来看，数据安全问题是治理伦理制度上的缺失。

---

[33] 纳什均衡并非最优解，而是在多方的竞争和博弈中，在某一瞬间达到每个参与主体根据付出和回报都无动力再去改变其状态的平衡。

3. 数据"杀熟"问题

数据"杀熟",是指平台（主要是互联网平台）充分利用自身所掌握的大数据技术对消费市场进行更精准与细腻的划分,在此基础上主要对熟人（习惯、依赖该平台的较忠诚的用户）进行不当利益宰割,从而使大数据技术成为部分经营者追求超额利润的有力工具。[34] 这是经营者运用大数据收集消费者的信息,分析其消费偏好、消费习惯、收入水平等信息,将同一商品或服务以不同价格卖给不同的消费者从而获取更多消费者剩余的行为。数据"杀熟"一般通过对用户基础数据、行为数据等进行分析,勾勒用户的数字画像,得出更深层次的用户信息,如价格敏感度。更深层次的算法还会额外关注物品从被加入购物车到最终购买的时间延长程度,甚至包括客户以往是否点击、收藏或使用过优惠券等信息。"杀熟"的形式多样,主要有 3 种表现:一是根据用户使用的设备不同而差别定价,比如,针对苹果用户与安卓用户制定的价格不同;二是根据用户消费时所处的场所不同而差别定价,比如,对距离商场远的用户制定的价格更高;三是根据用户消费频率的不同而差别定价,一般而言,消费频率越高的用户对价格承受能力也越强,相应的价格也会更高。

第一起数据"杀熟"事件可以追溯到 2000 年亚马逊的差别定价实验,国内大概从 2018 年开始关注"杀熟"问题,天猫、京东等平台均因此被投诉过。有媒体对 2008 名受访者进行的一项调查显示,51.3% 的受访者遇到过互联网企业利用大数据"杀熟"的情况;59.2% 的受访者认为,在大数据面前,信息严重不对称,消费者处于弱势;59.1% 的受访者希望价格主管部门进一步立法规范互联网企业歧视性定价行为。[35]

---

[34] 参见李飞翔:《"大数据杀熟"背后的伦理审思、治理与启示》,载《东北大学学报（社会科学版）》2020 年第 1 期。

[35] 参见朱昌俊:《大数据杀熟,无关技术关乎伦理》,载人民网,http://opinion. people. com. cn/n1/2018/0328/c1003 – 29893167. html。

在数据治理的法律关系中，容易发生数据"杀熟"的是大型互联网平台，由于互联网平台具有网络外部性与双边性。在对其拥有的数据进行治理的过程中，由于用户数据本身承载了其在平台中的使用记录、消费习惯等个人痕迹，具有强烈的身份识别性。因此，平台的治理行为更容易形成异化，实施数据"杀熟"行为。数据"杀熟"行为从治理伦理角度来看，其对用户进行差别身份识别并区分对待的行为有违公平性要求。

4. 数据垄断问题

作为一种生产要素，数据具有很强的规模经济和外部经济效应。无论是用于预测，还是用于企业内部管理，数据的规模越大、维度越多，其用处就越大，对企业的价值就越大。如果数据是孤立的、零散的，那么它的作用就完全不能发挥出来。因此，在数据治理过程中，拥有大量集合数据资源的互联网平台就成为数据垄断的主要行为主体。互联网平台作为数据收集与整合的媒介，具有平台方独有的资源优势和地位优势。一方面，互联网平台具有双边性，能够在平台双方用户之间形成数据交换和运输的媒介，在数据收集的来源上就具有优势，能够对大量的数据进行收集和处理，获取数据中的经济价值，在逐步扩大自身平台规模的同时，形成自身的竞争优势。另一方面，互联网平台的网络效应也会扩大其在对数据进行处理和使用过程中的资源优势。"在社会实践中，数据能够被人类开发、利用，并能够满足人类生产、生活的需要，是具有使用价值和交换价值的客体，给人类带来了财富，因此数据是资源。"[36]数据作为一种有价值的经济资源，在经过互联网平台的处理与使用后能够具有独立的经济价值，产生经济效益和竞争优势，这在一定程度上也更容易促进市场力量的形成，促使互联网平台实施数据垄断行为。

---

[36]　李爱君：《论数据权利归属与取得》，载《西北工业大学学报（社会科学版）》2020年第1期。

当前，数据垄断主要表现为 3 种形式：一是使用数据和算法达成并巩固垄断协议。通过利用大数据、算法和人工智能，一些互联网平台能够实时通过数据分析、监视各个企业对默示合谋的执行情况，以维护合谋的稳定性。二是基于数据优势滥用市场地位，如拒绝竞争对手获得数据资源，基于数据画像对消费者实行差别对待，基于数据占有优势的搭售行为等。三是经营者集中引致排斥竞争的数据集中。已占有大量数据资源的经营者，通过经营者集中（合并、控股或签订协议）使占有的数据资源更加完整，催生出数据"寡头"，形成市场支配地位。数据集中度通常会产生明显的规模经济和范围经济，进一步扩大竞争优势。相应地，竞争对手难以获得相关的数据，妨碍了竞争。大数据的经济特性有利于市场集中和支配地位的形成，会导致胜者"通吃"的结果。这样的垄断行为腐蚀行业生态健康，扼杀行业创新，独占新经济的福利。如阿里菜鸟与顺丰速运的矛盾，2017 年 6 月 1 日，顺丰关闭了对阿里菜鸟网络的数据接口，并关闭了整个淘宝平台的物流信息回传。双方对此的解释都站在自身立场上，但争论的核心焦点是各家极为重视的数据。在美国，亚马逊与零售巨头沃尔玛也展开对战，2017 年 6 月 22 日，亚马逊收购全食超市的行为对沃尔玛产生了竞争压力。作为反击，沃尔玛要求一些技术公司若是想从沃尔玛获得业务，就不能使用亚马逊云服务来为沃尔玛运行应用程序。

从数据治理伦理角度来看，数据治理过程中产生的数据垄断问题，是对社会公平原则的违反，良好的市场竞争应当是各个竞争者拥有公平竞争的机会，而不是寡头市场，"一家独大"，通过垄断、不正当竞争行为排挤竞争对手。因此，数据垄断问题也是数据治理伦理制度体系中需要关注的重点问题。

（五）数据治理伦理立法建议

数据治理伦理制度的建立，重点是要在充分数据治理中的伦理风险的前提下，平衡数据治理过程中出现的对隐私权、数据安全权等的侵害与获取数据治理价值之间的关系。从内容上看，数据治理的内在伦理，一方面需要伦理价值规范的引导，另一方面也需要伦理道德机制发挥作用；从主体上看，完善数据治理伦理制度，一方面需要识别和落实数据治理主体的伦理责任，另一方面也需要相对方，即数据提供主体形成良好的数据治理伦理意识；从程序上看，数据治理伦理制度体系要贯穿数据治理的全周期，从数据收集阶段的纳入伦理约束，到处理使用阶段进行伦理调整，最终治理决策阶段进行伦理评估与监督。由此，方能实现数据治理伦理制度的良好运行。

1. 建立隐私与个人信息的伦理保护机制

要做到对数据本身的科学治理，可以从分析其存在的伦理风险入手，平衡数据挖掘、信息价值开发与保护隐私权、信息安全之间的关系，从而解决数据治理过程中隐私权和个人信息伦理制度的缺失问题。隐私权与个人信息的问题关乎人的生存空间与生存价值，需要在数据治理中进行伦理制度的回应。首先，要对隐私权和信息安全问题在数据治理伦理制度中显现出的问题进行揭示和评估，考察在数据治理过程中形成的隐私与个人信息问题带来的影响，明确私权和信息安全对于个人和社会发展的意义，以及隐私与个人信息保护在数据治理过程中具有的价值。其次，要揭示数据治理本身所蕴含的伦理价值，确立数据治理伦理的基本逻辑框架以及应用范围，分析隐私权、信息安全与数据治理技术之间的价值冲突。在此基础上提出在数据治理过程中保护隐私权和信息安全应当遵循的伦理原则，首先要坚持以人为本的原则，隐私与个人信息与主体身份密切相关，对隐私与个人信息在数据治理伦理制度体系中需要放在重要位置。其次要坚持平衡原则，平衡数据治理过程中的治理方式与隐私保护。平衡原则是处理数据治理伦理的基本原则，平衡原则的具体落实是建立隐私权和信息安全伦理保护机制的基本路径。此外，从主体角度来看，数据主体的隐私与个人信息保护应当由政府、行业和其他组织多方共同构建的隐私权和信息安全的伦理保护机制进行落实，并在数据治理过程中纳入对隐私和个人信息保护程度的第三方评估机制,实现数据治理过程中的隐私与信息保护。数据治理主体的隐私观是伴随大数据技术的出现而产生的,隐私观能够指导数据治理主体的行为。因此,在数据治理的过程中,治理主体只有树立正确的隐私观念才能对数据进行科学治理。因此,数据治理主体要明确大数据隐私权,从根本上减少侵犯隐私问题。此外,尊重个人隐私是数据治理主体必备的道德要求,因而需要对数据治理主体加强道德教育,使其组织成员形成良好的隐私保护观念和意识,逐步形成行业自治。

2. 加强数据治理伦理规范建设

数据治理过程中,由于数据治理主体能够对大量附载个人信息或其他信息的数据进行处理与使用,因而需要在整个数据治理周期明确数据治理主体的责任,通过为数据治理主体设定义务与责任的方式防止数据治理过程中的异化。

明确数据治理主体的责任,应当坚持权责一致的原则。运用大数据的一方在享受大数据益处的同时,也要负担起大数据引起的不良后果责任,不仅是运用数据的一方,收集记录这些数据的一方同样负有责任。有学者认为,"在大数据技术的运用中必须坚持权利与责任的统一,实现谁搜集谁负责,谁使用谁负责"。[37] 当前,在伦理责任规范上存在忽视平台与用户间法律地位不平等、行政责任设定过于原则化且责任设定偏轻、刑事责任缺乏针对性等问题。鉴于数据治理行为内部的行为联系比较紧密,建议数据治理行为从整体进行明确具体的责任规范设置。此外,对数据治理主体在治理阶段设定义务,表现为数据收集时取得数据提供主体的义务,伦理规范上体现为同意规则。向相对方收集数据,需要经过数据主体的同意,这是对数据主体作为数据来源主体基本的尊重。

---

[37] 董军、程昊:《大数据技术的伦理风险及其控制——基于国内大数据伦理问题研究的分析》,载《自然辩证法研究》2017年第11期。

规范表现主要见诸《消费者权益保护法》《网络安全法》等。[38]

从伦理制度构建上看，同意规则的完善与细化也应当予以关注。数据收集行为"同意"规则的细化，首先，可以对明示与默示同意的不同效果进行区别规定，对于涉及个人隐私的数据，在收集与处理过程中需要得到数据权属主体的明示同意，因为从保护数据被收集主体的隐私角度来看，要求互联网平台在收集前取得被收集主体，即用户的明示同意是有必要的。对于已经匿名化的数据，或者不带有个人信息识别性的数据进行收集时，可以考虑采用默示同意的规则。其次，可以结合《个人信息保护法》中对"书面同意"的规定，对书面同意的要求进一步强化和落实。最后，对于政务数据、公共数据等其他与社会公共利益相关的数据，可以在收集同意规则的适用中采取例外规定的方式，促进政务数据以及公共数据之间的共享。

3. 坚持透明、开放与共享原则

数据治理的过程应当保持开放与透明。在数据收集、分析、使用的各个环节，国家对公众、企业对用户、团体对个人，都要坚持透明原则。薛孚指出，企业和政府在使用数据的过程中，必须提高该过程中对公众的透明度，"将选择权回归个人"。黄欣荣认为，大数据时代是开放和共享的时代，数据在不断地分析和共享中能够实现新的价值，不同数据之间的互相作用与相互结合也可能会产生新的价值，所以，开放和共享是大数据未来的趋势。[39] 数据资源的价值开发就在于数据的共享。在数字经济时代，数据不进行分享将失去其应有的价值，因此，共享伦理是数据治理伦理促进机制的核心内容。我国 2015 年发布的《促进大数据发展行动纲要》将"加快政府数据开放共享"放在主要任务的首位，此后相

---

[38]　参见《网络安全法》第 41 条、《消费者权益保护法》第 29 条。
[39]　参见董军、程昊：《大数据技术的伦理风险及其控制——基于国内大数据伦理问题研究的分析》，载《自然辩证法研究》2017 年第 11 期。

继出台《政务信息资源共享管理暂行办法》《公共信息资源开放试点工作方案》，国务院办公厅在《2020 年政务公开工作要点》中提出，要准确执行新修订的《政府信息公开条例》，以更高质量公开助力推进国家治理体系和治理能力现代化，聚焦做好"六稳"工作、落实"六保"任务，着眼深化"放管服"改革优化营商环境，同时强调围绕突发事件应对加强公共卫生信息公开。由于公共数据和政务数据在内容上的公共性，其上常常附载社会公共利益，因此需要在对其进行治理的过程中保持开放与透明。企业数据治理由于涉及用户的数据，其上附载用户的个人信息与隐私，因此需要在对其进行治理的过程中做到公开透明，一方面是保障用户数据权利的需要，另一方面也是基于提升企业数据治理效率的需要。

同时，需要认识到的是，在数据治理过程中还需要平衡共享和隐私之间的关系。数据治理的优势在于，对尽可能多甚至穷尽所有数据进行集合，并进行开发使用，因此数据治理过程中的共享就极为重要。在实际应用中，尤其是国际合作，如世界金融危机、联合反恐行动、国际救援行动等都体现了大数据的共享特性。但同时，数据在开放共享与互联互通的同时也会带来隐私威胁。当个人隐私受到保护时，人们才有可能自由选择对谁和是否公开自己的敏感信息，也决定他人又应该怎样对待这些信息。若人们无法控制自己的私人信息，就会减少选择的自由。[40]因此，大数据技术需要妥善处理人与数据的关系问题，数据治理要充分发挥信息共享的伦理促进和约束机制作用。

4. 建立数据治理伦理社会协调机制

数据治理伦理制度的完善离不开各主体间的配合。因为法律只是解决社会问题的手段之一，伦理和道德教育也是数据治理的一个重要方面。

---

[40] 参见吴莹莹：《大数据背景下隐私问题的伦理治理》，载《文化学刊》2019 年第 6 期。

从数据提供主体角度，需要树立健康的道德价值观，提高数据治理主体的信息素养。通过对公众进行数据道德价值观的教育和培养，提高数据主体的数据治理素养，帮助树立健康科学的数据治理观念，提升公众对数据治理的伦理素养。具体而言，首先，就是在公众中倡导建立自由、平等、有益的数据治理伦理观，在数据收集、开发、使用、存储传播和利用等各方面操作都要以促进数据科学治理、利于人类社会发展为目标，致力提升数据资源开发效率的同时实现社会目标。其次，通过推动公共数据透明、加快大数据专业人才培养和养成大数据思维等措施提升数据治理过程中的程序正义，消除数字"信息鸿沟"。"数据化生存"时代的构建需要公众的数据信息素养作为普遍支撑。最后，数据治理伦理观念的培育和养成与数据主体对自身权利维护的观念息息相关，在我国尚未形成完整的关于个人数据产权与信息安全的法律法规体制下。数据主体为了维护自身的合法权益不受侵害，一方面需要不断提升用户自身的自我认同与隐私保护意识，另一方面应树立良好的数据维权等安全防护意识。

从数据治理主体角度，良好的伦理制度体系构建离不开数据治理主体（主要是企业）良好的道德和伦理素养。在相关伦理道德规范相对滞后的数字经济时代，数据治理主体因对数据的治理行为获得巨大的经济利益，是数据治理过程中最大的利益相关者，如果不对其加以道德自律建设，一旦其自身的数据治理形成强大的规模效应，产生自身行为的异化，那么就会引发一系列伦理风险，如个人数据滥用、隐私侵犯、数据安全风险事件等。因此，除通过外在的法律法规制度对数据治理主体进行约束外，其更应当从自身出发，形成良好的数据治理伦理观念，加强大数据利益相关者的道德自律建设。对于政府对公共数据、政务数据的治理，更应当遵循为人民服务的理念，在治理过程中注重对重要数据、安全数据的保护，维护公共利益。

从监管主体角度来看，需要加强数据治理伦理的舆论引导作用，虽然其相较法律规制不具有强制性，但也能够起到潜移默化的作用。具体来看，首先，可以明确划分大数据使用中各种行为及后果的法律和道德界限。指出在数据治理过程中，何种行为是违反法律的，何种行为是违背伦理制度的，为潜在行为异化风险提供适当的伦理规范。其次，监管部门可以通过制作数据治理伦理宣传品储备，在监控中根据关键词、敏感词强化智能语句分析，对数据治理中违背伦理的行为进行有针对性的提示，使数据治理主体的行为有标准可依。最后，可以充分发挥监管机关的权威性特征，对数据治理主体进行教化，运用网络媒体改造德性主义道德传统，打造数据治理伦理规范社会大环境。在对数据治理伦理进行教育的过程中，注重强调以人为本的价值观，注重从数据主体的角度出发；同时，培养数据治理主体在治理过程中的大局观与正义观。

从民众主体角度，建立科学运行的社会监督机制也有利于数据治理伦理体系的良好运行。首先，倡导行业自律，相关社会组织可以创建行之有效的数据治理伦理的自律制度体系，通过社会组织进行监督；同时，设立明确的奖罚机制，规范缺乏社会责任感的数据治理者。其次，通过社会媒体、民众舆情监督等方式对数据治理行为进行监督，实现社会共治的效果。

第四章

数据治理架构

通常而言，数据治理架构主要包括决策架构、管理架构、执行架构、监督架构等部分。为了保障数据治理工作的正常运行，数据治理主体应当建立组织架构健全、职责边界明确的数据治理架构，明确决策架构、管理架构、执行架构、监督架构的职责分工，建立分工合理、相互衔接的运行机制。

在治理架构设置上，由于我国目前的数据治理尚未完全公开与普及，因而只能依据现存法律法规与文献等对现行数据治理架构设置进行梳理。

决策架构主要负责制订数据治理战略，进行数据治理架构人员配置。需要数据治理主体结合自身业务特点和运行状况，对数据治理进行战略部署与资源配置，同时还应当进行数据治理相关决策的审批工作。管理架构主要负责对本组织内部数据治理工作进行管理，其以决策架构制定的数据治理战略为基础和指导，建立该组织内部的数据治理体系和数据治理制度（包括数据治理标准、数据治理程序、数据安全标准等）的具体内容，并根据数据治理战略的要求和经营的实际需要，持续评价以及更新数据治理相关制度，确保数据治理任务与资源合理配置以及数据治理制度贴合实际情况，始终维持高效运作状态。同时，管理架构还需要制定并实施具体的数据治理问责机制与激励机制，并据此对数据治理工作进行问责与激励，以督促数据治理工作高效运行。执行架构主要是在决策架构和管理架构的指导下开展工作，负责贯彻落实数据决策架构的数据治理战略，同时在业务和技术层面开展组织内部的数据治理工作。监督架构是数据治理的保障机制之一，主要负责对数据治理过程中的治理行为以及机构设置等进行监督，不仅包含组织体系内部上下级之间纵向的监督，还包括横向的不同机构内部的监督。

按照我国当前对数据治理出台的法律法规文件（《银行业金融机构数据治理指引》），目前的数据治理架构见图4-1：

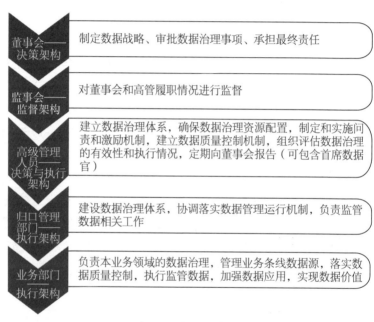

图4-1 数据治理架构

一、政府数据治理机制

（一）政府在数据治理实践中面临的挑战

随着大数据、云计算、人工智能技术的蓬勃发展，数据治理为政府治理提供了新视角与新范式。近年来，中共中央、国务院多次出台运用新技术提升政府治理能力的重要战略部署。继党的十八届三中全会提出"推进国家治理体系和治理能力现代化"全面深化改革总目标之后，2015 年 8 月国务院发布《促进大数据发展行动纲要》提出，大力推动政府部门数据共享、公共资源开放，提升治理能力；紧接着"十三五"规划纲要提出"实施国家大数据战略"；再到 2017 年 12 月中共中央政治局就实施国家大数据战略进行集体学习，习近平总书记明确要求，"实施国家大数据战略加快建设数字中国"，强调"要运用大数据提升国家治理现代化水平"；2022 年 12 月中共中央和国务院出台《数据二十条》，明确提出构建"为深化创新驱动、推动高质量发展、推进国家治理体系和治理能力现代化提供有力支撑"的数据基础制度。

从政府治理实践看，运用大数据改变政府治理模式和服务方式正在成为趋势。各地涌现的政府治理创新实践，如数据共享的"最多跑一次"，基于"聚通用"基础上的"服务到家"等，其治理能力提升的关键都离不开庞大的政府数据治理体系及其运行机制的支撑。尽管政府数据治理的动机很强，但是当前政府在数据治理的实践中还面临能力挑战，主要集中在数据治理的建设模式和实施路径还存在认识与应用水平不高等问题。具体表现为：一是在政府数据汇集过程中，存在"数据烟囱"林立、"数据孤岛"丛生等现象；二是在政府数据分析中，结构化数据与非结构化数据混杂，数据质量不高，数据标准不统一；三是政府数据应用过程中，存在数据管理无序等问题。如何认识政府数据治理？如何构建新时代政府数据治理的行动框架和价值评价体系？综观学界研究，政府数据治理在理论研究和实践操作层面尚存在不足，以上种种都在呼唤"政府数据治理模式"的理论研究与创新。[1]

---

〔1〕 参见唐莹、易昌良：《刍论政府数据治理模式的构建》，载《理论导刊》2018 年第 7 期。

（二）政府数据治理的价值目标

政府数据治理是"政府为履行社会公共事务治理职能，对自身、市场和社会中的数据资源和数据行为的治理"，其治理活动主要表现在三个方面：一是政府部门对政府内部数据的治理活动；二是政府部门对市场中流动数据的治理活动；三是政府部门对公民个人数据的治理活动。对政府来说，大数据以其海量的信息资源、智能的运算方式和广阔的存储空间提高了政府的统计效率和政府的管理效率；对企业来说，大数据以其强大的挖掘技术、精准的分析功能和科学的预测方法增强了企业的经营自信，使企业决策更加科学；对公民个人来说，大数据以其开放的网络环境、多元的服务功能和简易的操作手段拓展了个人的生活世界，使个人的社会交往和社会活动更加便捷。简言之，如果从政府数据治理角度来说，不同的数据类型和数据内容，就会具有不同的价值形态和价值结构，因而其主体的权益也是不同的。这决定了不同类型数据资源的治理价值是不同的，由此而言，政府数据治理以及法律保障的政策和措施也应该有所区别。因此，在实施数据治理之时，政府需要清楚地认识对数据进行治理的意义、目的以及数据价值的内涵及其实现方式。

从类型学角度来看，政府数据治理的数据价值有不同的分类。从政府、企业和公民个人三重主体出发，可以将政府数据治理的数据价值划分为3个层次：对政府层面的数据进行治理所产生价值、对市场（企业）层面的数据进行治理所产生的价值、对公民个人层面的数据进行治理所产生的价值。而根据数据价值作用的范围、发挥作用的时间与可能性以及价值内容等的不同，还可以进一步将每一层次的数据价值进行细分。例如，根据价值作用的范围不同，政府层面的数据价值，可以分为对政府内部所产生的价值和对政府外部产生的价值；在此基础上，根据价值发挥作用的可能性不同，又可以将对政府内部治理所产生的价值，分为对政府内部所产生的显性价值和隐性价值、对政府外部治理所产生的显性价值和隐性价值；再根据价值内容的不同，还可以进一步将对政府内部、外部产生的显性、隐性价值分为相应的政治价值、经济价值、文化价值、安全价值等。对市场（企业）层面的数据进行治理所带来的价值以及对公民个人层面的数据进行治理所带来的价值，也可以按照这种方法进行细分。例如，对市场（企业）内部所产生的显性经济价值、对市场（企业）外部所产生的隐性的思想价值；对公民个人自身所产生的显性的文化价值、对他人所产生的隐性的意识形态价值；等等。[2]

数据治理的政策和标准数据治理的目标之一，是向组织的内部或外部提供合约遵循的可见度。国外数据治理的兴起在很大程度上是由于对法案法规的遵循，旨在防止企业运营的不正当行为和数据欺诈。

（三）政府数据资源生命周期

政府数据资源具有生命周期，是因为政府数据资源从产生到消亡是一个完整的过程，符合生命周期思想的内涵。但是，人们对政府数据资源生命周期的具体阐述，却各不相同。2000年，美国政府将"信息生命周期"定义为，"是指信息所经过的阶段，其中几个最主要的阶段是生产或收集、处理、传播、利用、存储和处理"。加拿大图书档案馆将它分为数据管理规划等7个步骤。美国图书馆和情报科学全国委员会将它分为创造和提出等13个步骤。以上概念存在两个问题。第一，研究对象局限于数据本身，没有考虑与数据紧密相关的人和技术，也没有考虑数据向知识的转换。而在现实生活中，基于数据的竞争优势正在向基于知识创造的竞争优势发展。第二，生命周期环节过多，很难在实际工作中采用这样的思想进行管理。政府数据资源是要使用的，政府数据资源生命周期就是指政府数据资源经历的产生、处理、应用和衰退4个阶段，这是政府数据资源运动的自然规律。政府数据资源生命周期涉及若干环节，如采集、创造、存储、传播、交流、销毁、再生、休眠等。

---

〔2〕 参见杨崚均：《论政府数据治理的价值目标、权利归属及其法律保障》，载《东南学术》2021年第4期。

政府数据资源生命周期管理，是指对政府数据资源从产生、处理、应用到衰退整个生命周期的管理。具体是指对政府数据资源的采集、创造、存储、传播、交流发布、销毁等环节进行的计划、组织、领导和控制。在其生命周期管理各阶段有不同任务。（1）产生期。针对不同的数据需求，通过政府数据资源规划、政府数据资源采集，获取相应政府数据资源，满足数据需求，并为此后政府数据资源共享和后续管理奠定基础。（2）处理期。根据不同政府数据资源的不同特点，进行组织、索引、存储、维护和保护，改善它的可用状态，提升它的价值。（3）应用期。通过政府数据资源传播、交流、发布、转让等，实现政府数据资源共享，发挥它的价值，为政府解决问题提供知识基础和经验背景。（4）衰退期。通过政府数据资源评价，及时判断它的衰退迹象；通过政府数据资源再生，尽可能挖掘其价值，努力延长其生命周期；依据相应准则，科学、理性、规范地销毁或删除没有价值的政府信息资源。

政府数据资源生命周期管理的总体目标是：针对其生命周期的不同阶段，通过不同的管理活动，实现政府数据资源从无到有，从不可用到可用，从低可用到高可用，从低价值到高价值；尽可能延长应用时间，一旦进入衰退期，需要通过相应措施尽可能地挖掘其价值，一旦确认没有价值，应该果断地采取相应措施销毁或删除。就本质而言，政府数据资源生命周期管理以数据技术为依托，通过管理政府数据资源以实现，在最恰当的时候、利用最恰当的方法、找到解决问题的最恰当的数据资源与知识资源。

（四）数据共享

1. 比较法上的数据共享

以加拿大为例，开放政府数据是大部分政府选择的数据治理价值的实现渠道，加拿大联邦政府在这方面的工作在全球范围内一直都具有典型的示范效应。首先，《信息获取法》（AIA）为加拿大开放政府数据奠定了法律基础，并通过《开放政府伙伴关系第三个双年计划：2016—

2018》《开放政府指令》《加拿大 2018—2020 开放政府行动计划》等配套政策使开放政府数据规划进一步深化。其次，开通、开放政府数据网站，并对其进行升级，实现加拿大政府数据的无障碍访问。此外，确立加拿大国库委员会为政府数据开放的主要管理部门，并设立信息专员办公室（Organisation of Islamic Cooperation，OIC）作为监管部门。并且，出于商业目的和社会效益，加拿大联邦政府还建立了加拿大开放数据交换中心，以实现与私营部门、公民机构、学术界以及其他政府的合作。通过以上措施，加拿大联邦政府提供了数据治理成果的共享途径，也就是数据价值的创造渠道，并且体现了数据治理所潜在的商业价值和社会效益，最突出的表现就是万维网基金会（World Wide Web Foundation）对加拿大开放政府数据的高评分。

2. 创新数据共享交换用户管理机制

政府全量数据资源共享交换平台是政府数据共享供需精准对接的平台，主要角色有四大类：数据使用者、数据提供者、平台监管者（包括安全监管）、平台运营者。数据使用者是有权浏览、获取到平台提供数据服务者，包括公众、企业和各委办局业务人员等在内的所有人；数据提供者是各个政府的各个部门机构业务系统管理员，或被本单位授权向数据共享交换平台提供数据的人；平台监管者（包括安全监管）提供共享交换工作机制，通过可视化平台即时了解共享交换动态情况，负责对平台的使用、运营进行监督控制，监管者是政府大数据管理机构和公安局；平台运营者提供共享交换技术实现环境，运营者通过后台管理，负责为数据共享平台提供采集数据、清洗数据和加工数据的工具，并通过平台为数据使用者提供技术支持，通过提供平台工具进而提供数据采集、清洗、加工和共享等服务，收取相应运营费用。政府授权的数据管理公司具有独家运营权。

3. 创新数据共享交换流程机制

政府全量数据资源管理系统的高效运行，除必须有先进、合理的框架外，还必须有完善的共享交换流程和数据通道发布流程作为重要支撑。数据共享交换流程数据使用者首先需登录共享交换平台数据目录服务子系统，根据各单位业务职责搜索所需数据资源。根据所选数据的所属单位对数据的密级划分，如为无条件共享数据，则数据使用者可直接获取数据通道调用方式，进行数据的调用；如为有条件共享数据，可进行数据资源获取申请，数据所属单位通过共享交换平台进行审核，确认数据获取申请依据充分，合法有效后予以确认，共享交换管理子模块对数据通道调用方式进行权限控制，对获批数据使用者进行授权，数据使用者才能获取数据通道调用方式，并进行数据的调用。

（五）数据监管

坚持审慎监管原则推进政府数据开放，是各国政府与国际社会早已取得的基本共识，但具体如何实施政府数据开放监管以及因此产生的政府数据开放监管效果却在不同国家存在显著差异。根据万维网基金会、英国开放知识基金会等连续多年发布的"开放数据晴雨表"（Open Data Barometer）、"全球开放数据指数"（Global Open Data Index），不同国家在政府数据开放监管的组织架构设计、政策法规制定等方面的差距明显，其中，发达国家普遍比发展中国家建立了更加完备和成熟的政府数据开放监管体系。不仅如此，一国政府数据开放监管的"准备度""执行度"越高，其政府数据开放的整体水准也越高，即政府数据开放监管与政府数据开放水平二者间具有显著的正相关性。[3]

以加拿大为例，审计监督维度是加拿大联邦政府政府数据治理框架的又一大特点，政府数据治理并不以法律的颁布为终点，也不以政策的落实作为结束，而是在此基础之上建立完善的审计体系。通过独立的外部审计机构和附属的内部审计部门，确保政府数据治理的依法性和公正

---

〔3〕 参见陈朝兵、程申：《政府数据开放监管的国际经验与中国路径》，载《图书情报工作》2020年第12期。

性。审计的目的是要发现数据治理实践中潜在的风险，并及时进行风险防治工作。加拿大联邦政府数据治理的审计监督维度的落脚点是建立完善的风险管理体系。

目前，我国在数据治理审计监控层面有待完善，政府数据治理在有了组织基础和体制支持之后，也需要健全的内外审计机构和审计制度以确保数据治理实践与目标的一致性。我国的政府数据开放监管工作仍存在改善空间，一是政策法规建设上，虽然《数据安全法》专章规定了"政务数据安全与开放"，但仍缺乏专门性的政府数据开放监管政策，相关监管要求分散在不同的政府数据开放政策、部门规章以及规范性文件中；二是组织机构保障上，当前我国仍然没有在中央层面建立政府数据开放监管机构，仅部分地方政府建立实施政府数据开放监管的专门机构，造成政府数据开放监管政策的顶层设计与全局统筹不够；三是监管主体上，我国政府数据开放监管工作仍以政府监管占据主导模式，缺乏政府、社会组织、第三方机构、新闻媒体以及社会公众的有效互动与监管协同；四是评估问责程序上，中央与地方之间、地方各级政府之间以及同级政府不同部门之间的政府数据开放监管责任边界不清，加之针对政府数据开放监管的细节规定（如监管标准、数据质量、隐私保护等）不足，造成了政府数据开放监管责任追究难以落地执行。

1. 组建政府数据开放监管机构

政府数据监管机构设置首先要体现出显著的"总—分"特征，即不仅设立负责领导、决策、统筹与协调的总领性监管部门，而且设立负责数据标准、数据质量、数据安全与隐私保护、绩效评估与监督追责等政府数据开放监管的业务性、职能性部门，从而实现了政府数据开放监管的职责明确、结构合理和运转协调。同时，还需要处理好中央—地方纵向关系。从横向层面出发，我国亟须将电子政务、信息公开、大数据管理、网络安全等领域的政府监管部门进行整合，建立适应21世纪大数据时代以公共数据开放与共享为中心的国家级整体性政府数据开放监管部门，明确其在政府数据开放领域的领导、决策、统筹、协调等权力与职责。同时，需要设立专职负责政府数据开放监管中数据标准制定、数据质量管理、数据安全与隐私保护、数据开放绩效评估等事项的业务部门，使其既各司其职又相互协作，共同保障政府数据开放监管工作的协调运转。从纵向层面出发，近年来地方各级政府已经纷纷成立地方政务服务数据管理机构，应当在此基础上，根据中央政府的统一安排部署，整合地方政府办公厅（室）、经信委（工信厅）、网信办、电子政务办、大数据局等数据开放业务部门的资源和力量。在具体设置政府数据开放监管机构上，地方政府一方面可参考中央政府数据开放监管机构的设置结构，另一方面可结合地方实际情况对政府数据开放监管机构进行合理增设或删减。

2. 打造多元协同监管格局

仅依靠政府单一主体难以达成政府数据开放监管目标，而必须同时发挥和整合市场主体（企业）和社会主体（社会组织、第三方组织、新闻媒体、公民个人）的监管力量。这与我国自党的十八大以来提出的"国家治理"的治国理政理念深度契合。我国打造政府数据开放监管的多元协同治理格局应当注重以下方面：一是处理好"一主"与"多元"的关系。倡导和构建政府数据开放监管多元协同格局不能忽视政府主体在其中的主导作用，而是必须在发挥和实现好政府监管部门在数据开放监管中的权威性、专业性作用的前提下，鼓励、支持和重视市场主体和社会主体参与政府数据开放监管。二是培育市场主体和社会主体参与政府数据开放监管的意识与能力，畅通各类政府数据开放监管参与的渠道与平台。针对市场主体和社会主体参与监管政府数据开放的诸多现实困难，政府部门应当在市场主体和社会主体"想参与""能参与""敢参与"政府数据开放监管方面创造有利条件，包括主动公开政府数据开放相关信息，畅通政府数据开放监管参与途径等。三是努力形成政府数据开放监管的内外协同效应。既要发挥政府数据开放内部监管的权威、高效、专业的优势，又要发挥政府数据开放外部监管的民主、认同、独立的优势，使二者在政府数据开放监管中形成复合叠加效应。

3. 强化评估问责机制

政府数据开放监管是一种推动政府数据开放、开展和实现政府数据开放目标的工具，其关键环节之一在于，对政府数据开放效果进行评估并启动相应的问责程序。中央和地方政府应当把"评估"和"问责"列为政府数据开放监管的重点环节加以建设。从政府数据开放监管的"评估"方面而言，各级政府应当重视开展政府数据开放绩效评估工作，以此为政府数据开放监管提供事实依据。其中，涉及的工作事项包括建立健全政府数据开放绩效考评制度，科学构建政府数据开放绩效考核评估指标体系，设置客观评估、主观评价、第三方测评等多元化的政府数据开放绩效考核评估方式，构建考核评估的定期化、规范化、常态化实施机制等。从政府数据开放监管的"问责"方面而言，各级政府应当根据政府数据开放绩效考核评估数据，遵循依法问责、责任到位、促进整改、资源保障、透明公开的原则和"属地管理、分级负责""谁主管，谁开放，谁负责"的思路，并按照启动问责、调查核实、听取汇报或辩解、集体讨论、作出决定、送达、执行、归档、复核等一般程序，对履行政府数据开放职责不到位、开展政府数据开放效果不理想、实施政府数据开放监管不作为的职能部门及其工作人员进行严格问责。

二、企业数据治理机制

在信息社会中，数据已然成为全行业的"战略资源"，大数据、云计算、人工智能等技术将"世界的真相"以数字形式呈现于人们眼前。然而，现有的社会运行模式难以完全承载技术跨越式的变革，社会因数据价值的解放而革新，也因数据的无序状态而被迫承担不同以往的监管难题。在实践中，数据引发的实践问题除数据泄露、数据窃取、数据滥用等问题外，因数据完整性、准确性引发的数据偏见等数据理论问题亦是需要学者正视的"顽疾"。从数据安全到数据正义，与数据相关的诸多法律议题虽形式或内容有所差别，但英国数据正义研究室将"数据正义"解释为数据处理方式非扁平式的"社会分类"功能，创造了新的公民类别，引发了一系列社会正义和数据流动的问题。本质上，共同指向一个问题——如何构建有关数据使用的法律秩序。这种法律秩序表现为网络空间中维持数据自由流动的同时，权利主体的利益得以被尊重和保护。数据法律制度的构建终究不是法律文本层面的"即兴创作"，产业实践发展的现状与需求才是制度构建的方向指引。

（一）企业大数据治理与数据治理

首先，大数据治理和数据治理目的相同。治理就是建立鼓励期望行为发生的机制，大数据治理和数据治理的目的是鼓励期望行为发生；具体而言，就是实现价值和管控风险。通俗地说，这两个方面就是如何从大数据中挖掘出更多价值，如何保证在大数据分析和使用过程中符合国内部、外在法律法规和行业相关规范，保证用户的隐私不被泄露。从价值和风险的角度，大数据治理就是在快速变化的外部环境中建立一种价值和风险的平衡机制。在共同的目的下，数据治理和大数据治理还存在细微差别：由于大数据具有更强的多源数据融合，甚至是与企业外部数据的融合，由此带来了较大的安全和隐私的风险。此外，对异构、实时和海量数据的处理需要企业大量投入大数据应用，这也导致了大数据治理更强调实现效益。与此相对，数据治理通常发生在企业内部，很难衡量其经济价值和经济效益，因此更强调提升内部效率；而且由于数据主要是内部数据，相对可控，引发的安全和隐私的风险较小。因此，大数据治理更强调效益和风险管控，而数据治理更强调效率。

其次，大数据治理和数据治理的权利层次不同。大数据治理侧重企业内、外部数据融合，涉及企业内部和企业之间，甚至是行业和社会层面，当前，关于大数据交易的探索就反映了大数据只有在更大的范围流通才能产生更高的价值，而数据治理因为主要关注企业内部的数据融合。在企业内部主要是借鉴公司治理的研究基础，主要关注经营权分配问题；而企业外部的大数据治理涉及财产权分配问题，具体包括占有、使用、收益和处置 4 种权能在不同的利益相关者之间的分配。因此，大数据治理强调财产权和经营权，而数据治理主要关注经营权。

再次，大数据治理和数据治理的对象相同。治理关注决策权分配，即决策权归属和责任担当，从这个角度看，大数据治理和数据治理的对象相同。在权责分配的过程中，需要遵循权利和责任匹配的原则，即具有决策权的主体也必须承担相应责任，这是治理模式的选择问题。在公司治理领域，不同类型的企业、不同时期的企业、不同产业的企业，其治理模式都可能不一样。大数据治理模式也存在多样性，但是无论何种治理模式，保证企业中行为人（包括管理者和普通员工）责任权利的对应是衡量治理绩效的重要标准。

最后，大数据治理和数据治理解决的实际问题相同。围绕决策权归属和责任担当产生了 4 个需要解决的实际问题：为了保证有效地管理和使用大数据，应该作出哪些范围的决策；由谁/哪些人决策；如何作出决策；如何监控这些决策。大数据治理、数据治理和 IT 治理都面临相同的问题，但是解决这些问题，大数据治理更复杂，因为大数据治理涉及的范围更广、技术更复杂、投入更大，这些是由大数据的特征所导致的。[4]

（二）大数据治理要素及其框架

治理的重要内涵之一就是决策，大数据治理要素描述了大数据治理重点关注的领域，即大数据治理层应该在哪些领域作出决策。按照不同领域在经营管理中的作用，我们把大数据治理要素分为四大类领域（见

---

[4]　参见郑大庆等：《大数据治理的概念与要素探析》，载《科技管理研究》2017 年第 15 期。

图 4-2），分别是目标要素、促成要素、核心要素和支撑要素。目标要
素是大数据治理的预期成果，提出了大数据治理的需求；促成要素是影
响大数据治理成效的直接决定因素；核心要素是大数据治理需要重点关
注的要素；支持要素是实现大数据治理的基础和必要条件。

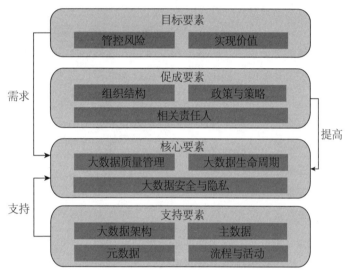

图 4-2 大数据治理要素及框架

目标要素，是指大数据治理的目的，即实施大数据治理的预期结果。
IBM 在数据治理模型中提出，治理的结果是数据风险与合规、价值创
造；李维安等在分析了公司治理和 IT 治理后指出，IT 治理的主要目标
是增加价值、规避风险。结合前文所述，大数据治理是价值和风险的平
衡，笔者认为，大数据治理的主要目标是通过特定的机制设计，实现价
值和管控风险。

实现价值，是指大数据治理必须能够带来收益，这种收益主要体现
为效益和效率，其中，效益主要是由减少成本和提高收入所决定。由于
大数据需要相应的人员、技术、软件和硬件的投入，而且数量巨大，因
而通过大数据应用获得效益就显得尤其迫切，这也要求企业在开展大数

据应用之前事先规划好获取收益的方式。

管控风险是强调有效的大数据治理，有助于避免决策失误和经济损失，有助于降低合规风险。大数据应用模式往往会导致数据占有权、使用权、收益权的分离，从而使数据处于财产权主体的可控范围之外，对数据的安全和合规提出了严峻挑战，风险管控变得前所未有的迫切。多源数据的融合有可能精准识别出用户，从而威胁用户隐私。

促成要素是对实现大数据治理目标起到关键促进作用的因素，较重要的促成要素包括组织结构、战略和政策、大数据相关责任人。大数据治理需要关注组织结构。设计与大数据治理相适应的组织结构，需要考虑决策权、授权和控制三个方面。大数据治理组织结构设计的具体步骤如下：建立责任分配模型（RACI），即谁负责、谁批准、咨询谁和通知谁，识别出大数据治理的利益相关者；确立新角色和既有角色的适当组合；适时考虑任命大数据主管；在传统治理的基础上，适时考虑增加大数据责任；建立承担大数据治理责任在内的混合式信息治理组织。

大数据相关责任人，是指与大数据治理相关参与者，包括了大数据利益相关者、大数据治理委员会、大数据管理团队。利益相关者包括大数据产生者、收集者、处理者、整合者、应用者和监督者。他们可能在同一个组织，也可能来自不同的组织；同一个利益主体可能由多方承担，同一方可能同时是多个利益主体。大数据治理委员会一般由数据利益相关者组成，他们主要是规划大数据战略、建立相关的政策和标准、起草大数据治理文件，并提交给更高级别的治理委员会和治理联盟进行审批。大数据管理团队是大数据治理的执行人员，他们执行大数据治理委员会制定的战略和政策，包括定义、监控以及解决与大数据的具体事务。

核心要素是影响大数据治理绩效的重要因素，包括数据质量管理、数据生命周期、数据安全与隐私。大数据质量对大数据治理来说至关重要。大数据应用之前必须评估大数据质量，以保证分析结果的准确性。认为大数据基数超大，可以忽视数据质量的观点是不全面的。大数据生命周期，是指某个集合的大数据从产生、获取到消亡的过程，伴随大数据生命周期的各个阶段，数据的价值会发生变化。大数据治理需要结合大数据生命周期不同阶段的特点，采取不同的管理和控制手段。大数据往往意味着数据使用权和财产权相分离，数据产生者、提供者和使用者往往不是同一个主体，数据也不再像以往那样在产生者的可控范围内，这也使数据安全问题受到了前所未有的挑战。隐私是个人要求独处，而不受他人或相关组织（包括国家）的干扰和监督的诉求。大数据应用使用户可以享受挖掘出的各种有价值信息带来的便利条件的同时，也不可避免地泄露了用户的隐私。保护用户隐私的前提是对隐私进行准确描述和量化，这是大数据治理的工作内容之一。

（三）企业的社会责任

国内关于公司社会责任的研究中对概念界定虽有不同，但基本都认可其是对公司追求利润最大化的否定，在经营过程中应当兼顾诸如环境问题、产品责任问题、消费者保护等其他社会目标。对公司社会责任的规范性研究中，着重论证公司承担社会责任的正当性基础以及如何将公司的经济目标与社会目标进行统一。

公司社会责任的理念，从最初局限于慈善行为的狭隘理解到当下对公司"社会公民"主体身份的思考，美国的学者似乎一直在为公司社会责任寻求理论支撑，这与概念本身复杂的学科交叉内容无不相关。目前的研究重心表现为架构最佳利益权衡方案，具体模式可分为"利益一致模式"和"可持续性发展模式"。

在数据治理语境中探讨公司社会责任适用方式和适用方式时，需要以类型化的数据责任为基础，我国《公司法》尚未对公司社会责任的内涵和适用方式作出细致规定，但不妨碍在数据治理领域，通过数据治理原则、数据治理法律义务以及数据行业习惯来解释公司数据责任的适用问题。法律原则的抽象性并不直接适用于具体的数据处理行为，而是引导公司选择合适的商业模式；作为强行性规范的法律义务是公司承担社会责任最基础的内容，数据治理法律义务的存在既是数据主体行使权利的必然要求，也是公司获取社会公共数据和个人数据所支付的"对价"；而数据行业习惯强调了公司承担数据责任时需要关注数据行业和网络社会运作，避免公司形成对数据责任片面的认知，将数据治理的社会要素与公司内部数据保护的商业利益割裂开来。不同于公司与用户对数据权属的争议等研究视角，嵌入式公司社会责任制度更侧重通过对公司商事经营活动的"规范性引导"来实现"事前的数据治理"。换言之，将公司社会责任以"数据治理理念"的形式融入公司商业数据处理活动中。具体而言，可以将数据处理的生命周期作为分界线，适用于数据收集、处理、删除或存储等各环节。[5]

（1）在数据收集阶段，"经设计的数据保护"成为数据治理的主流趋势，既涵盖公司的产品研发环节，也包括向用户收集数据的环节。一方面，虽然法律不能直接调整公司产品开发行为，但公司社会责任能够对产品开发的方式予以干预，数据治理法律原则是公司从事数据产业的底线，技术中立并不能成为公司规避数据责任的借口，数据处理技术的应用始终离不开公司员工在设计阶段的人为干预，这也是公司承担相应法律责任的依据。例如，算法歧视问题的出现在很大程度上并不是算法不透明性所导致的，而是归咎于算法代码设计之初的"偏见"，公司忽视了设计阶段所应当承担的社会责任。现实社会的数字化仅仅只是一个参考，而非完全真实地展现实践情况，"经设计的数据保护"的提出将数据产业的起点重新纳入了法律调整范围。另一方面，互联网公司往往在用户协议以及用户填写相关信息时载明数据的使用目的和共享范围，但这种格式条款通常并没有为数据主体提供选择的空间，不规范、不合理的数据收集行为正是数据泄露等问题的滥觞之地。在公司社会责任的

---

〔5〕　参见周瑞珏：《数据治理语境下公司社会责任的基本内涵和制度构建》，载《政法学刊》2019 年第 4 期。

制度下，数据透明性成为公司进行用户协议内容拟定的参考标准，协议内容的精细化、功能化是公司主动承担社会责任的重要标志。

（2）在数据处理阶段，删除权、更正权等数据主体权利对公司的数据加工、分析、共享等行为提出明确要求，此时的公司承担社会责任的方式则是建立数据主体提出权利请求的机制。例如，欧盟在《通用数据保护条例》中规定了访问权，要求境内公司为用户提供主张权利的便利渠道。此外，由于商业模式的创新，行业习惯是公司参与数据治理的重要方式之一，这关系整个数据产业的发展方向。

（四）统一认知和战略协同

企业内应该在两个方面认知达成一致：一方面，需要对企业的数据治理现状进行全面的盘查摸底。充分分析数据的产生和采集的方式、数据存储的现状、数据标准规范体系和合规性校验情况、数据生命周期和归档管理、数据质量现状评估、安全隐私和访问管控情况、数据开放和创新研发环境等，真实评估企业数据治理的难度、成本和改善的目标等。另一方面，大数据战略在企业战略规划中的重要程度日益增加，各级数据治理相关方必须结合企业战略、企业文化、业务需求，不断地沟通、教育和推广数据资产的重要性，以及数据治理职能的业务贡献，提高利益相关者对数据治理问题及效益的认可度。同时，企业内相关职能部门和人员应充分认识数据治理是一个持久努力、循环迭代的逐渐改善过程，而不能期望一劳永逸。在大数据时代，大数据战略将融合业务需求、增强业务感知、促进业务优化，从而依赖强大的、高质量的数据驱动业务创新，为企业带来战略转型机遇。在制定大数据战略时必须以大数据的服务创新和价值创造，驱动业务发展为最终目的，根据业务模式、企业结构、企业文化等因素进行战略规划。

（五）大数据治理机构

统一认知、协同战略后，紧跟着"搭班子、带队伍"，成立各级数据治理组织并落实各类相关角色。不同企业数据治理组织架构和角色定义有不同的要求和优先级，采用不同的方式来决定组织和个人的职责，但通常都包括以下几个典型的机构：

（1）数据治理委员会。数据治理的最高权威机构。企业最高层领导出任主席，以确保委员会决策的效率和权威；数据资源丰富的部门领导为委员，保障数据治理相关工作顺利展开；数据治理专员和数据治理制度专员负责日常工作。通常为联席会议机构。

（2）数据治理制度委员会。数据管理专员组成的跨部门协调团队，拟定和管理数据治理相关制度、标准和规范，负责支持和监督数据治理委员会发起的数据治理举措。通常为联席会议机构。

（3）数据治理办公室常设机构。由企业数据分管领导牵头、业务和技术数据管理专员组成的跨职能团队，监督落实数据治理委员会和制度委员会的工作安排。办公室应该拥有企业数据采购的审批权、相关数据部门核心人员（包括负责人）的晋升评估权，有利于企业数据治理工作的良好开展和数据资产增值的长效管理。

（4）数据治理相关角色数据管理专员根据特定功能要求，组成数据治理实施基础单位。具有代表性的数据管理专员，包括：由企业高层担任的高层数据治理专员，主题专家或领导担任的业务数据治理专员，由业务人员承担的数据治理制度负责人，直接负责数据治理实施的数据治理执行官等主要角色，以及数据架构师、数据分析师、质量分析师、数据管理员等企业内角色和数据中间人、知识工作者、监管机构等特定场景角色。

（六）数据的汇集

在大数据治理概念中，数据汇集外延更广泛，需要整合现有系统分散的数据、汇集新增数据，在汇集过程中还需要甄别数据集对应的元数据是否完善，进行数据质量评估，并按安全规范标注隐私数据，确保主数据的规范性、新鲜度、正确性等满足业务要求。从数据隶属于分散业务系统的原生态，演进到数据集中存储和管理的有序模式，数据汇集过程可能蜿蜒波折、步步艰辛。许多企业的信息系统都是多年逐步开发的，架构差异大、数据分散、数据一致性和准确性差，需要借助适当的业务模型，在尽可能避免业务流程调整的前提下，分次、分批进行数据汇聚，以适应数据的存储变迁和集中管理。业务模型必须基于数据模型，应该由业务经验丰富的专员把握建模的粒度。如果数据模型粒度太细，细微的业务流程变化都将引起数据模型的变化，不利于系统的持续稳定。

（七）元数据管理

元数据管理，是指元数据的定义、收集、管理和发布的方法、工具及流程的集合，以相关元数据规范、指引为基础，以元数据管理工具为技术支撑，与应用系统的开发、设计和版本控制流程紧密结合的完整体系。元数据管理需充分考虑企业自身实际情况，实现企业级、版本化、标准化、自动化管理，注重系统的易用性、数据流向和影响分析、血缘分析等。元数据管理工具要强化元数据抽取、版本管理、访问控制管理等功能的智能化管理。

通过元数据，企业可以统一数据标准、表达形式，更清晰地表达数据含义和数据间的关系，强化技术和业务团队间协调共享成果、减少交流障碍，减少企业整体培训成本；减少冗余数据和流程，减少数据维护成本，完善数据生命周期，最大限度地发挥数据的价值；完善数据质量度量指标，构建质量评估和改进迭代；实现公共资源的统一分配和登记、影响分析和血缘管理，支持数据流通和数据集成，有助于跨业务系统间数据的整合，支持主数据构建统一的访问管控体系，减少信息系统项目研发的风险。

元数据管理分为三大阶段：一是原始阶段，元数据处于无序、自发的状态，元数据分散在个体或小团体中，或元数据从属于业务系统。二是集中阶段，从元数据局部产生、开始集中存储，进化到基于统一的元数据标准、交叉管控和上下游协同，进行元数据集中管理。三是有序阶段，基于各类元数据间的关联，建立基于主题域层次结构，增强元数据的可读性，从而遵循统一的元数据模型和规范，实现元数据的自动更新，实现各应用系统间数据格式的映射和自动生成。

（八）数据质量及其评估与改进

数据成为企业战略资源，合理、有效地使用高质量的数据有助于企业正确决策，提升企业综合竞争力。数据质量关系信息系统的成败直接影响数据价值，低质量数据导致开发出来的系统与用户的预期大相径庭。数据质量管理包含对数据本身的管理和数据访问过程的质量管理。数据本身的质量通过准确性、完整性、一致性等数据属性予以界定，访问过程质量即使用、存储和传输过程中数据质量的控制和处理。

数据质量的评估和改进，一般从场景分析、评估指标、评估计划等准备工作开始；再采用数据质量管理工具实施数据质量评估和改进；最后总结质量评估和改进是否达到预期效果，并抽取评估和改进过程的有关经验以完善丰富相关知识库，根据需要制订优化方案，启动下一个评估和改进过程。数据质量管理本身也是一个持续迭代改进的过程。

（1）事先规划。参照企业特定行业场景，确定符合企业业务的数据质量诉求，选择本次评估和改进的对象（主数据子集）；甄选与核对数据标准和规范（在完善的数据治理体系中，该类信息应该被正确地配置在元数据管理工具中），确定评估指标和相关规则；制订质量评估和改进的具体计划和流程。

（2）具体实施。遵照事先规划，配置数据质量管理工具，确定对象、标准、度量指标、质量要求等，启动质量评估工具。质量评估不仅根据数据质量的度量指标对数据进行扫描分析，也需结合业务场景稽核业务规则以发现深层次的质量问题。根据评估结果进行瑕疵分析，以提供数据现状的详细分析报告，并且针对企业质量诉求完善质量改进措施，通过多次迭代逐步改善数据质量，进而达到预期的质量要求。

（3）事后分析。分析数据质量评估和改进效果，将出现的质量问题分类归档，丰富数据质量知识库；优化数据质量规范和流程，训练数据质量管理工具的智能执行力。目前，瑕疵分析和质量改进的自动化、智能化程度普遍较低，庞大的数据人工介入数据质量管理成本很高且效率较低，期望通过行业知识库积累、机器学习和训练的加强，逐渐减少人工的介入，以提高整体数据服务能力。

（九）数据生命周期管理

数据生命周期包括数据发生（生成、采集）、在线处理（处理、存储、维护、引用）、归档销毁（在线归档、离线备份、销毁）三大阶段，数据在生命周期的不同阶段，其价值也不同，通过数据更新和品质改进，可以维持或提升数据的价值。主数据生命周期是数据生命周期最重要的子集和主要研究对象，覆盖了数据汇聚、数据服务和数据管理等数据在线处理阶段。

有效的主数据生命周期管理是提升数据的访问效率、降低数据的管理成本的关键，维护和更新"黄金记录"是主数据生命周期中最重要的一项工作。主数据的各子集往往跨越不同行业应用，需要保障不同子集同类数据的一致性、关联数据的业务约束一致性。

主数据的新鲜度也需及时予以维持，为行业应用提供最新的洞悉能力，使企业依据最新数据进行决策，避免"用春天的数据推演秋天的情况"。主数据的黄金记录集将高效地为主数据解决该类问题。在线归档和离线备份是提高主数据访问和处理效率的另一项重要工作。随着企业数据体量的急剧膨胀，实时在线业务系统的处理能力面临巨大的压力，一般配置灵活的在线归档策略，分解实时业务系统的压力，并对不同的数据子集配置适当的备份销毁策略，减轻系统基础设施的投资压力。

（十）数据隐私

大数据治理侧重研讨数据在保存、使用和交换过程中的安全，以及数据内容的隐私保护，而非系统或网络安全。不同组织对数据隐私与安全的要求不同。对一家商业公司来说，没有业务的数据安全是没有意义的，所以应该业务为先，安全为后。对一个关系国计民生的政府部门来说，数据隐私与安全保护往往放到第一位。建立企业级的隐私等级分类，通过敏感扫描工具给敏感数据贴上等级标签，再通过数据访问管控体系执行隐私保护，最大限度地提供敏感数据的合法、可控访问。

数据通常分公共数据、有限隐私数据、完全隐私数据 3 个大类，按照数据保护法律法规和企业业务需求，进一步制订企业级的数据隐私细分等级，通过数据访问管控系统实施到各级隐私保护。公共数据多沿用访问角色的控制管理机制，有限隐私数据和完全隐私数据的访问权限依赖具体业务应用，再结合数据使用目的和访问角色来处理该类数据流通。如身份证 ID 是有限敏感数据，业务应用的目的是按照身份证区域统计年龄分布，授权角色均可通过该业务应用访问身份证数据以获得统计结果。公共数据对所有授权角色开放，为避免恶意盗取源数据，通常会监控数据的访问流量并设置异常应急处置机制。对隐私数据的直接、简单脱敏，将使数据价值大幅衰减，并不值得提倡。

访问有限隐私数据时，根据业务场景、业务应用的可信度等，确定对相应"应用算法"的校验程度和封装情况。应用算法模块假道"数据服务接口"，通过"数据访问代理"综合行业应用性质、访问目的、用户权限、数据隐私类别等因素判断数据访问的有效性。并在应用算法模块完成相关业务运算后，通知"数据输出代理"校验运算结果的合规性，再通过"结果数据通道"推送到对应的"行业应用系统"，完成数据从访问到结果输出的可控闭环操作。

第五章

数据治理的内容

一、数据治理目标的具体内容

数据治理的目标是研究数据治理内容的先导性因素，是指数据治理的目的，即实施数据治理所要达到的预期结果。科学构建数据治理体系，需要明确数据治理所要达到的预期结果。

目前，《信息技术服务治理》国家标准把信息技术治理目标设定为战略一致、风险可控、运营合规、绩效提升四个方面，如果进一步追问如何达到这四个方面的目标，COBIT（目前国际上通用的信息系统审计的标准）和国际信息系统审计协会（Information Systems Audit and Control Association，ISACA）给出更加本质的答案，COBIT 把 IT 治理的目标定义为：价值交付、风险优化和资源优化；ISACA 认为，IT 治理从本质上涉及信息技术对业务价值的贡献和信息技术风险的规避。可以认为数据资源治理的目标是关注数据的价值实现和风险管控，建立数据治理体系的作用是鼓励期望行为的发生——在可控风险范围内，实现数据价值的最大化。实现价值是强调数据治理必须能够带来收益，包括效率、效益、效果和效能的提升；管控风险是强调有效的数据治理有助于避免决策失误和经济损失、降低合规风险。[1]

　　但是，数据治理的各个目标并非简单的并列关系，而是具有深层次与浅层次、本质与外延的区别。具体而言，笔者认为，数据治理的终极目标、本质目标是在保障数据安全的前提下实现数据的资产化、保值与增值；而其他层次的目标包括强化组织风险管控、增强组织决策能力与核心竞争力等（见图5–1）。

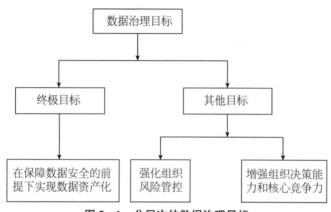

图5–1　分层次的数据治理目标

（一）数据治理的终极目标

　　随着数据在我国被列入生产要素，数据要素市场培育、数据资产化增值成为重要的研究问题。数据资产化的第一步是数据资源确权。目前，在法律和规制上都还未给出有效的界定和解决办法，数据资源确权存在困难。当前，在市场上运行和流通的一些典型行业的数据产品以及科学数据出版的运行机制是相对可行的，也是值得借鉴的数据资源确权方法。在对数据资源确权后，需要先确认数据资源的价值，然后确保这个数据资源有一定的质量。对于企业来说，确认数据资源是否有价值相对容易，

---

〔1〕　参见郑大庆等：《大数据治理的概念及其参考架构》，载《研究与发展管理》2017
年第4期。

因此其重点放在难度较大的数据质量管控上。数据质量直接决定了数据资产的价值。对于要开展数据资产化的数据资源，在对其确权后，就需要通过各种技术和管理手段对数据资源的质量问题开展识别、度量、监控、预警等一系列工作，通过数据质量管控团队的建设、流程的优化和技术等方法管控数据质量。在数据资产化过程中，对确认了价值并完成质量管控的有用的数据集，下一步工作是将其进行规范化整理，形成标准的计件单位，使数据资产得以准确计量，从而建立资产管理目录，对其进行入库管理。有价值的数据集装入库后，可以进行货币计价与评估，以确定数据资产的价格和价值。对于数据资产评估，需要开展设计专门的评估模型。[2]

保障数据安全是对数据进行开发利用所要坚守的底线，是数据资产化的前提条件。数据安全是实现有效数据治理的重要保障。就数据治理安全方面的研究而言，主要包括数据在传输和使用过程中的安全、国家层面的网络空间安全、个人层面的隐私安全等几个方面。在此基础上，通过上述数据资产化的必经步骤，数据成为资产。在此过程中，不同于传统的财务资产，数据的可拷贝、可重用以及数据的收集、存储、使用，都有其特殊性，数据还涉及个人隐私、运行的安全；而当万物互联时，更需要数据的标准化，便于交换，这就是数据治理要解决的问题。[3] 塔伦（Tallon）认为，数据是一种特殊的资产，尽管在资产负债表中没有显示数据的价值计量，但数据的管理成本和价值创造却是明显的；类似地，班萨利夫（Bhansali）在书中也阐述了数据治理的价值，认为数据治理的规范能够帮助组织更有效地管理数据，降低信息使用成本，提高

---

〔2〕 参见叶雅珍、刘国华、朱扬勇：《数据资产化框架初探》，载《大数据》2020年第3期，第9~10页。
〔3〕 参见郑大庆等：《大数据治理的概念与要素探析》，载《科技管理研究》2017年第15期。

法案遵循和控制的效力，促进高质量数据的生成。[4]

实现价值，是指数据治理必须能够带来收益，这种收益主要体现为效益和效率，其中，效益主要是由减少成本和提高收入所决定。由于数据需要相应的人员、技术、软件和硬件的投入，而且数量巨大。因此，通过数据应用获得效益就显得尤其迫切，这也要求数据组织在开展数据应用之前事先规划好获取收益的方式。并且在通常情况下，单个的数据一般不能发挥出价值，需要数据持有者对数据进行清洗、加工、整合、标注之后数据才能使用，才能用来训练人工智能算法、开发新的产品或服务等。换言之，即使基础数据的价值得以发挥乃至增值。数据治理使数据资产化的方式内容主要体现为数据质量的提升，数据开放、共享、融合能力与程度的提升，数据经济价值的提升等方面。

（二）数据治理的其他目标

1. 强化组织风险管控

管控风险是强调有效的数据治理，有助于避免决策失误和经济损失，有助于降低合规风险。大数据应用模式往往会导致数据占有权、使用权、收益权的分离，从而使数据处于所有权人的可控范围之外，对数据的安全和合规提出了严峻挑战，风险管控变得前所未有的迫切。以隐私泄露风险为例，多源数据的融合有可能精准识别出用户，从而威胁用户隐私，其中最著名的案例发生在 20 世纪 90 年代的美国马萨诸塞州医疗隐私泄露事件。为了推动公共医学研究，美国马萨诸塞州保险委员会发布了政府雇员的医疗数据，在数据发布前，为了防御用户隐私泄露，该委员会对数据进行了匿名化处置，即删除了一切敏感信息，如姓名、身份证号和家庭住址等，只保留了性别、生日和居住地邮编 3 个关键字段。然而，

---

[4] Bhansali N., Data Governance: Creating Value from Information Assets, CRC Press, 2013, p. 28 – 122. 转引自张宁、袁勤俭：《数据治理研究述评》，载《情报杂志》2017 年第 5 期。

来自麻省理工学院的拉塔尼·斯威尼成功破解了这份匿名化处理后的医疗数据，Sweeney 将一份包括投票人的姓名、性别、出生年月、住址和邮编等个人信息的公开投票人名单与医疗数据进行匹配，发现匿名医疗数据中与投票人生日相同的人数有限，而其中与投票人性别和邮编都相同的人更稀少，从而能够确定大部分医疗数据的对应者。大数据应用中，多源数据的融合使个人隐私存在被全面暴露的风险；更复杂的是，经过多重交易和多个第三方渠道的介入，个人数据的权利边界变得模糊不清，数据流通的轨迹难寻，从而使隐私保护面临严峻挑战。因此，数据治理非常关注风险管控。[5] Trope R. L. 等均认为，数据治理应和各个商业部门相结合，而非仅仅是 IT 部门的事情，良好的数据治理能够帮助公司避免内部控制错误的发生。[6]

2. 增强组织决策能力与核心竞争力

从市场主体层面，数据治理能力的提升有助于提高企业的市场竞争力。2012 年的调查显示，接近 2/3 的受访者认可数据的分析和使用能够为组织带来竞争优势。[7] 企业对可信数据的需求呈螺旋式上升的趋势。数据治理策略和流程建立了必要框架，用以把数据转化为业务价值。数据治理框架可以帮助企业在数据治理业务规范内更有效地管理数据，比如，为分散于各业务部门的数据提供一致的定义、建立企业数据管理，以及监管数据质量等。数据治理框架也有助于协调不同业务部门的目标

〔5〕 参见郑大庆等：《大数据治理的概念与要素探析》，载《科技管理研究》2017 年第 15 期。

〔6〕 Trope R. L., Power E. M., *Lessons in Data Governance：A Surveg of Legoal Developments in Data Management*, *Privacy and Security*, Business Lawyer, Vol. 61, p. 471－516 (2005). 转引自张宁、袁勤俭：《数据治理研究述评》，载《情报杂志》2017 年第 5 期。

〔7〕 Aiken P., *Experience：Succeeding at Date Management—BigCo at－Tempts to Leverage Data*, Journal of Data and Information Quality, Vol. 7, p. 1－35 (2016). 转引自张宁、袁勤俭：《数据治理研究述评》，载《情报杂志》2017 年第 5 期。

和利益，并跨越产品和业务部门提供更广泛和深入的数据。数据的质量必然会影响据此作出的决策的质量。[8]

而从政府主体层面，数字化时代的数据治理与现代社会治理紧密相连。数据作为一种新变量正在嵌入政府治理过程，打破旧有权力关系平衡，为解决政府治理顽疾、提升政府治理能力提供新视角。在数据技术驱动下，政府数据治理作为一种新型公共治理模式应运而生。政府数据治理模式是人工智能时代政府治理体系的新范式，同时也是数字时代政府治理现代化的新趋势。[9] 数据治理能够强化政府主体的社会治理，具体体现在：首先，数据治理使政务数据相关权利义务主体之间的权义更清晰。政务数据在各部门内部之间流转，通过规范的数据治理体系，可以明确相关主体的权利义务，为数据的开放共享、开发应用等提供基本保障。其次，数据治理使政务数据开放共享的渠道更畅通。关乎社会公众日常生活、国计民生的数据，将分级别、分层次的向社会公开、透明开放，在公共部门内部之间实现共通共享，将极大提高社会治理效率。最后，数据治理使政务数据的开发应用更有效。政务数据因其涉及领域的特殊性，往往具有极大的经济开发价值，但不同于社会数据，政务数据的开发应用途径、渠道以及技术能力等都不具备优势。而通过数据治理体系的构建，将使政府机构或者更广泛意义上的公共部门，能够更规范地利用数据进行应用创新，以充分发挥政务数据的社会价值。

二、数据治理的生命周期

工信部 2020 年发布的《网络数据安全标准体系建设指南（征求意

---

[8]　参见张明英、潘蓉：《〈数据治理白皮书〉国际标准研究报告要点解读》，载《信息技术与标准化》2015 年第 6 期。

[9]　参见唐莹、易昌良：《刍论政府数据治理模式的构建》，载《理论导刊》2018 年第 7 期。

见稿)》将数据生命周期定义为数据从产生，经过数据采集、数据传输、数据存储、数据处理（包括计算、分析、可视化等）、数据交换，直至数据销毁等各种生存形态的演变过程。信息化领域一种说法叫作"Garbage in，garbage out"，即"垃圾进，垃圾出"，意指用脏乱的数据作样本，产生的研究成果也是毫无价值的。要保证数据治理目标的实现，就必须对数据进行全流程的管控，在数据整个生命周期实现数据治理。上述元数据、主数据、数据质量和数据安全都是贯穿到数据全生命周期中的量化指标，是在数据动态流动的过程中分析数据的静态指标。各组织机构在进行数据生命周期的治理时，要明确判断标准，即确定哪些数据需要存储，哪些数据需要进行分析利用，哪些数据需要被剔除。然后制定数据剔除、存储、分析、应用的标准与流程，保证数据的安全和质量。最后结合数据实际应用情况，不断优化生命周期管理流程，最大限度地发挥数据价值。

（一）数据收集行为的治理

1. 数据收集行为的界定

从字面来看，目前各国的立法规定中对数据收集行为的表述不尽相同。总结起来，主要有两种表达方式。第一，采用相对独立与其他数据行为的表达方式。例如，《德国联邦数据保护法》第三节（3）中规定，"'收集'是指获取关于数据主体的数据"。在这一类法律文件中，虽然可能使用采集、收集、搜集、归集等多种方式对收集行为进行描述，但共同点在于都将收集行为与处理、使用等其他数据行为相独立，虽然命名不同，但其本质是相同的。第二，将收集行为认定为数据处理行为的子概念来进行定性。例如，欧盟《通用数据保护条例》第 4 条（2）中规定，"'处理'是指针对个人数据或个人数据集合的任何一个或一系列操作，诸如收集、记录、组织、建构、存储、自适应或修改、检索、咨询、使用、披露、传播或其他的利用，排列、组合、限制、删除或销毁，无论此操作是否采用自动化的手段"。我国对这一行为过程的定义散见于针对具体行业领域的相关法规中。例如，《信息安全技术公共及商用服务信息系统个人信息保护指南》第 5 条第 1 款界定，个人信息的收集行为指对个人信息进行获取并记录。而在《民法典》中则采取了广义的"处理"的定义，将收集行为作为处理行为的一种。可以认为，数据收集行为是指拟被收集数据被法律主体获取并掌握的过程。在数据收集行为中，存在两个主体、一个客体。两个主体分别是数据收集者与数据被收集者，一个客体则是指被收集的数据。当数据收集者采用自动化或非自动化处理程序获取了数据被收集者的数据，并掌握了该数据，使该数据处于随时可能被数据收集者存储、处理、使用或交易的状态时，即完成了数据收集行为。

2. 数据收集行为的治理内容

在数据治理概念中数据汇集外延更广泛，不仅需要整合现有系统分散的数据、汇集新增数据，在汇集过程中还需要甄别数据集对应的元数据是否完善，进行数据质量评估，并按照安全规范标注隐私数据，确保主数据的规范性、新鲜度、正确性等满足业务要求。从数据隶属于分散业务系统的原生态，演进到数据集中存储和管理的有序模式，数据汇集过程可能蜿蜒波折、步步艰辛。

以商业银行为例，其收集行为的数据标准的制定又要以相关政策法规及内部规章为依据，如财务政策、信贷政策等，但是对于统一的数据标准，数据录入标准、数据语言字段、数据数值等不规范、不统一，底层原始数据呈碎片化分布，不同业务间、不同产品间、不同时段间的数据用途、分布结构、数据价值及数据质量水平参差不齐，缺乏数据分析工具，数据运用难。

因此，需要先具备运行有效的信息系统，针对行业特点构建业务模型，进而明确数据收集类型清单、录入标准、字段等表达方式标准等内容，以实现数据收集行为层面的数据治理。从法律层面，要尤其突出数据来源的区分，包括个人数据、公共数据、企业数据、社会数据等，目前在国家或地方立法中均有具有可操作性的规范可供适用。例如，针对个人数据，把握个人数据收集过程中的合法公开原则、目的限制原则、最小数据原则、数据安全原则和限期存储原则成为个人信息数据收集的关键。[10]

（二）数据传输行为的治理

1. 数据传输行为的界定

数据传输是数据从一个地方传送到另一个地方的通信过程。数据传输系统通常由传输信道和信道两端的数据电路终接设备（DCE）组成，在某些情况下，还包括信道两端的复用设备。传输信道可以是一条专用的通信信道，也可以由数据交换网、电话交换网或其他类型的交换网络来提供。数据传输系统的输入输出设备为终端或计算机，统称数据终端设备（DTE），它所发出的数据信息一般都是字母、数字和符号的组合，为了传送这些信息，就需将每一个字母、数字或符号用二进制代码来表示。[11]

2. 数据传输行为的治理内容

网络基础设施经常被类比于传统基建中的铁路公路建设，伴随国家信息化建设的推进，数据网络的信息安全保障已上升至国家网络空间战略高度。数据传输行为的治理内容在很大程度上依赖数据基础设施的建设与治理。在传统理解中，网络运营商被认为是保障数据安全传输的主体。但随着信息供应链的日趋复杂，产业链也在逐步细化，设备集成商、网络服务提供商、软件供应商都在更大程度上参与到数据传输的关键工作中。"5G"作为新基建中数据传输的"重头戏"，对 5G 的投资范围不仅包括通信设备、网络建设等基础设施，还包括智能驾驶、工业互联网、人工智能、远程医疗、智慧城市等外延产业链群的同步升级。在网络基础设施扩大建设后需要重新评估现有网络政策和安全治理框架，扩大网络安全保障范围和重新评估并建立具备长度、深度、广度的立体化网络

[10] 参见刘露、杨晓雷：《新基建背景下的数据治理体系研究——以数据生命周期为总线的治理》，载《治理研究》2020 年第 4 期。
[11] 参见罗静主编：《计算机网络与多媒体》，西安电子科技大学出版社 2015 年版，第 5 页。

空间治理体系。网络空间的治理涵盖技术和政策两个角度，行业规范组织从技术角度对设备制造商、软件供应商、互联网运营商，以及互联网服务和内容提供商等所提供的服务进行技术安全保护和行为界定；同时，需要国家和政府从政策及法律法规的角度对网络空间的生态系统做一整合和战略性规制。[12]

（三）数据存储行为的治理

1. 数据存储行为的界定

数据是信息时代的产物，它以二进制数字代码的形式存在，通过专业的计算机数据解码会显示出数据所包含的相应信息。存储有广义和狭义之分，广义的存储，是指在收集、加工、处理的过程中根据信息、数据特性，提供合法、合理、安全、有效的环境，将其保存在一定物理介质上能随时提取进行处分的行为。狭义的存储，是指信息经过加工、处理后，根据数据的不同特性提供合法、合理、安全、有效的保存行为。根据实践经验，广义上的存储更能为数据的安全使用、交易提供良好的法律保障。存储是发展数据经济的保障，贯穿数据收集、处理、交易、使用、监管的整个过程。存储既存在于原始信息收集的过程中，又存在于信息加工、处理成为数据的环节中。当然，在数据的交易和使用过程中也离不开数据的存储。

2. 数据存储行为的治理内容

从立法监督角度看，结合当前分布式数据存储的特点，尤其要加强离岸存储数据的确权管辖。由于历史因素和规制传统的不同，各国数据规章制度存在显著差异，数据业务的跨国提供和数据的离岸存储带来地域管辖上的冲突。我国大数据发展的国际环境日趋复杂、治理难度系数逐级攀高，围绕数据资源的跨境传输与数据主权、开放数据的共享利用

---

[12] 参见刘露、杨晓雷：《新基建背景下的数据治理体系研究——以数据生命周期为总线的治理》，载《治理研究》2020 年第 4 期。

与安全保护以及敏感数据的博弈日趋激烈。从美国、欧盟和俄罗斯这三大数据跨境保护阵营的实施策略中可以清楚地发现，国家的数据技术能力与立法的限制程度成反比。数据治理能力综合体现为技术治理能力与政策治理能力的叠加，呈现互补关系。数据存储往往位于数据中心，数据中心的治理应当以保护国家数据主权作为第一需要。[13]

而从微观主体的角度，仍以金融数据领域的典型——商业银行为例，商业银行的系统多而杂，但主要以核心系统为基础，其他外围系统如信贷管理系统、票据系统、客户关系系统等，应当予以有效整合，建立规范的数据中心（仓库）进行管理，并建立各系统间的数据接口，实现数据治理集市。[14] 同时，要确保数据专事专用、最小够用、未经许可不得留存，杜绝数据被误用、滥用。在满足各方合理需求的前提下，最大限度地保障数据所有方权益，确保数据存储合规、范围可控。[15]

（四）数据处理行为的治理

1. 数据处理行为的界定

目前，世界绝大多数国家立法中，"处理"一词的含义都极其广泛，例如，欧盟《通用数据保护条例》第4条规定，"'处理'是指针对个人数据或个人数据集合的任何一个或一系列操作，诸如收集、记录、组织、建构、存储、自适应或修改、检索、咨询、使用、披露、传播或其他的利用，排列、组合、限制、删除或销毁，无论此操作是否采用自动化的手段"。再如，《德国联邦数据保护法》第三节规定，"'处理'是指对个人数据的存储、修改、转让、封锁和删除"。综观各国对"处理"一词的定义可以发现，各国立法中普遍规定的处理为广义的处理，即不仅

---

[13] 参见刘露、杨晓雷：《新基建背景下的数据治理体系研究——以数据生命周期为总线的治理》，载《治理研究》2020年第4期。

[14] 参见李旭东：《浅谈商业银行数据治理的难点与应对策略》，载《中外企业家》2020年第1期。

[15] 参见李伟：《做好数据治理推动数字化转型》，载《中国金融》2020年第1期。

包括本章所述的处理行为，还包括收集、存储、使用甚至交易行为。我国现行《民法典》也将个人信息的处理以列举式对其进行表述，包括个人信息的收集、存储、使用、加工、传输、提供、公开等。在本部分内容中，为了方便细化数据生命周期的行为类型，因此采用了较狭义的解释，即将数据处理限定为对原有数据的脱敏清洗、挖掘分析、编辑排列以及各种增值处理的行为。从总体来看，包括两种类型：一是数据脱敏清洗行为，即将数据进行匿名化等处理，使数据无法体现特定主体的信息，将数据中涉及个人隐私、商业秘密等敏感信息移除的行为。二是数据增值行为，具体是指通过计算机算法对原有数据进行挖掘分析的行为，其本质在于对数据隐藏信息和潜在价值的挖掘。

2. 数据处理行为的治理内容

数据处理行为是数据资产化的关键环节，因而这一行为的治理内容较重要。从社会治理的维度看，人类行为正通过算法以一种全新的方式产生关联运行的核心动能，数据的社会属性就是人类社会行为及作为行为基础或者依据信息的表现形式和载体的数据化。人工智能应用下的信息生产和运行模式、行为决策机制、社会关系结构等多方面，正在发生深刻改变。从立法监督层面而言较典型的是，需要对算法本身进行规制，还需要对以智能算法为内核的智能产品法律地位及权利义务关系加以明确。智能算法仍具有高度的不确定性，相关数据体量庞大、相互依赖性强、影响后果的因素复杂，这种不确定性使法律制定事后干预措施的可控性较弱。因此，在立法层面要积极地推动人工智能责任立法以及自动驾驶、医疗机器人等相关领域的细分，充分考虑特定场合中对相互冲突的利益进行道德判断和取舍，以及在此基础上如何调整法律理念、制定法律规范和分配法律责任等问题。[16]

---

[16] 参见刘露、杨晓雷：《新基建背景下的数据治理体系研究——以数据生命周期为总线的治理》，载《治理研究》2020年第4期。

从微观主体层面，相关组织需要在安全合规的前提下，明确数据处理方式与类型，完善相关数据处理标准体系，确保数据得到有序、高效地流动与处理，在最大限度上实现数据的资产化增值。

（五）数据销毁行为的治理

1. 数据销毁行为的界定

海量数据涌入信息系统，带来商业价值的同时也带来了大量的数据冗余。数据的销毁、删除可以发生在数据处理的各环节。从物理意义上，数据的销毁，是指数据的表现形式——二进制代码从计算机或其他电子处理系统内消失，使之无法被复原或机器可读。按照销毁方式可以分为软销毁和硬销毁两种。软销毁又称逻辑销毁，即通过数据覆盖等软件方法销毁或者擦除数据。硬盘数据销毁中的硬销毁指通过采用物理、化学方法直接销毁存储介质，以达到彻底的硬盘数据销毁目的。而从非物理意义上看，数据销毁更类似数据所承载内容的"封存"。

2. 数据销毁行为的治理内容

2018 年以来，随着欧盟《通用数据保护条例》数据删除权的提出和施行，数据清理、数据丢弃问题开始走入数据治理的视野。什么样的数据可以被清理；哪一个数据主体有决定数据可以被删除的权利；业务数据被删除后，数据副本是否依旧留存；"互联网的记忆"要维持多久，数据的清理周期是如何规定的；等等。这些都成为在数据清理环节中需要解决的治理问题。数据清理按照清理目的的不同可分为下面三大类：一是数据处理过程中的技术性剔除。数据的采集过程通常有一个或者多个数据源，而这些数据并不是系统可以直接处理的数据，存在噪声数据、冲突数据以及格式问题数据，需要对"脏数据"进行清洗剔除、格式梳理，并根据规则进行数据转换和数据集成。在这一部分需要结合数据的处理目的，来把握数据的业务规则、约束范围、数据完整程度等具体指标，将不正确的数据予以删除、纠正或重新估算。这一数据清理过程保证了数据的合法性、一致性、完整性和准确性，避免了数据系统的"垃圾进、垃圾出"的问题，是数据后续处理的基础。二是数据主体的主观清理要求。参考《通用数据保护条例》，数据被删除的情况大体可分为两种：一种是以信息错误或无法按照约定情况处理为前提，如违法收集、利用，与第三方共享、转让或公开披露等；另一种是以信息已过时、不相干等有害于数据主体为前提。从治理角度看，《通用数据保护条例》将一部分数据的管控权利交给个人用户（数据主体），带来了数据删除权利与人格权、隐私权关系的进一步讨论，对新时代的个人隐私保护以及电子商务的发展将产生深远而重大的影响。但在具体操作方面，数据删除权利却带来诸多问题。数据处理链条的每个步骤都是保存副本的，包括数据处理的第三方。搜索界面取消链接、业务的下架不代表数据的真正消失，《通用数据保护条例》中规定的数据不能被访问并不代表数据在系统层面的真正删除。个体数据进入系统中后会与大量数据进行耦合，对于指定个体数据的删除或者迁移都给系统的存储和计算带来了巨大的技术压力，给企业带来高额的合规成本。因此，迫切需要具体的执行规范来进一步保障操作的合理和合规性。三是企业数据的周期性归档与销毁。该阶段数据的销毁是主动将数据从物理介质上进行彻底转移或删除。信息的价值会随着时间的推移而降低，当数据不再有立即相关性后，数据企业会从生产系统中清除掉使用率低的数据，降低拥有成本。企业要保证销毁数据不能与政府条例和法律法规相违背，且与在诉的争议性数据无关的前提下，数据的归档与销毁需要企业或者行业制度分级分类地对数据保存时间、处理周期、销毁方式和归档封存等情况作统一要求。信息时效性是企业数据周期性管理的重要指标，企业或者行业组织应建立明确、科学的数据回收和销毁规则。[17]

---

〔17〕　参见刘露、杨晓雷：《新基建背景下的数据治理体系研究——以数据生命周期为总线的治理》，载《治理研究》2020 年第 4 期。

三、数据治理行为

数据治理行为，是指围绕数据治理目标所实施的具体行动。数据治理的具体实施需要围绕数据治理的目标进行。因此，从区分目标层面与行为层面的角度，风险管控与安全合规不仅是数据治理所要实现的目标，数据治理的具体实施，即数据治理行为也需要围绕此进行。

（一）风险管控行为

有效的数据治理可以为数据的访问管理、评估和管控风险、实现合规、明确数据利益相关人、建立决策权分配机制、明晰岗位职责提供全面支持，这必然有助于保护敏感数据。企业通过对数据进行覆盖整个生命周期的、有效的治理，可以提供更具竞争性的产品，将其快速推向市场，并以较低的风险支持业务目标的实现。[18] 在数据治理过程中，战略一致应满足组织持续发展的需要，数据既是组织的价值来源，也是风险来源，有效的数据治理能够避免决策失败和经济损失，降低合规风险。同时，组织的运营应符合国内、国外法律法规和行业相关规范，运营合规可以帮助组织有效地提升自身信誉，增强在不同监管环境下的生存能力和竞争力，最终通过大数据与业务的融合实现保证数据价值实现。[19]

具体而言，风险管控行为包括以下两点。

1. 风险预警

数据治理主体需要在数据治理过程中构建风险预警管理体系，实现风险关联组织、风险识别、风险处置、自动化评价等智能化应用管理。通过风险预警体系建设，创新风险管控技术，切实提升风险识别、计量、

---

[18] 参见张明英、潘蓉：《〈数据治理白皮书〉国际标准研究报告要点解读》，载《信息技术与标准化》2015 年第 6 期。

[19] 参见杨琳等：《大数据环境下的数据治理框架研究及应用》，载《计算机应用与软件》2017 年第 4 期。

定价、监测和管控能力，实现从被动预警、手工预警、授信后预警向主动预警、系统预警、全流程预警的转变，为实现风险动态量化、风险监测智能化做好准备。

风险预警指标是具体的风险因素。以商业银行为例，如信用卡逾期次数、是否存在失信被执行人记录等，规则由一个或多个指标（从数据治理的角度来说，这些指标就是数据所承载的内容）组合而成，预警对象和风险规则结合超过阈值时形成具体的预警信号，预警信号配置决定了信号级别、处置流程等，一个或者多个预警信号形成客户预警信息，客户预警配置决定了客户预警级别。每个层次变化部分都可以配置化，便于后续根据预警效果进行调整和扩展。[20]

2. 风险处置

数据治理主体在数据治理过程中，除利用数据进行风险预警外，在风险实际发生后，也可以利用有效的数据治理实现风险解决与后续防控。这首先要求数据治理主体建立相关应急处置机制，制订应急预案，同时有必要对应急预案按照危害程度、影响范围等因素进行分级，按照级别的区分规定相应的应急处置措施。

在事后风险的处置层面，主要是借助大数据分析技术针对风险主体所面对的风险发展趋势进行预测，对风险后果进行数据模拟以及对风险事件所可能导致的后果进行数据评估，从而给风险事件的事后处置提供必要参考，在此基础之上完善针对风险的最佳处置方案，从而最终达到降低风险损失的目的。[21]

（二）安全合规行为

有效的数据治理有助于提高合规监管和安全控制。合规监管和安全

---

[20]　参见张左敏、李文婷：《大数据在商业银行中的应用——基于风险控制的视角》，载《科技与经济》2020年第4期。

[21]　参见付璟琦：《大数据分析技术在金融风险控制中的应用研究》，载《全国流通经济》2019年第2期。

控制是数据治理的核心领域，关系数据隐私、存取管理和许可、信息安全控制，以及规范、合同或内部要求的遵守和执行。一方面，数据治理应在业务的法律框架内进行；另一方面，数据治理政策和规则的制定应与政府和行业的相关标准相一致。数据管理工作需要整个企业的努力，通过有效的数据治理可以降低因为不遵守法规和规范所带来的风险。在主要业务和跨业务职能间应用数据标准，为合规监管创造了一个统一的处理和分析环境。[22]

我国于 2017 年实施了《网络安全法》，着手建立并完善与数据相关的各项法律法规，如起草了《个人信息和重要数据出境安全评估办法（征求意见稿）》，现颁布了《数据安全法》《关键信息基础设施安全保护条例》等，加快制定有关网络安全、数据安全的配套法律法规及相关技术标准具体而言，安全合规行为围绕我国现行数据安全法律制度以及标准体系进行，包括以下几点。

1. 《网络安全法》下的安全合规行为

在各国大力发展大数据产业，企业将数据视为核心竞争要素时，数据安全问题不容小觑。近年来，数据安全问题屡屡发生。美国五角大楼 AWSS3 配置错误，意外暴露 18 亿名用户的社交信息；韩国加密货币交易所被黑客攻击，导致 3 万名客户数据泄露、趣店数百万学生信息泄露。诈骗案件频发、京东客户信息泄露，导致数万名用户账号不安全等真实发生的案例。可以看到，金融机构、政府部门、网商平台都成为数据泄露的"重灾区"。面对种种数据安全问题，各国均提出需要重视网络安全、数据安全问题，并且把网络安全和数据行业发展定位为影响国家经济社会发展的重要因素。如欧盟提出"网络安全一揽子计划"，英国持续推进政府数字化转型战略，澳大利亚制定出"国家网络安全战略"，

---

[22] 参见张明英、潘蓉：《〈数据治理白皮书〉国际标准研究报告要点解读》，载《信息技术与标准化》2015 年第 6 期。

并制订国家安全领域竞争力计划。我国《网络安全法》自2017年6月1日正式施行。该法明确了"个人信息"的定义和范围，确立了个人信息收集和使用的合法正当原则、知情同意原则、目的限制原则、安全保密原则和删除改正原则，规定了相关主体的个人信息保护义务，也规定了违反个人信息保护的法律责任。综上所述，《网络安全法》为我国数据流通交易留下了发展空间，也为公民个人信息保护提供了强有力的保障。该法第40条至第45条要求加强对公民个人信息的保护，防止公民个人信息数据被非法获取、泄露或者非法使用，规定了网络运营者应当对其收集的用户信息严格保密，建立健全用户信息保护制度，不得违法、违约收集、使用、处理他人的个人信息。

2.《数据安全法》下的安全合规行为

2021年6月10日《数据安全法》历经三审通过后公布，于2021年9月1日起正式实施。该法共七章55条，分为总则、数据安全与发展、数据安全制度、数据安全保护义务、政务数据安全与开放、法律责任和附则等章节。这部法律将成为数据治理领域主体确保自身治理行为安全合规的重要依据。

《数据安全法》坚持总体国家安全观，明确数据安全治理体系的顶层设计。从微观层面，坚持风险治理路径，构建数据安全治理体系。一是以数据分类分级为核心，搭建数据安全监管制度。《数据安全法》第21条以"数据在经济社会发展中的重要程度"以及"一旦遭到篡改、破坏、泄露或者非法获取、非法利用，对国家安全、公共利益或者个人、组织合法权益造成的危害程度"为标准，对数据实行分类分级保护。在此基础上，对重要数据采取目录管理。二是明确风险评估、监测预警、应急处置等管理要求，强化数据安全风险全流程防范应对。该法第22条明确国家建立数据安全风险评估、报告、信息共享、监测预警机制，实现事前风险评估、报告和信息共享，以及事中监测预警；第23条明确国家建立数据安全应急处置机制，通过事后应急处置，防止数据安全事件的危害扩大，消除安全隐患。同时，要求数据处理者履行相应的风险监测、数据安全事件报告、数据安全风险评估等义务。三是强化落实各类型数据处理活动主体数据安全保护义务与责任。该法第四章专章规定了各类数据处理者的数据安全保护义务。此外，该法也对数据出境作出了严格规定。[23] 因此，各相关主体应严格依据上述规范进行数据治理，确保数据治理行为是安全合规行为。

3. 其他法律下的安全合规行为

其他如《民法典》《个人信息保护法》《证券法》《测绘法》《电信和互联网行业数据安全标准体系建设指南》等也零散性地规定有数据治理规范的相关内容。在此仅对社会生活中应用最广的《民法典》以及涉及有关内容较多的《个人信息保护法》作出分析。

（1）《民法典》

《民法典》主要是从人格权角度对个人信息进行保护。《民法典》明确规定，自然人的个人信息受法律保护。明确了"个人信息处理"的内涵，即"个人信息的处理包括个人信息的收集、存储、使用、加工、传输、提供、公开等"，并在处理个人信息应当"遵循合法、正当、必要原则"的基础上，强制性要求"不得过度处理"个人信息。同时还附加了处理个人信息的4个条件，严格限制处理个人信息免责事由，《民法典》同时规定了自然人的知情权、同意权、决定权、查阅权和复制权、删除权。针对个人信息处理者，《民法典》设定了4项强制性规范：一是信息处理者不得泄露或者篡改其收集、存储的个人信息；二是未经自然人同意，不得向他人非法提供其个人信息，但是经过加工无法识别特定个人且不能复原的除外；三是信息处理者应当采取技术措施和其他必要措施，确保其收集、存储的个人信息安全，防止信息泄露、篡改、丢

---

〔23〕 参见葛鑫：《〈数据安全法〉亮点解读及实施展望》，载《通信世界》2021年第13期。

失；四是发生或者可能发生个人信息泄露、篡改、丢失的，应当及时采取补救措施，按照规定告知自然人并向有关主管部门报告。

（2）《个人信息保护法》

《个人信息保护法》对《民法典》关于个人信息保护的内容予以重申，并进一步细化了相关内容。《个人信息保护法》完善了处理个人信息的基本规则，强化对未成年人个人信息的保护，强化个人信息处理者的删除义务，该法第47条规定有5种情形之一的，个人信息处理者应当主动删除个人信息，个人信息处理者未删除的，个人有权请求删除：一是处理目的已实现或者为实现处理目的不再必要；二是个人信息处理者停止提供产品或者服务，或者保存期限已届满；三是个人撤回同意；四是个人信息处理者违反法律、行政法规或者违反约定处理个人信息；五是法律、行政法规规定的其他情形。《个人信息保护法》还确立了个人信息处理者的合规审计制度，要求个人信息处理者应当定期对其个人信息处理活动遵守法律、行政法规的情况进行合规审计。个人信息数据是数据资产化重要的基础来源，同时个人信息数据也是个人信息或隐私的重要载体，《个人信息保护法》将成为数据治理所要参考的重要法律规范依据。

（三）隐私保护行为

数据的挖掘分析、开放共享在增强数据应用价值的同时，也增加了数据的透明程度，尤其是将数据集中在一个大环境时，一些敏感隐私的数据就有可能被泄露或被非法使用，这给数据的安全与隐私保护带来更加严峻的挑战。[24] 因此，在数据治理的过程中，必须采取措施保障自然人的隐私。在国内现有的数据治理领域，有学者从隐私策略、隐私伦理，特别是对电子商务领域的隐私态度和隐私行为进行了研究；有学者认为，

---

[24] 参见杨琳等：《大数据环境下的数据治理框架研究及应用》，载《计算机应用与软件》2017年第4期。

数据治理的网络安全策略不仅需要提高网络安全性的信誉机制，还需要建立社会信誉机制来加强隐私的保护。类似地，多位学者呼吁，将数据保护纳入国家战略资源的保护和规划范畴，并加快完善数据隐私保护的相关立法。[25] 数据治理行为需要关注隐私保护。

1. 探索建立相关内部隐私保护政策

《民法典》明确规定，自然人享有隐私权，而隐私是自然人的私人生活安宁和不愿为他人知晓的私密空间、私密活动、私密信息。其中，私密信息的数字化载体就是隐私数据。目前，以《民法典》中隐私权相关规定为核心构建的自然人隐私保护制度初具雏形，但无法充分应对数字时代经济背景下自然人隐私遭到侵犯的问题。目前，各地方也多出台与数据相关的立法，其中也包含针对自然人隐私数据的细化条款。从数据治理主体的角度，在确保自身行为安全合规的基础上，还应结合行业特点、业务特征探索完善内部的数据治理隐私保护政策，以实现对自然人隐私的保护。

2. 划分不同类型数据的隐私等级

就具体方式而言，数据治理的过程中划分不同类型数据的隐私等级并适用不同的隐私保护政策十分必要。

数据治理侧重研讨数据在保存、使用和交换过程中的安全，及数据内容的隐私保护，而非系统或网络安全。不同组织对数据隐私与安全的要求不同。对一家商业公司来说，没有业务的数据安全是没有意义的，所以应该业务为先，安全为后。对一个关系国计民生的政府部门来说，数据隐私与安全保护往往放到第一位。单一数据的隐私问题比较容易被解决，在元数据中配置相关数据项的隐私等级，通过隐私扫描工具对该类数据项标注隐私等级。有些数据集间涉及一些复杂的业务逻辑关系，关联融合后出现隐私漏洞，需借助分析能力强大并且具备深度学习智能

---

〔25〕 参见张宁、袁勤俭：《数据治理研究述评》，载《情报杂志》2017 年第 5 期。

的隐私扫描工具探测相关漏洞。数据通常分公共数据、有限隐私数据、完全隐私数据3个大类，按数据保护法律法规和企业业务需求，进一步制定企业级的数据隐私细分等级，通过数据访问管控系统实施到各级隐私保护。公共数据多沿用访问角色的控制管理机制，有限隐私数据和完全隐私数据的访问权限依赖具体业务应用，再结合数据使用目的和访问角色来处理该类数据流通。如身份证ID是有限敏感数据，业务应用的目的是按照身份证区域统计年龄分布，授权角色均可通过该业务应用访问身份证数据以获得统计结果。公共数据对所有授权角色开放，为避免恶意盗取源数据，通常监控数据的访问流量并设置异常应急处置机制。数据治理主体应当设计一套完整的数据隐私与安全访问管控体系来解决敏感数据访问问题，既要确保隐私数据的安全，同时也不能减损数据的价值。[26]

四、数据治理客体

数据治理的内容是数据治理的核心，其中又以治理客体为重点。数据治理客体是数据治理活动的对象。按照数据类别的不同，数据治理的对象可分为元数据治理、主数据治理等。而从治理目标上来看，数据治理的对象又可分为数据安全治理和数据质量治理。

（一）元数据治理

1. 元数据的定义

元数据，是指系统所产生的有关数据定义、目标定义、转换规则等相关的关键数据，包括数据的业务、结构、定义、存储、安全等各方面

---

〔26〕　参见甘似禹等：《大数据治理体系》，载《计算机应用与软件》2018年第6期。

对数据的描述。[27] 元数据也是数据，是管理数据的架构。没有元数据就无法对数据本身进行管理。因此，对元数据的治理就成为数据治理的一个重要组成部分。"元数据的治理就是对元数据进行创建、组织、存储、整合与控制的相关活动。"[28] 元数据治理要处理好元数据间的关系，从元数据应用的角度来看，元数据的价值主要体现在其关系的丰富程度。元数据类似数据分析和应用，也是从其关系中探寻出数据的价值进而指导业务或进行数据创新。因此，只有从长期的实践中发现并构建元数据关系，才能发挥元数据治理的价值。

2. 元数据的分类

元数据通常分为业务元数据、技术元数据、操作元数据和管理元数据。4 类元数据之间的关系为：业务元数据指导技术元数据，技术元数据参考业务元数据进行设计，操作元数据是信息系统的管理要素汇聚，管理元数据是元数据管理过程产生的数据子集。

业务元数据是业务目标和元数据用户之间的纽带，便于理解、定位和访问业务数据。业务元数据包括业务指标及相关计算公式、业务规则和算法、数据质量规则和度量指标、企业级数据模型、实体和属性的业务名称和业务定义、专业术语等。

技术元数据，是指在数据库、文件或其他系统中数据元素及其表示的说明，提供了对数据的存放位置、数据的存储类型、数据的血缘关系等信息。技术元数据主要包括技术规则、数据结构属性、数据映射关系和数据血缘、统计指标等。

操作元数据提供关于数据使用方面的信息，如最近数据更新、访问等信息；数据管理制度，如数据的增删规则、数据拥有人、数据共享规

---

[27] 参见孙健英：《ARP 数据治理体系研究与实践》，载《数据与计算发展前沿》2021 年第 2 期。

[28] 盛敏：《集团型企业主数据建设与治理初探》，载《企业科技与发展》2020 年第 3 期。

则和协议；满足信息系统运维需求的信息，如数据迁移、数据源和目标系统信息、批量处理程序、任务频率、备份和恢复信息、归档规则等信息。

3. 元数据治理的定义

元数据治理，是指元数据的定义、收集、管理和发布的方法、工具及流程的集合，以相关元数据规范、指引为基础，以元数据治理工具为技术支撑，与应用系统的开发、设计和版本控制流程紧密结合的完整体系。

元数据治理需充分考虑企业自身的实际情况，实现企业级、版本化、标准化、自动化管理，注重系统的易用性、数据流向和影响分析、血缘分析等。元数据治理工具要强化元数据抽取、版本管理、访问控制管理等功能的智能化治理。

在元数据管理的过程中也将产生一个数据子集，通常称为管理元数据，主要是指与数据管理相关的组织、岗位、职责、流程。它是管理数据的管理专员、监管制度、责任分配的数据，也包含元数据管理的信息。

4. 元数据治理层级

元数据治理分为三大阶段：一是原始阶段，元数据处于无序、自发的状态，元数据分散在个体或小团体中，或元数据从属于业务系统。二是集中阶段，从元数据局部产生、开始集中存储，进化到基于统一的元数据标准、交叉管控和上下游协同，进行元数据集中管理。三是有序阶段，基于各类元数据间的关联，建立基于主题域层次结构，增强元数据的可读性，从而遵循统一的元数据模型和规范，实现元数据的自动更新，实现各应用系统间数据格式的映射和自动生成。[29]

（二）主数据治理

主数据治理是经实例化的关键数据，表现为用户使用（Address

---

[29]　参见甘似禹等：《大数据治理体系》，载《计算机应用与软件》2018 年第 6 期。

Resolution Protocol，ARP）系统应用的日常业务活动（事务处理）相对静态的关键信息。只有当业务策略、组织结构或处理规则发生根本性变化时才会更新这些信息。主数据还包括在组织内共享的通用信息，例如，机构、部门、职务分类、岗位等级、人员基本信息等。使用主数据可减少数据冗余、维护数据完整性并确保用户能够访问同一基本信息。

主数据是数据治理的主要对象，从企业角度来说，主数据是其业务实体的数据，包括客户数据、产品数据、业务数据等。作为业务运行和决策分析的重要标准，它广泛地分散在企业的各种业务流程、各个信息系统以及应用程序中。从政府主体角度来说，主数据，是指政府在依法行使行政职能中产生或者收集到的有关行政相对人的数据，它反映政府在履职过程中的业务活动。主数据作为基准数据，具有来源准确性、权威性以及与业务活动关系的密切性等特征。"通过主数据治理，可以让企业拥有统一的主数据访问接口，根据指定的主数据标准规范，获取集中、丰富和干净的数据，并建立统一、庞大的主数据库，向各成员单位、业务部门提供一致、完整的共享信息平台，为企业日常经营和决策提供了一个标准化的支撑载体。"[30]

（三）数据安全治理

在大数据时代，安全和隐私是公认的难题。高额的收益、低廉的成本、数据的多源异构和动态应用都增大了数据保护的难度。目前，数据隐私保护技术大多基于静态数据集，数据的动态利用使数据流动过程中的权责难以分辨，数据安全问题更是难以追责。在个人隐私方面，个人数据和数据流动的广泛性增加了个人隐私数据的风险，个人数据权利受到侵害，数据主体对数据的控制权被削弱，而目前社会通用的传统收集公开原则和安全保障原则较泛化，并不能完全实现对个人隐私数据的安

---

[30] 盛敏：《集团型企业主数据建设与治理初探》，载《企业科技与发展》2020 年第 3 期。

全保护。当前，各级数据治理主体普遍都已开展数据安全管理和个人隐私保护。但从整体上看，目前仍是点状的数据安全和个人隐私保护体系，各级数据治理主体之间的策略、措施都存在较大差异，甚至矛盾，全社会的数据安全和个人隐私保护依旧存在巨大风险。[31]

随着数据应用范围的不断延伸以及数据价值的逐步拓展，数据安全的内涵也不断拓展，进而衍生出更高层面的意义。数据安全主要有以下几个层面的内涵：一是数据作为客体本身的安全，即对数据的保密性、完整性和合法性进行保护，保证数据本身不受到非法窃取、破坏和更改。二是数据之上主体合法权益的安全，包括对个人数据以及隐私权的保护，以及对企业基于数据形成的知识产权或商业秘密的保护。三是保护数据所承载的国家利益或公共利益。数据安全是数据主体进行数据开发利用的第一道防线，只有保证数据的安全性，才能进一步挖掘数据的价值。从治理主体角度来看，数据安全治理主要从数据提供主体的隐私保护、数据开发利用主体的泄露风险预防以及数据安全事件的应急保障机制几个角度进行。从制度构建层面来看，我国数据安全制度体系是以《网络安全法》《数据安全法》为核心，以各类法规、规章以及安全标准等规范文件为支撑构建起来的。从技术层面看，主数据安全治理需要通过夯实网络基础设施的建设以防止内部数据受到外界的侵扰，从识别、检测、监测、预警和处置各层面综合提升网络防护能力。同时，需要数据治理主体融合数据加密和区块链技术，保证数据的机密性、完整性和真实性。

政府公开数据的安全治理是对政府公开数据使用过程中落实保障措施的过程，即采取不同技术手段以保障数据治理体系建设过程中的数据

---

〔31〕　参见杨琳、司萌萌、朱扬勇：《多层级数据治理体系框架构建思路探究》，第十五届（2020 年）中国管理学年会论文集。

安全和个人隐私安全。[32] 在政府数据开放前，要对数据实施安全审查，进行脱敏处理，制订预警方案和应急措施，开展第三方风险评估；在政府数据开放过程中，要对政府公开数据进行有效监控，制订动态纠错方案，设置数据安全查错举报渠道严打泄露国家机密、侵犯公民隐私和危害网络安全的行为。[33]

（四）数据质量治理

数据质量治理包含对数据本身的管理和数据访问过程的质量管理。数据本身质量通过准确性、完整性、一致性等数据属性界定，访问过程质量即使用、存储和传输过程中数据质量的控制和处理。当前，数据治理领域对于数据质量的研究主要集中在两个方面：一是数据治理在保障数据质量过程中发挥的作用；二是在企业层面，如何运用数据治理的手段来提升数据的质量。

1. 数据质量治理的问题

缺乏统一的数据质量标准是数据治理工作中的一大难题。早期业务源系统较分散，缺乏从全局角度构建的统一数据标准，造成相关系统的指标口径、会计科目的不一致。标准不一使系统中的信息无法有效对接和共享，降低了信息资源利用的效率。由于缺乏统一的应用规范和质量要求，导致各单位通过系统产生的数据在完整性、及时性和正确性方面存在差异。随着业务数据的快速增长，非结构化数据和行为数据的逐步引入，数据种类将会越来越多，缺乏统一数据标准的劣势将会更加明显。[34]

---

〔32〕 参见李建华：《大数据时代政府公开数据的治理体系构建研究》，载《河南图书馆学刊》2020 年第 12 期。

〔33〕 参见安小米等：《政府大数据治理体系的框架及其实现的有效路径》，载《大数据》2019 年第 3 期。

〔34〕 参见陶建林：《大数据时代的数据治理体系建设》，载《金融电子化》2019 年第 7 期。

数据维护质量评价的方法和手段有待完善。数据维护人员目前无法准确把握数据质量是否存在问题以及如何提升才能提高质量，给治理决策奠定基础。导致各系统应用情况存在较大差异，系统数据维护只能依赖操作人的自觉性。

决策者缺乏数据治理工具以推进数据质量提升工作。决策者缺乏信息化平台和工具的支撑，无法清晰地了解数据现状、辅助决策结果，无从判断数据质量差异映射出的治理问题，无从考量数据的应用水平，从而无法使用合理的治理方式推进数据质量提升工作。

2. 数据质量治理的具体措施

一是深化数据质量管理。就企业角度而言，应建立支持数据质量从发现、报告、分析、定位、解决、跟踪等各环节的流程管理体系，实现对数据质量问题的闭环跟踪管理。在数据质量管理的日常管理活动以及相关项目中，坚持强化日常的数据质量监控与问题评估工作，实现集事后处理、事中监控、事前预防一体化的质量管控体系。关注数据质量问题案例的收集与经验积累，落实数据质量管理组织职责，明确岗位责任。通过部署数据质量监控平台，从技术和业务两方面自动监控数据在产生、传输、转换、加载、展现等各环节出现的数据质量问题。通过数据质量检查报告，分析数据质量问题热点区域，为数据质量管理流程执行提供重要依据。

二是构建数据治理体系的总体架构。以中国科学院 ARP 数据治理体系的总体架构为例，[35] 如图 5-2 所示。

---

〔35〕 参见孙健英：《ARP 数据治理体系研究与实践》，载《数据与计算发展前沿》2021年第 2 期。

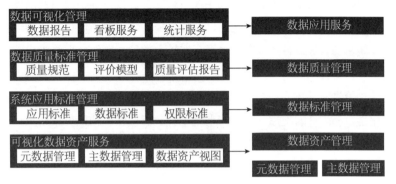

图 5 - 2　数据治理体系的总体架构

该架构是在加强基础数据管理的基础上，结合管理需要制订数据标准，利用信息技术提升数据质量，最终使数据变成管理工具，通过数据挖掘、可视化等技术辅助科研管理决策。图 5 - 2 左侧部分是从管理角度提出的 4 项举措，具体包括：（1）通过 ARP 可视化数据资产服务，全面了解管理领域范围内的数据资源情况；（2）根据业务要求，制定院属单位 ARP 系统应用规范，规范业务流程、建立数据标准、权限标准，统一业务处理过程；（3）建立数据质量评价体系，确定数据质量规范，制订各业务模块的数据质量评价模型并形成评估报告；（4）加强数据分析服务，通过年终统计、专项报告以及看板服务，加强 ARP 数据利用，建立考评机制，自上而下推动数据质量的提升。

五、数据治理流程

数据治理流程，是指通过制定流程规范，明确数据管理与应用活动规则，使各类数据治理活动成为标准化的操作步骤。从范围来讲，数据治理涵盖了从前端事务处理系统、后端业务数据库到终端的数据分析，从源头到终端再回到源头形成一个闭环负反馈系统（控制理论中趋稳的系统）。

（一）企业数据治理流程

企业数据治理主要关注企业数据应用合规，并据此构建企业数据资源管控、绩效评估和风险管理等制度。为了支持企业数据治理的实施，信息技术服务标准（Information Technology Service Standards，ITSS）于2018年正式发布了国家标准 GB/T 34960.5《信息技术服务治理第 5 部分：数据治理规范》，具体内容如图 5-3 所示。[36]

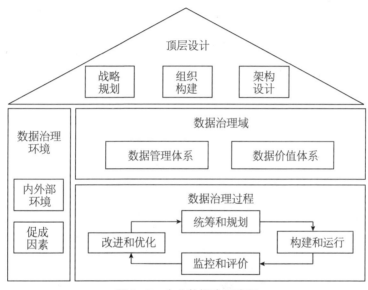

图 5-3　企业数据治理流程

数据治理流程即数据治理的过程，企业数据治理通过统筹规划、构建运行、监控评价和改进优化，形成数据治理闭环，不断完善企业数据治理体系，引领企业加快数字化转型。

---

[36]　参见杨琳、司萌萌、朱扬勇：《多层级数据治理体系框架构建思路探究》，第十五届（2020 年）中国管理学年会论文集。

具体而言，企业按照事前预防、事中监测、事后评估与整改3个步骤开展数据治理工作。事前预防，是指将各领域数据治理要求融入系统研发当中，从需求编写和需求分析等数据产生的源头进行管理。事中监测是在日常业务开展及 IT 运维过程中，组织分析各领域的数据质量问题，把发现的问题及时展现到数据质量管理平台及 IT 服务平台等系统，进行跟踪治理。事后评估，即定期对系统进行评估与整改，对系统的数据质量、数据分布、数据生命周期、数据服务时效等状况开展全面评估，从问题率、解决率、解决时效等方面建立评价指标。[37]

（二）处于信息化不同阶段的数据治理流程

在信息化初期阶段，数据的标准、数据库系列、主和元数据、数据质量和安全以及数据仓库才能被称为一套完整的数据架构，是规划整体数据架构的基础。在信息化建设阶段，生成数据的源系统是产生数据问题的首要环节，提高数据质量对于解决在数据源头解决数据问题是十分有效的措施。不同应用系统要求共享数据的现象非常普遍，建立主数据中心不仅可以保证对外提供准确一致的数据，而且可避免因各应用系统相互共享数据而形成网状结构。根据实际需求将统一的、完整的以及准确的核心业务数据共享交换的数据纳入主数据范围，由主数据中心对外提供一些数据。在信息化运行阶段，搭建数据质量监管平台，将数据质量报告第一时间推送给数据治理业务人员，有助于及时纠正一些有问题的数据。从数据的监控、数据标准、数据治理的流程等方面提升系统信息的管理能力，优先解决一些所面临的数据质量和服务问题。[38]

---

[37] 参见中国工商银行信息技术部：《数据治理体系机制研究》，载《金融电子化》2014 年第 4 期。

[38] 参见冯双双：《国内高校图书馆数据治理体系建设探索与研究》，载《文化产业》2021 年第 14 期。

（三）数据要素协同治理流程

数据治理需要数据标准、元数据、基础数据、数据模型、数据质量管理各要素协同完成治理过程，数据要素协同治理流程如图 5 - 4 所示。[39]

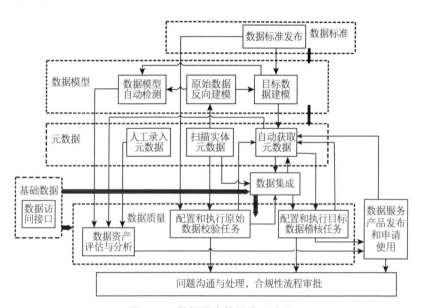

图 5 - 4 数据要素协同治理流程

数据标准发布是数据治理的第一步，数据标准包括文档、用语、业务代码、模型、指标体系等。数据模型提供逻辑建模、物理建模及模型管理功能，数据建模过程中引入数据标准，实现标准落地。元数据服务和管理是数据治理的核心部分，原始数据通过加工转换为目标数据，目标数据校验结果自动生成数据质量元数据。基础数据实现版本管理功能，并提供数据访问接口，供数据集成系统调用。数据质量管理提供数据质

〔39〕 参见仝姗、陈大海、王骏骥：《面向市场监管领域的数据治理体系构建》，载《中国管理信息化》2021 年第 4 期。

量问题的全流程跟踪、记录功能，以保证数据质量问题能够得到有效分析、准确分发、及时解决，最终提升数据质量。

（四）面向政府决策的数据治理流程

基于数据治理的应用分析可以分为规划、治理实施、评估优化 3 个阶段。

1. 规划阶段：数据应用主管部门评估政府机构数据管理和应用的现状，明确数据治理的目标是开放共享政府数据与社会数据（运营合规、风险可控），在政府决策中发挥大数据的优势和作用，支撑政府智能决策（价值实现）。

2. 治理实施阶段：各级政府机构配合数据应用主管部门，关注治理域中的元数据管理、主数据管理、数据质量管理、数据安全与合规，提出政务数据的标准化要求，促进政务信息系统的互联互通，提升数据质量；统筹规划政务数据共享与开放，建立政府数据共享目录，逐步开放政务数据，营造数据共享与开放的社会氛围；着手建立符合法律、规范和行业准则的数据合规管理体系，保障数据开放和应用过程中的合规、合法（见图 5－5）。

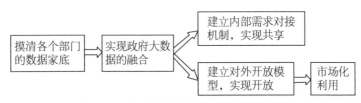

图 5－5 治理实施阶段政府数据治理流程

具体而言，各个部门要先摸清本部门的数据家底，有多少数据存量、是什么类型的数据、更新频率如何、是否涉密等，这是实现政府大数据融合的前提。然后，建立统一的数据资源平台，实现政府大数据的融合。数据融合之后，一方面，可以实现部门内部共享；另一方面，可以对外开放，实现市场化利用，从而发挥政府大数据的价值。[40]

3. 评估优化阶段：数据应用主管部门对治理实施结果进行评估分析，对尚未达到目标要求的指标制订改进措施，以监督指导治理工作的实施，优化治理结果并持续评估和改进。政府数据治理流程综上，面向政府决策的数据治理实施流程如图 5-6 所示。[41]

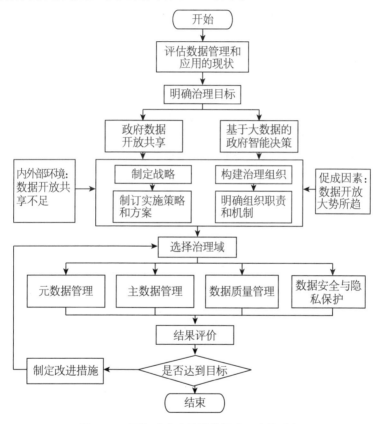

图 5-6 面向政府决策的数据治理实施流程

---

[40] 参见范灵俊等：《政府大数据治理的挑战及对策》，载《大数据》2016 年第 2 卷第 3 期。

[41] 参见杨琳等：《大数据环境下的数据治理框架研究及应用》，载《计算机应用与软件》2017 年第 34 卷第 4 期。

六、数据治理方式

数据治理方式，是指数据治理所采用的方法和模式。数据治理的方法涉及数据的评估与监督工作，在进行数据处理工作的同时，需要针对现阶段存在的问题，深入了解各学科的评估工作，针对数据治理工作的流程进行深入研究分析，数据治理体系的完善关系数据优化的整个过程，对于数据处理工作的决策部署和科学存储有深刻的影响。数据治理工作目标的实现需要数据治理方法的促进和推动。数据治理的方法论可以有效帮助数据处理价值的提升。因此，数据治理的方法论对于治理工作的可持续提升有着极为深远的影响。[42]

2019 年《中共中央关于坚持和完善中国特色社会主义制度 推进国家治理体系和治理能力现代化若干重大问题的决定》中首次将数据增列为生产要素。国务院原副总理刘鹤总结道："数据作为生产要素，反映了随着经济活动数字化转型加快，数据对提高生产效率的乘数作用凸显，成为最具时代特征新生产要素的重要变化。"[43] 从强调数据的资产属性升华到生产要素属性，概念背后揭示的是两种不同的观察视角与分析框架，对政府数据治理理念与治理方式提出了不同的要求，内嵌从"政府"到"市场"、从"产品"到"要素"、从"数据管控"到"开放共享"、从数据利用到提高数据经济增长率等数据治理逻辑的递进与深入。[44]

---

〔42〕 参见张豹、陈渊：《大数据环境下数据治理框架的特点及应用》，载《电子技术与软件工程》2019 年第 16 期。

〔43〕 刘鹤：《坚持和完善社会主义基本制度》，载《人民日报》2019 年 11 月 22 日，第 6 版。

〔44〕 参见夏义堃：《数据要素市场化配置与深化政府数据治理方式变革》，载《图书与情报》2020 年第 3 期。

要素视角下的政府数据治理是站在需求端而非供给端,更加强调数据价值的市场转化与数据创新的用户收益。因此,以数据要素培育为中心的数据治理,更加聚焦数据服务的有效供给,更加重视用户的需求偏好、数据消费与效益创造,既涉及数据驱动型经济结构调整与发展模式,也触及数据产业链经营模式与利益平衡问题。

传统的数据治理类型主要有应对型治理和主动型治理两种。应对型数据治理,是指通过客户关系管理(CRM)等"前台"应用程序和诸如企业资源规划(ERP)等"后台"应用程序授权主数据,如客户、产品、供应商、员工等。然后,数据移动工具将最新的或更新的主数据移动到多领域 MDM 系统中。它整理、匹配和合并数据,以创建或更新"黄金记录",然后同步回原始系统、其他企业应用程序以及数据仓库或商业智能分析系统。主动型数据治理的优势是可以在源头获得主数据。具有严格的"搜索后再创建"功能和强大的业务规则,确保关键字段填充经过批准的值列表或依据第三方数据验证过,新纪录的初始质量级别将非常高。主数据管理工作通常着重数据质量的"使它干净"或"保持它干净"方面。MDM 系统中的数据质量初始级别非常高,并且不会通过从 CRM 或 ERP 源系统中传入不精确、不完整或不一致的数据来连续污染系统,主数据管理的"保持它干净"方面非常容易。

然而,现阶段的数据治理面临质量管理差、安全管控弱、开放共享难的问题。有学者提出,区块链技术是一种去中心化、去信任、可追溯、透明、安全的新兴互联网技术,能有效克服当前数据治理存在的问题。将区块链技术引入数据治理领域,将给数据治理理念、机制与制度体系带来深刻变革,为数据治理提供新的样式和方法。[45]

区块链技术是一种全员参与、维护、存储、读取可靠数据的分布式

---

[45] 参见戚学祥:《区块链技术在政府数据治理中的应用:优势、挑战与对策》,载《北京理工大学学报(社会科学版)》2018 年第 5 期。

账本系统，主要包括共识机制、点对点技术、非对称加密技术、时间戳、智能合约等核心技术，具有可追溯性、不可篡改性、开放性等基本特征，本质上是一种"去中心化"的互联网数据库技术。数据治理是以治理的理念和方式全面管理系统数据的可用性、完整性与安全性，特别是面临海量、异质的数据与数据壁垒时，区域链不可逆的分布式账本系统、复杂数学算法、非对称加密技术等核心技术为解决数据的真实性、安全性、开放性等难题提供了可能性。第一，可追溯的分布式数据系统有助于提高数据质量；第二，非对称加密技术与哈希算法有助于保障数据安全；第三，点对点技术与智能合约有助于实现数据共享。因此，区块链技术应用于数据治理领域具有显著优势。

虽然区块链技术给数据治理带来发展机遇，但是区块链技术在数据治理的理念、机制、制度等方面存在一系列不同程度的风险，要求政府和企业不断推进改革、应对挑战。首先，"去中心化"带来管理权威挑战，带来理念变革。其次，去信任化带来安全监管挑战要求机制变革。最后，技术创新带来法律秩序挑战更是要求推进制度变革。区块链的迅猛发展与广泛应用面临制度空白与制度冲突的双重障碍，需要政府更新立法理念，完善立法的规范性、科学性和预见性。

七、数据治理工具

数据治理工具，是指在数据治理过程中为了达成数据治理目标所运用的手段。数据治理体系技术工具主要有以下几个：一是元数据管理，包括元数据采集、血缘分析、影响分析等功能；二是数据标准管理，包括标准定义、标准查询、标准发布等功能；三是数据质量管理，包括质量规则定义、质量检查、质量报告等功能；四是数据集成管理，包括数据处理、数据加工、数据汇集等功能；五是数据资产管理，包括数据资产编目、数据资产服务、数据资产审批等功能；六是数据安全管理，包括数据权限管理、数据脱敏、数据加密等功能；七是数据生命周期管理，包括数据归档、数据销毁等功能；八是主数据管理，包括主数据申请、主数据发布、主数据分发等功能。

（一）元数据管理

元数据管理是数据治理体系的核心组成部分，贯穿体系的创建、维护和使用的各环节之中，元数据管理可明确数据方向、统一数据口径、梳理数据关系、管理模型变更，是数据建设和数据资产高效管理的有力保障。[46]

（二）数据模型管理

模型的本质是构成真实世界对象的理想化表示，以更方便、更易于理解的形式，表示真实世界的特征。数据模型是数据的分类体系及描述，通过整合数据并予以标准化，形成数据资产分类，以支持整个企业数据需求。

数据模型管理包含构建模型设计、模型优化、模型监控的可视化管理体系，提供对模型实体、属性、关系的设计，模型的标准化管理及模型一致性监控。该管理体系完整记录数据治理模型建设的全过程，为数据的开发、部署、融合等各阶段提供基础支撑。数据模型管理功能模块包括基础模型管理、逻辑建模和物理建模。[47]

以构建数据质量分析模型为例进行研究，ISO/IEC 25024 数据质量

---

[46] 参见仝姗、陈大海、王骏骥：《面向市场监管领域的数据治理体系构建》，载《中国管理信息化》2021 年第 4 期。

[47] 参见仝姗、陈大海、王骏骥：《面向市场监管领域的数据治理体系构建》，载《中国管理信息化》2021 年第 4 期。

标准[48]提出了影响数据质量的 15 个指标, 如图 5-7 所示。[49]

图 5-7 影响数据质量的 15 个指标

数据质量评价模型对每类业务的关键数据从完整性、准确性和时效性 3 个质量指标, 结合实际业务由管理专家根据管理要求确定质量规范, 即质量控制因子。通过邀请各管理领域专家采用专家打分方式得到系统质量因子, 通过 AHP (Analytic Hierarchy Process) 层次分析法对专家打分的质量因子权重计算。AHP 层次分析法用于计算权重, 并且需要进行一致性检验; 要先逐一描述各项指标所得权重情况, 然后使用和积法计算方法进行 AHP 层次分析法研究。

数据治理模型可以帮助组织厘清复杂、模糊的概念及关系, 指导组织开展高效的数据治理工作。当前, 关于数据治理模型的研究主要集中在数据治理成熟度评估、数据治理有效性评价、面向大数据背景下的数据治理模型和针对具体应用层面的数据治理模型研究几个方面。

通过对国外数据治理模型进行对比分析, 得出以下结论 (见表 5-1)。[50]

---

[48] See ISO/IEC 25024: 2015, *Systems and Software Engineering-Systems and Software Quality Requirements and Evaluation (SQuaRE)-Measurement of Data Quality*, Accessed Sept. 15, 2019, https://www.iso.org/standard/35749.html.

[49] 参见孙健英:《ARP 数据治理体系研究与实践》, 载《数据与计算发展前沿》2021 年第 2 期。

[50] 参见刘桂锋、钱锦琳、卢章平:《国外数据治理模型比较》, 载《图书馆论坛》2018 年第 11 期。

表 5-1　国外数据治理模型对比分析

模型名称	ISACA 数据治理模型	HESA 数据治理模型	Mustimuhw Information Solutions 数据治理螺旋模型	Information Builders 数据治理简易模型
构成要素	治理背景（资助等）、策略目标、人、过程、技术、合规性	治理参与人员、治理授权与报告、操作管理、合规性	原则与愿景、治理结构、责任机制、治理政策、隐私与安全政策、法律	决议、分配、解决/审查、批准
治理特点	顶层设计、基层实施；合规性的设置遵循内外结合的原则	构建模型的同时定义和分配关键角色，分配的是角色而非具体工作	六个治理核心要素共同构成螺旋模型；每个治理要素可细分为若干治理要点	采用可重复的渐进式方法；配以七个步骤辅助实施
适用对象/范围	业务流程完整性处于危险之中；业务流程结果不可接受	组织面临的风险不可控；数据错误不可预防，阻碍组织计划的持续改进；数据质量需要检测和评估；需要对数据相关问题进行决策	组织内部存储的数据，以及其他缔约方外部存储的数据	医院等以数据为支撑业务的组织

模型名称	ISACA 数据治理模型	HESA 数据治理模型	Mustimuhw Information Solutions 数据治理螺旋模型	Information Builders 数据治理简易模型
优势	模型具体详细；充分发挥人的能动性与主导作用；考虑到治理的环境因素	模型在一定程度上诠释了"为所有人公平获取数据"的概念；依托于组织的设计和管理结构	模型随时间与治理主体的变化而迭代循环发展	简单可重复的过程，易于操作；已有医院采用该模型，具有可行性
不足	模型过于详细，会增加模型应用的复杂程度		要素界定明确性欠佳	模型过于简单，需配合七个辅助步骤开展

前述 4 个模型的共同之处还在于，明确指出数据治理不是游离于组织而单独存在的，数据治理模型的建立应与组织的管理指标、文化背景相融合。此外，数据治理模型特色化是不争的事实，但无论如何修改，数据治理都必须为整个组织的数据共享而服务。数据治理模型与组织的其他功能应是相互协调、共同运作的，避免单独运作。数据治理模型的最终目的是为组织的数据治理实践提供指导，同时培养各阶段数据管理人员的治理意识与治理能力。

（三）数据治理数字化工具

"工具是政府数据治理不可或缺的要素，离开了工具的数据治理就成了空中楼阁。"[51] 数据治理数字化工具可以分为数据标准化工具、数据开发工具、数据平台建设、数据管理系统 4 种类型。[52]

1. 数据标准化工具

数据标准是对业务经营管理所涉及业务信息的统一定义与解释，主要描述业务数据概念中所包含的信息及特性。数据标准化工具有助于根据本地实际情况和行业标准将数据格式化为一致的形式，提高数据的质量、保证数据的互通性、方便数据集成与应用。数据标准的制定是实现数据标准化、规范化，以及实现数据整合的前提，是保证数据质量的主要条件。在数据治理过程中的标准包括数据标准的制定和度量标准的制定两方面：数据标准制定是数据标准化工作的核心，国外企业在进行数据治理时大多从数据标准管理入手，按照既定目标。数据治理执行过程中的度量标准也是不可缺少的，它用来检查执行过程中是否偏离既定目标，用来度量过程中成本以及进度。[53]

其中，数据标准的制定主要包括以下三个方面：（1）确立数据分类体系：对数据进行分类管理，搭建分类之间的关系，根据数据的重要性划分优先级。（2）分析评估，制定目标：评估数据的现状，分析数据与业务价值的链接，保证数据标准满足实际业务的要求。按照数据重要性分别制定数据标准的目标。（3）定义数据标准：按照既定目标，根据数据标准化，规范化的要求，整合离散的数据，定义制定数据的标准。[54]

数据清理是数据治理过程中的关键步骤，也是数据标准应用的关键环节。如何进行现有数据的清理和标准化工作是数据治理的工作难点和

---

〔51〕 安小米、白献阳、洪学海：《政府大数据治理体系构成要素研究——基于贵州省的案例分析》，载《电子政务》2019 年第 2 期。

〔52〕 参见刘芮、谭必勇：《数据驱动智慧服务：澳大利亚政府数据治理体系及其对我国的启示》，载《电子政务》2019 年第 10 期。

〔53〕 参见张一鸣：《数据治理过程浅析》，载《中国信息界》2012 年第 9 期。

〔54〕 参见苏博、陈溯、唐成功：《ERP 数据质量评估与数据治理方法研究》，载《信息系统工程》2012 年第 8 期。

重点。确定切实可行的数据清理计划和操作步骤，对现有的各类主数据进行逐步清理，建立物料数据、供应商数据、客户数据、产品数据、设备数据、员工数据、财务数据、项目数据等类型数据的标准和规范化模板，建立集中、统一、科学、规范的统一编码和标准属性库；在不同的业务部门或业务线间建立统一的度量标准，能够有效降低业务部门的操作成本，提高 IT 系统效率。[55]

2. 数据开发工具

数据开发工具使数据走向不同的用户群体，满足用户多样化的信息需求，提升了数据的利用水平。

3. 数据平台建设

对企业来说，基于大数据背景下的企业数据管理应用，也需要更加符合需求的数据平台建设方案。从市场主流选择来看，企业数据平台建设方案，目前大致有以下几种：（1）常规数据仓库。数据仓库的重点是对数据进行整合，同时也是对业务逻辑的一个梳理。（2）敏捷型数据集市。数据集市主要的优势在于对业务数据进行简单、快速的整合，实现敏捷建模，并且大幅提升数据的处理速度。（3）大规模并行处理（MPP）架构。（4）Hadoop 分布式系统架构。Hadoop 的大数据处理能力、高可靠性、高容错性、开源性以及低成本，都使它成为首选。

4. 数据管理系统

数据管理系统的开发有利于系统内部信息处理流程的规范。例如，澳大利亚国家档案馆开发的电子文件和记录管理系统（EDRMS）是一种自动化软件应用程序，旨在协助政府部门创建、管理、使用、存储和处理信息和记录。电子文件和记录管理系统还可以使业务流程（如工作流和审批）自动化，并与其他业务系统集成，简化手续和流程。

---

[55] 参见苏博、陈溯、唐成功：《ERP 数据质量评估与数据治理方法研究》，载《信息系统工程》2012 年第 8 期。

八、数据治理的策略

数据治理的策略是组织制定的所有与大数据有关的数据优化、隐私保护和数据变现的准则和规范，是数据治理的工具，从数据治理的定义出发，依据其概念及概念体系，笔者认为，广义上的数据治理策略有宏观层、中观层和微观层 3 类。宏观层提供顶层设计的原则，中观层提供实施方案的成套性规则，微观层则对场景化的治理进行有针对性的规范。宏观层面上，数据治理体现为治理的原则、制度和机制等方面，具体包括决策机制、激励机制以及约束机制；从中观层面来看，数据治理包括规则、权利、组织结构、个体责任和信息系统等方面的规则制定；微观层面包括程序、规范、工具等的具体应用。

（一）建立大数据管理体系

就国家管理层面而言，数据管理体系的核心是一个独立的国家数据管理机构。该机构应由国家通过数据管理的立法授权成立，受立法与司法机关的法律监督以及权力机关和监察机关的政治监督。该机构包括以下权限：首先，直接管理地方的大数据管理分支机构和交易机构；其次，管理同级政府机关的非机密数据；再次，统筹管理个人、社会、企业的信息数据，并负责对非公主体收集的数据进行行政监管；最后，统筹审批管理全国各地的大数据中心的建设与运营。[56] 该体系建立在视数据为资源的立场之上，主张针对数据资源的国家主权。但欲使之成为现实仍存在困难：首先，需要回答国家对数据资源主张国家主权的合理性与正当性，不同于土地、矿藏、森林等自然资源，数据资源作为当今时代新型的一种资源类型，并没有在学界、政界以及世界惯例上形成一个被大多数人所接受的观点；其次，国家作为强势主体介入企业等社会组织以

---

[56] 参见何哲：《国家数字治理的宏观架构》，载《电子政务》2019 年第 1 期。

及个人的合理性与正当性。数据在今天的商业社会，已经成为不少互联网企业、商业银行的核心资源，国家以强势手段介入将面临巨大的困难与压力。

不同于此，就企业内部治理层面而言，建立信息化部门和业务部门共同参与的数据质量保障机构。脱胎于负责建立数据治理制度与流程的传统的数据治理委员会，目前数据存储量级的大幅提升、数据处理技术的发展等给其带来了新要求，尤其是大数据技术的应用和普及。海量、多类、增长速度快、价值密度低的数据带来了数据管理、存储、处理和应用方面的挑战；为发挥数据最大效用与价值的数据开放要求与个人隐私保护方面存在冲突；数据应用创新与风险合规方面需要均衡……这些新的挑战要求现代的数据治理需要在数据质量管理、安全管理、风险和合规管理等方面作出回应。因此，传统的数据治理委员会必须要有针对性地进行变革，这就要求我们建立信息化部门和业务部门共同参与的企业级数据质量保障体系。[57] 数据治理委员会的职责在于制订科学合理的数据治理方案，对数据治理的过程进行调度。分配组织体内的数据使用权限，做好隐私保护工作。这一制度的核心在于确定完整的责任体系。

（二）建立数据治理体系

数据成为资源是其在具有了记录信息并加以利用的功能之后，目前各机构、组织都拥有自己的数据处理体系，其在数据的采集、处理模式、存储与读取等方面存在差异，这妨碍了对数据的管理与应用，因此制订一系列的行业标准以建立统一、标准化的数据治理体系就成为解决之道。首先，要进行数据标准化建设。数据来源分散、收集主体多元，在缺乏统一监管的情况下各自出台自己的管理措施造成了各地政府之间、各个企业间、政府与企业间缺乏统一、标准化的元数据、主数据等数据的定

---

〔57〕 参见杨琳等：《大数据环境下的数据治理框架研究及应用》，载《计算机应用与软件》2017 年第 4 期。

义标准。对不同组织系统间的信息共享造成了壁垒，影响了数据资源的利用率。由此，强调数据标准建设、制定行业性数据标准、强调指标管理是进行数据治理的关键举措。事实上，在数据治理体系中，基层和中层治理者由于统一的标准化体系尚未建立，可操作的数据治理方法和标准也难以出台。"大量冗余的数据散落在多个复杂、毫无关联的信息孤岛中，数据的整个业务过程也缺少统一框架、一致的规范，导致跨部门的合作变得重复和紊乱，并进一步导致风险的提升和更为低劣的数据质量。"[58] 这一问题在政务数据方面更加突出，并且"数据治理是提供数据管理和应用框架、政策和方法，它的目的是为了保证数据的准确性、一致性和可访问性、合规性"[59] 这一切都需要统一的、标准化的治理体系提供先决条件。尽管有我国提出并形成国际标准的 ISO/IEC 38505 - 1 和 ISO/IEC TR 38505 - 2 数据治理国际标准，但进一步治理仍要继续。其次，出台可操作的数据治理标准化方法。数据治理最关键的就是要建立高质量的数据标准，没有标准就无法区分数据质量的好坏。而数据标准的制定又要有相关政策法规或内部规章为依据，因此要求高标准的顶层设计、标准制定是提升各数据单元契合度、融合度与质量的关键，也是决定数据治理成败的关键。[60]

（三）建立数据治理法律体系

完善的法律法规和政策是开展数据治理的基础和保障。我国在 21 世纪无论是企业数据应用还是政务信息化都加速发展，但法律法规有待完善。如果说，前期是"摸着石头过河"的探索，那么在今天已然将数据

---

[58]　张明英、潘蓉：《〈数据治理白皮书〉国际标准研究报告要点解读》，载《信息技术与标准化》2015 年第 6 期。

[59]　张明英、潘蓉：《〈数据治理白皮书〉国际标准研究报告要点解读》，载《信息技术与标准化》2015 年第 6 期。

[60]　参见李旭东：《浅谈商业银行数据治理的难点与应对策略》，载《中外企业家》2020 年第 1 期。

治理纳入国家大政方针、数据治理面临一系列以前没有的困难与考验的时候，就迫切需要建立更完善的数据治理法治体系。

（四）建立质量保证策略体系

数据质量，是指数据资源能够满足用户实际需求的程度。在数据治理中，可靠、优秀的数据质量是保证数据治理有效性的重要前提和保障，也因此成为数据治理策略重要的一个部分。关于数据质量的治理策略，一方面，要发挥数据治理在保障数据质量中的作用；另一方面，对于企业等组织来说，运用数据治理的手段来提升数据质量是其需要研究的策略。目前，国内企业 ERP 系统运行过程中面临有数据质量问题：企业各业务部门对数据的重视程度低，对数据的重要性认识不足；数据质量管理流程和管理规范分散、权责不明，缺乏必要的系统或人员对数据进行审核验证；由于 ERP 系统本身的操作、软件设计和参数设置等问题的存在，导致各模块业务流程和数据复杂程度不一致等。对此，要建立质量控制体系，实现数据的高效监控，通过数据质量的实时跟踪和反馈机制实现对数据的持续优化。

（五）坚持技术先行

首先，在核心技术层面，政府引导、鼓励科研机构、高校、企业共同参与数据治理的技术创新。其次，要由政府引导加强核心基础设施建设能力。目前，从国家安全与数据资源保护的角度考虑，政府应加强核心基础设施能力的建设，从源头上降低数据治理所蕴含的对国家安全的威胁。最后，要重视和加强人才的培养，包括但不限于数据人才培养机制的建立、学科建设、国家资助或成立专项基金支持相关关键技术的研究等。

九、数据治理的责任机制

责任机制的建立是数据治理能够实现预期目标的重要保障。数据治理可以分为决策部分与执行部分，在"问责"方面最主要的是决策权的分配与执行，即应该作出哪些决策、哪些主体来作出决策、如何作出决策、如何监控决策。责任机制的建立是数据治理的重要手段，为实现治理目标和监督治理提供了路径。

尽管多数治理理论都追求多主体的合作，但政府在数据治理中的主导地位与作用是不可替代的。在数据治理中，政府应该打造一套"四权分置"的权力机制，包括数据归属权、数据使用权、数据管理权、数据监督权。并且这4个权力都应由政府对内与对外的双向责任机制。就"对内"的政府数据治理而言，政府并不被视为一个整体，而是由许许多多的部门组成的，政府的政策实际上是各个部门博弈的结果。因此，政府要划清部门之间的权责边界，也要厘清与政府外组织的关系。

（一）明确责任主体

责任的承担与权力（利）的归属密不可分，数据治理也不例外。欲明确责任机制的配置，必先厘清数据治理中的人和组织。目前，现存的问题就是数据治理职责不清，部门之间的协同效应较差。在数据治理中，人和组织包括利益相关者、治理委员会、管理委员会和内部员工。利益相关者，是指在数据治理流程中受治理者决策和行为影响的相关人员，包括数据的产生者、收集者、管理者、使用者、监督者等；治理委员会是组织治理数据的最高机构，负责作出数据相关事务的决定，并将数据治理标准和措施回报给数据的利益相关者；管理委员会负责具体实施治理委员会制定的各项数据治理决定，并将数据治理结果汇报给治理委员会；内部员工是数据治理架构中不可或缺的一部分，贯彻执行数据治理委员会和管理委员会制定的各项数据治理策略。[61] 概言之，公司治理可以采用三层的组织架构：第一层是高管级的数据治理指导委员会；公司

---

[61]　参见程广明：《大数据治理模型与治理成熟度评估研究》，载《科技与创新》2016年第9期。

高层应该进入基础数据治理指导委员会，同时也有助于制订相应的策略。第二层是中层数据治理办公室和专项数据专家团队。第三层是具体管理数据的业务人员及技术支持人员。针对不同层别的数据治理，要相应地依据职权赋予其责任要求。

在政府的数据治理方面，传统拘泥于单个机构的数据管理方式已经不能满足现实需求，有必要建立跨政府部门乃至政府、企业和社会的协同型数据治理管理体制。在这种新型的组织模式下，决策的作出和监督执行都有一定的松散性和不可预见性。如前所述，建立统筹平台与体制来进行数据开放和管理相当于数据产生者与现有的数据收集者、使用者、管理者将自己的权力让渡于代表国家的政府，责任机制如不建立，将会有侵害公民与市场经济体利益的隐患。

（二）确定权力（利）归属

"四权分置"的权力机制，首先是数据控制权。当今时代，数据的生产点与汇集点都是多源的，因此只有明确数据控制权，才能落实数据管理的责任。政府"对内"需要把政务数据明确划分到单一部门或多部门共同所有，"对外"需要尊重和保障数据控制权的合法权益。其次是数据处理权。明确数据处理权的根本目的在于实现数据资源的共享。一方面，政府要对数据处理进行严格区分以确定处理方式与处理权限，明晰可以加大公开力度与必须严格保密的界限；另一方面，政府对可以处理的数据资源要基于数据控制，在政府部门使用时遵守严格的申请与审批程序，在规定的界限内使用。再次是数据管理权。数据管理权可与数据控制权统一交由数据归属方，也可以完全托管给政务资源中心和大数据管理局等第三方。最后是数据监督权。各个数据治理主体都有自己的监督权限，而政府事实上可以监督所有主体，因此政府依法监督、保证监督全覆盖是实现数据规范使用的重要手段。在这种权力机制中，政府需要以数据控制权为先导，以数据处理权为纽带，以数据管理权为根本，以数据监督权为核心。

（三）分置以政府为中心的责任机制

与数据治理的权力机制相对应，政府同时需要打造一套责任机制以满足"利益共享、责任共担"的原则。政府是数据治理中最重要的责任主体：一方面它拥有总的决策权，另一方面它是数据资源最大的拥有者与支配者。因此在数据治理中，政府当仁不让地既要承担对政务数据维护与更新的责任，也需要承担数据开放与共享的责任，并且履行政府的监管职责。当前，政府在数据监管方面仍存在诸多问题，不仅面临监管规则与监管技术缺乏、监管机构职责不清晰的问题，同时还面临商业组织的反监管阻力，以及可能出现的权力"寻租"现象。这些问题的解决都需要一个合理、有效且高效的责任机制来提供监督和制约：

第一，要建立合理的数据资源分配机制。大数据时代数据是一种资源，掌握资源越多就能抓住更多的发展先机。政府部门、企业、智库、社会组织、公民个人都有各自的利益与诉求，只有建立合理的数据资源分配机制才能让数据流动起来，发挥其增值效益。针对此分配问题，主要依据在于数据控制权，这属于数据资源的初次分配。政府需要通过立法的方式明确数据拥有者对其拥有的数据资源有最终解释权等相关权利。之后，关于数据资源的再分配，政府需要制定严格的程序，平衡数据处理与保护数据控制权之间的利益配置。第二，制定大数据治理责任清单。权力清单、负面清单与责任清单共同为政府的职责权限画定了红线，"法无授权不可为、法定责任必须为"，政府的责任清单要与权力清单一一对应。在责任清单中，除规定政府需要承担的法律责任外，还需要规定公务人员的伦理责任；除规定对滥用职权追责外，还要规定对其提供的数据服务负责。第三，建立健全数据监管机制。实现这一目标的前提是政府要出台相关的法律与细则，使数据治理中的监管体系化与制度化。当然，这也离不开专业的机构与队伍建设。此外，要加强与社会各界主体的合作。同时，要完善政府的监督机制。第四，完善政府问责机制。责任清单为问责机制提供了依据，问责的主体与程序可以对接现有的政府监督举措进行。

（四）问责制的实现离不开公众参与数据监督

公共部门的问责制不仅是一个与合同的惩罚和激励条款相关的运作良好的绩效衡量体系，更是一种确保公众声音在公共政策中得到体现的方法。公众积极行使问责权利，体系建构时也要将公众问责的机制予以明确。[62]

（五）公司主体的数据社会责任

不同于传统的社会治理，数据行为的事前合规比事后监管/处罚更重要，因为数据泄露、窃取等安全问题不具有可逆性，事后救济成本高且理论上不可能恢复至权利未被侵害的原始状态。正因如此，对于数据控制者来说，他们被赋予了更高的"社会责任"，这种责任囊括了法律和道德两个层面。有学者以公司治理的社会责任来论证主体对数据保护的社会责任。国外公司有所实践，如东芝公司将个人数据保护和信息安全管理列为公司社会责任的重要内容。但依靠公司自觉是远远不够的，为使公司主体在数据治理中承担社会责任，需要设置有效的责任机制，嵌入式公司数据责任的构建就是解决的一种路径。这种社会责任制度更侧重通过对公司经营活动进行"规范性引导"来实现将数据社会责任以理念化的形式融入公司数据处理的活动中。在数据收集阶段，对公司产品开发行为进行人为干预，即"经设计的数据保护"；在数据处理阶段，要允许数据产生者提出权利请求机制，便于其行使删除权、更正权等权利。此外，我们应融合前述责任体制，在法律原则、法律规则和行业习惯三个方面构建公司承担社会责任的方式。[63]

---

〔62〕 参见郑大庆等：《大数据治理的概念与要素探析》，载《科技管理研究》2017年第15期。

〔63〕 参见周瑞珏：《数据治理语境下公司社会责任的基本内涵和制度构建》，载《政法学刊》2019年第4期。

十、数据技术治理

虽然数据治理已不是一个单纯的技术问题，但数据治理本质上是技术发展的产物，从传统的立法层面对其进行治理并不能从根本上解决数据治理方面的困难、实现技术治理的目标，因而引入技术治理就显得尤为重要。

（一）技术实施

1. 企业数据治理的技术基础

数据技术治理模式，包括技术战略、技术安全管理和云技术应用三个方面。我国在核心技术层面，可以充分发挥各方主体优势，通过搭建稳定安全的数据收集存储平台、利用云计算技术等提高数据治理效率；支持数据加解密、数据审计、数据销毁、完整性验证等数据安全技术研发及应用。此外，还有物联网、云计算、大数据、信息技术集成、大数据关键共性技术、大数据公共技术服务平台、构建现代技术体系、新一代信息网络技术，这些技术的发展和应用都为企业数据治理提供了基础。

具体而言，一方面，"传统的关系型数据库很难应对数据量过大的问题。因此在数据治理体系内引入 NOSQL 数据是大数据问题驱动的必然选择。另一方面，非结构化数据往往以大文件的形式存在。这些大文件通常依赖分布式的文件系统，如 HDFS、TFS 等"。"数据仓库技术。例如 Hadoop 体系中的 HIVE，可以很好地将不同的大文件抽象出统一的 SQL 接口供上层使用，通过将 SQL 语句转化为大数据常用的 MapReduce 程序来实现数据查找等功能。这一过程对上层完全透明，大大简化了开发难度。"[64] 考察澳大利亚政府数据治理的 4 种数字化工具：数据标准化工具、数据开发工具、数据平台建设、数据管理系统。数据标准化工

---

[64]　曾凯：《大数据治理框架体系研究》，载《信息系统工程》2016 年第 11 期。

具有助于根据本地实际情况和行业标准将数据格式化为一致形式，提高数据的质量、保证数据的互通性、方便数据集成与应用；数据开发工具使数据走向不同的用户群体，满足用户多样化的信息需求，促进了数据的利用水平。数据平台将卖家和买家聚集在一起，简化了采购流程，提升效率。数据管理系统有利于内部信息的处理。[65]

2. 政府部门数据治理的技术基础

政府数据治理体系和治理能力现代化的核心是要实现治理的系统性、整体性、协调性，落实在技术层面要求共商、共建、共享，这也反映了数据治理的价值取向。数据协同的基础首先要搭建共商、共建的数据承载平台。目前，政府各职权部门间存在碎片化、重叠交叉的数据收集与应用渠道，这阻碍了跨业务部门的信息化建设，也难以实现减轻社会主体负担的目标。因此，政府部门数据管理就要把碎片化的信息整合到数据承载平台，以平台为基础支撑各级政府、各部门的行政运转。统一的数据共享平台还可以解决不同类型信息采集渠道重复建设的问题，推进采集数据的有效交换与充分利用。

数据承载平台的建立包括多种类型。第一，要建立政府网站数据承载平台。目前，政府部门的网站种类繁多，主要有信息发布、网上互动、办事服务、舆情引导等，其技术表现均为网络平台。对于这些平台的网民访问行为记录数据、网站前台页面数据、网站后台内容数据、网站业务数据库等均有意义。过路数据是网站数据的一种特殊类型，其承载平台较复杂。一般来说有3类：一是网站技术支撑机构承建或托管的系统；二是网站链接的部门内部其他单位承建或托管的系统；三是网站当前尚无链接，但未来会有链接的部门内部其他单位承建或托管的系统。储存其上的过路数据庞大，如何实现其互联、互通、互享，是政府部门在技

[65] 参见刘芮、谭必勇：《数据驱动智慧服务：澳大利亚政府数据治理体系及其对我国的启示》，载《电子政务》2019年第10期。

术方面要解决的问题。第二，建立业务系统数据承载平台。比如，交通运输行业的业务系统多达 700 多套，有近 30 TB（太字节）的数据。这些部门业务系统数据是部门数据资源的主要来源。第三，建立综合型系统数据承载平台。比如，地图数据服务系统、卫星数据服务系统、专项数据采集系统等，这类平台会在更大范围内支持部门业务的整体协同运转与共享。[66]

（二）技术部署

对于数据治理来说，为达到技术实施的要求，我们要建立与完善数据平台的技术支撑体系，该体系的建设需要统一规划、整体设计，共同建设，实现共享利用。在政府部门内部，数据支撑体系可以分为网络平台、数据存储管理云平台、共享交换平台的建立。涉及外部数据流动，要相应地建立防止安全失控、隐私泄露、跨境储存等问题的机制。以达到为内部利用与外部服务提供便利又保障数据安全的目标。

1. 数据融合技术

大数据的本质是整体集成的价值大于各部分价值的综合。数据融合是对各种异构数据提供统一的表示、存储和管理，以实现逻辑或物理上的有机集中。这就需要一种统一的数据模式来描述各数据源中的数据，忽略它们的平台、数据结构等方面的异构，实现数据的无缝集成。常用的方法包括数据转换方法（联邦数据库系统）、数据聚合方法（中间件模式）、析取/转换和装载方法（数据仓库模式，ETL）。深度机器学习（deep learning）是对融合数据进行分析的热门技术。通过机器学习、统计分析、社交网络分析、图像/视频分析、情感与舆情分析等技术手段，对多源异构融合的数据进行过滤、提取、汇聚、挖掘、展现等。

---

[66] 参见鲍静、张勇进：《政府部门数据治理：一个亟需回应的基本问题》，载《中国行政管理》2017 年第 4 期。

2. 防泄密与隐私保护技术

对于数据的利用可能挖掘出个体隐私或国家机密是较普遍的数据治理隐患，因此开放数据需要经过脱敏以保护隐私安全。学界以"去匿名技术"来测试隐私保护技术的有效性；为了提高隐私保护的水平，也先后提出了匿名、多样性、相近技术。事实上，所有隐私保护方法都是以牺牲原始数据的质量来获得高匿名性的。因此，两者间的平衡与责任机制的建立是防泄密和隐私保护技术方面必须要平衡的。

3. 数据定价技术

数据作为一种资源/资产已逐步成为社会共识，作为一种资产会涉及定价问题，这也与数据开放和利用息息相关。不同于信息，数据在未使用状态下其价值是不确定的；更重要的是，数据可以反复使用，当将其应用于不同领域时可能产生超出其采集时预期的价值。因此，一般不为买断式的数据定价，而是为一次使用形成的价值定价。先使用后定价，多使用则估值越高。

4. 数据规范技术

数据规范是建立一套标准化的数据体系的方法，能够提高数据的通用性、共享性、可移植性以及数据分析的可靠性。在数据治理中的规范方法有：规则处理引擎、标准代码库映射。

（1）规则处理引擎。数据治理为每个数据项制定相关联的数据元标准，并为每个标准数据元定义一定的处理规则，这些处理逻辑包括数据转换、数据校验、数据拼接赋值等。基于机器学习等技术，对数据字段进行认知和识别，通过数据自动对标技术，解决在数据处理过程中遇到的数据不规范的问题。借助机器学习推荐来简化人工操作，根据语义相似度和采样值域测试，推荐相似度最高的数据项关联数据表字段，并根据数据特点选择适合的转换规则进行自动标准化测试。根据数据项的规则模板自动生成字段的稽核任务。

（2）标准代码库映射。标准代码库是基于国标或者通用的规范建立的以键值对存储数据的一种数据库（key-value）字典库，字典库遵循国标值域、公安装备资产分类与代码等标准进行构建。当数据项的命名为"XXXDM"（XXX 代码）时，根据字典库的国标或部标代码，通过字典规则关联出与代码数据项对应的代码名称数据项"XXXDMMC"（XXX 代码名称）。

5. 数据清洗技术

从微观层面来看，数据清洗的对象分为模式层数据清洗和实例层数据清洗。数据清洗识别并修复的"脏数据"主要有错误数据、不完整的数据以及相似重复的数据，根据"脏数据"分类，数据清洗也可以分为3 类：属性错误清洗、不完整数据清洗以及相似重复记录的清洗。

第一，针对属性错误，清洗数据库中很多数据违反最初定义的完整性约束，存在大量不一致的、有冲突的数据和噪声数据，我们应该识别出这些错误数据然后进行错误清洗。属性错误检测有基于定量的方法和基于定性的方法；属性错误清洗包括噪声数据以及不一致的数据清洗。第二，针对不完整数据清洗，实务中数据缺失是一种不可避免的现象。可以通过忽略元组、人工填写缺失值、全局变量填充缺失值、中心度量填充缺失值、使用最可能的值填充来解决。此外，也可以使用贝叶斯形式化方法的基于推理的工具或决策树归纳确定缺失值。第三，针对相似重复记录清洗。首先要对相似重复记录进行识别，文本相似度度量是实体对齐的最基础的方法。第四，要进行相似重复记录清洗，一般采用先排序再合并的思想，代表算法有优先队列算法、近邻排序算法、多趟近邻排序算法。[67]

（三）技术环境

技术环境作为影响技术发展的外部因素，要靠社会各界来营造。政府作为推动数据治理科学化、体系化、现代化的最重要主体，需要提供

---

[67]　参见吴信东等：《数据治理技术》，载《软件学报》2019 年第 9 期。

多方保障。

1. 政府引导提供良好技术环境

现有的国家和地方政府层面出台的政策支持方面，主要包括供给面、环境面、需求面3个层次的政策引导。

在供给面，包括人力支持、基础设施建设、资金投入和技术支持四个方面：政府通过组织、领导、宣传教育和人才培养、人员培训，进行人才队伍建设，政府改进人才培养模式、建立重点实验室、设置专业院系和学科体系以提升人才的信息技能、师资队伍；在基础设施建设方面，政府作为基础设施最重要的提供者，应该大力推动基础设施的建设。目前，已经有的是信息基础设施初步建成、智能化基础设施和电子政务网络建设，此外，还要加大全球信息基础设施建设，由此提供公共基础设施统筹，以保障数据治理；在资金投入方面，直接对大数据治理提供财力上的支持，如设立专项资金、加大财税支持、给予直接补贴等；在技术支持方面，物联网、云计算、大数据、信息技术集成、大数据关键共性技术、大数据公共技术服务平台等新一代信息网络技术得到政府的支持。

在环境面，包括目标规划、金融支持、税收优惠、法制管制、鼓励创新五个方面：政府通过顶层设计进行规划布局，集合主要目标设置行动纲要；加强金融支持，通过对大数据治理贷款、融资、财务分配、创造融资条件等推动发展，引导社会资金投向数据产业，采购数据服务；税收方面，加大财税支持；法制管制方面，加快法规制度和标准建设、完善法律法规，健全法治环境、个人信息保护、标准体系、评价体系和审计监督体系；鼓励创新方面，"大众创业、万众创新"、政产学研用多方联动。

在需求面，包括采购、技术标准与应用、公共服务三个方面。政府面向社会力量购买数据资源和技术服务；订立技术规范，推动新技术和安全可靠产品的引用，推动大数据开发与利用，确立试点，探索安全保障；在公共服务方面，提供普惠化的公共服务体系、民生服务体系、全网上公开服务、创新公共服务。[68]

此外，充分利用和保护科学技术和文化因素。考虑文化氛围、技术氛围，以营造良好的技术环境、促进技术进步。

2. 大数据风控消除后顾之忧

大数据应用在某种程度上是对个人隐私的侵害，营造安全保密的保护机制是平衡社会公共利益的实现与公民私权利保障的关键。目前的信息系统建设虽然较传统阶段有非常大的提高，但远未达到数据管理的需求，与人们长远预期存在一定的差距。以商业银行为例，数据分散、相互割裂、关联度不高的问题，可能导致数据质量的低下，无效或垃圾数据易导致决策出现失误，对客户进行风险预警、信贷风险评估、交易欺诈等数据支撑不足，这些都会导致风险上升。对个人来说，信息泄露风险更加大了数据的安全管理难度。所以，无论出于外部环境保障还是内部保障，建立高质、高效的数据支撑系统既是我们进行数据技术保障的目标，又会反过来对技术提供保障。

---

[68] 参见刘彬芳、魏玮、安小米：《大数据时代政府数据治理的政策分析》，载《情报杂志》2019年第1期。

第六章

构建实现数据治理的数据产权制度

一、构建实现数据治理的数据产权制度的必要性

数据产权制度是数据要素市场基础制度体系中的基础，是促进数据要素自主有序流动，提高数据要素配置效率所必需的制度。财产权制度是社会主义市场经济法律体系的基石，知识产权要素市场的建立与发展过程已经证明，非物质性的要素资源配置需要法律制度规定的财产权利为前提，体现在制度中的生产要素不仅是要素本身，而更多的是关于这些要素占有和使用问题的财产权利，资源配置的市场交易过程可以视为财产权的移转过程。只有把各项数据产权的权利界定清楚，数据权利主体的权利才能落到实处，数据交易才会具有明确的对象，数据的价值才能得以充分发挥。

数据的内容是确定的、稳定的，并可以通过法律制度进一步赋予其作为民事权利客体的属性。由于数据本身具有财产属性，在现实中已经成为一种社会需求的资源，其客体的自然属性决定了其依据已有的权利制度的调整是无法真正调整所形成的法律关系，必须建立新的权利保护制度。数据财产的法律保护应采取设立财产权的方式。社会主义市场经济是法治经济，生产要素的市场化配置离不开法律制度的保障。法律保护财产的方式，包括设定财产权利的模式，以及保护未上升为权利的财产法益的模式。所以，法律意义上的财产一般是指具有经济价值意义的

利益与权利的总称。而财产权是指以能带来的社会经济生活上利益的行为为内容的权利。相应地,数据产权,是指权利人对数据享有的控制、支配、排他等权利。我国现行法律体系已经承认数据是一种财产法益,但尚未设定数据产权权利。

数据财产法益保护模式不足以为加快培育发展数据要素市场提供制度保障,应当通过立法设定数据产权。法益的保护具有被动性,只有在受到侵害时才会受到法律保护。而财产权利具有能动性和可选择性,法律赋予权利主体在法定范围内为实现利益要求而表现意志、作出选择、从事一定活动的自由,包括在一定条件下转让权利或交换权利的自由,以及放弃某些权利的自由。数据要素市场的建设需要赋予市场主体主动、作为的权利,更好地激发其主观能动性。财产权的类型和内容均由法律明文规定,对财产权的保护具有高度的稳定性。对于义务人来说,他们虽然要承担较高的、普遍的注意义务,但这类义务以法律规定为限,可以通过公开途径事先了解事实和制度设计,辅之以刚性的权利法定原则,义务人的行为自由也得到了充分的保障。与财产权的封闭式列举不同,未上升为权利的财产法益的列举是开放式列举,类型和内容并不以列举为限。未上升为权利的财产法益所对应的义务,是针对特定范围内主体而课以的较低的、普遍的注意义务,特定范围外主体不承担此类义务,义务的法律依据既有明文规定也有诚实信用原则和公序良俗原则,具有弹性保护的特点。财产权事实上能帮助一个人形成其与其他人进行交易时的合理预期。相比数据财产法益,数据产权可以在数据要素市场中更好地发挥法律规范的预测作用。

二、构建实现数据治理的数据产权制度的原则

(一) 探索建立具有中国特色的数据产权保护体系

党的十八大以来,党中央高度重视数字经济发展,将数字经济的建

设上升为国家战略。随着数字经济的纵深发展，数据的价值潜力和要素功能愈发明显，已经逐渐成为创造和转化经济价值的新动能和新资源。在此背景下，党的十九届四中全会首次将数据作为与劳动力、土地、资本等并列的生产要素。同时，中共中央、国务院《关于构建更加完善的要素市场化配置体制机制的意见》提出，加快培育数据要素市场，根据数据性质完善产权性质。数据产权的界定是数据产权保护和数据要素市场培育的基础和根本，只有明确各类数据性质，清晰数据产权的内容和权属，才能实现数据产权的保护，确保数据的有序流动，促进数据要素市场的健康发展。

对于数据产权的探索，应立足我国基本国情，保证数据产权保护体系设置符合我国数字经济发展的需要。当前，立法层面，我国已经出台了《个人信息保护法》和《数据安全法》，相关规章以及各地出台的数据条例均就数据要素的保护和开发进行积极探索，但都未能明确基本的数据产权问题。在司法层面，在淘宝诉美景不正当竞争案中，法院判决载明数据产品作为经营者的重要劳动成果，是经营者的重要财产权益，在一定程度上认可了数据的财产属性，但是立法层面的空白致使数据产权纠纷产生时并无明确指引，司法裁判具有较严重的不稳定性。在实践中，我国数据场内交易规模较小，存在数据交易所带动作用弱、平台企业数据垄断现象严重、政企数据对接难度大等问题，这些困境都亟待通过数据产权的明确及相关制度的构建加以解决。因此，我国关于数据产权保护的探索应当以国内法律制度的构建为立足点，一方面，要确保数据产权保护的制度设计与现行法律框架相协调；另一方面，应充分回应数据要素市场构建的现存问题，为数据交易、数据开放、数据共享提供稳定的制度支撑。数据产权保护体制的构建不仅是对数据这一新型财产权保护的需求，也是对新型社会关系的回应，是调节个人、企业、国家等多重主体间数据利益关系的根本诉求。构建具有中国特色的数据产权保护体制，能够筑牢数据要素市场之基，激活数据潜在价值，激发市场主体活力，促进数字经济的充分发展。

（二）协调数据要素市场主体权益，激发数据要素市场活力

从经济学的意义上来说，任何一种有效的制度安排都应该有助于提升经济效率。产权制度设计的根本目的是实现资源的最佳配置和最有效率的开发利用，违背资源要素最佳配置和开发利用的产权制度安排一定不是好的产权制度[1] 就数据产权的体系构建而言，其根本意义在于平衡各类市场主体之间的权益，保证主体间各项权利充分协调、互不影响。从数据要素产业的视角看，数据要素产业是以数据为关键生产要素，以现代信息网络为重要载体，以信息通信技术为推动力，由产业链上游的数据源贯穿至产业链下游的数据利用，数据要素市场主体提供从数据生成到数据释放价值服务的全生命周期活动的集合。数据要素产业链涵盖数据主体、数据控制主体、数据处理主体、基础设施提供者、服务提供者等，不同主体在产业链的位置不同，对数据的权利要求也存在差异。

当前，市场主体之间的数据权益冲突主要包括两种类型。第一种是处于产业链同一位置的同类企业之间的冲突。这种冲突主要集中在各大互联网平台之间，"新浪微博诉脉脉案""腾讯诉抖音多闪案""微博诉超级星饭团案"等案件都是由于平台数据权属问题造成的不正当竞争纠纷。对于收集的个人数据，平台以其在收集、存储等处理过程中对个人数据集合付出的劳动为由禁止不当的"爬取"行为。对于平台加工形成的衍生数据，平台以商业秘密为由拒绝共享。这种对个人数据或数据集合的竞争，实际上就是对数据控制权、处理权和处分权的争夺，也正是数据产权最核心的问题。第二种是处于产业链不同位置的企业在数据使用层面产生的冲突。除与个人发生个人信息数据收集、存储、使用等直接数据处理行为的数据直接收集者外，提供技术支持、存储、维护等服

---

〔1〕　参见唐要家：《数据产权的经济分析》，载《社会科学期刊》2021年第1期（总第252期）。

务的第三方数据处理者同样也涉及对上述数据的处理，且在绝大多数情形下其与数据直接收集者之间还存在数据转移的需求。当前，二者之间的这种关系主要通过签订共同处理或委托处理合同的方式予以确立，但是合同的相对性无法解决数据控制者多元性和数据再生性的问题，也无法解决不同数据处理者之间实际地位不平等的问题。只有明确数据权属，清晰界定其权能构成，将对数据处理过程中涉及的主体权益的保护上升为法定的、对世的和发挥数据本身特征价值的权利形式，才能从根本上解决市场主体之间的利益冲突。

因此，数据产权保护的制度构建必须建立在市场主体多元性的基础之上，明确各主体的利益核心，承认和保护数据活动中各方主体的合法权益，合理界定数据要素市场中市场主体的权利和义务，尊重数据收集、存储和使用等数据处理者的劳动付出，充分调动各类市场主体的积极性，激发数据要素市场的活力。

（三）构建适合数据特征的数据产权制度

数据本身的性质、结构和特征决定了数据产权的性质。数据本身的特征导致了《民法典》中的物权、债权、知识产权制度都无法保护数据活动相关主体的权利。因此，要重新构建数据财产权制度。

另外，《数据二十条》指出"……构建适应数据特征、符合数字经济发展规律、保障国家数据安全、彰显创新引领的数据基础制度，充分实现数据要素价值、促进全体人民共享数字经济发展红利，为深化创新驱动、推动高质量发展、推进国家治理体系和治理能力现代化提供有力支撑"。数据具有自身的特征。

第一，数据的自然属性特征与《民法典》中民事主体的财产权利客体不相容，因此难以纳入已有的民事主体的财产权利保护之中。其一，数据自然属性的特征与《民法典》物权的"物"不同。数据的自然属性虽然是无体形且与物权法中的水和电极为相似，但水和电实质是具有物质属性，但数据不具有物质属性；水、电是借助载体呈现现状，但数据不能借助载体呈现形状，而是借助载体而存在。其二，数据具有可复制性，但物权的"物"都不具有可复制性。其三，多个主体对同一数据载体同时或不同时进行处理互不影响。另外，也可通过对数据的内容继续复制，相同载体也可实现同时使用，互不影响。由此，数据具有非竞争性，而不同于物权的客体——"物"所应具有的竞争性。其四，数据的使用价值和价值在其被支配的过程中没有损耗，具有价值无损性。[2] 物权中的"物"的使用价值和价值在其被支配的过程中具有损耗。其五，数据与物权都具有独占性和排他性，但独占性和排他性的实现方式却不同。数据是通过技术和对其载体的控制实现独占性和排他性，而物权的"物"的独占性和排他性是通过对"物"物理形态的占有和控制而实现的。

第二，依据数据自然属性的特征，数据与《民法典》规定的知识产权的客体不同。知识产权的客体，是指人们在科学、技术、文化等知识形态领域中所创造的精神产品，即知识产品。当代西方学者从知识产品的财产属性出发，将知识产权的客体称为"知识财产"。[3] 数据与知识产权客体"知识财产"有一定的共性，如客体的无体性，可复制性和使用无损耗性等，但数据以电子或非电子的形式对信息的记录，具有客观性而不具有知识产权的权利客体的"创新性结构"。[4] 知识产权的客体是属于数据的信息层（内容层），知识产权保护人们对该类信息的控制和支配。[5] 数据权利是对数据的控制和支配。因此，无法被纳入知识产品的范畴成为知识产权的权利客体。知识产权主体对知识产权的控制和支配是通过法律制度的设计实现的，而数据权利主体对数据的控制与支

---

〔2〕 参见李爱君：《数据权利属性与法律特征》，载《东方法学》2018 年第 3 期。
〔3〕 参见吴汉东：《财产权客体制度论——以无形财产权客体为主要研究对象》，载《法商研究〈中南政法学院学报〉》2000 年第 4 期。
〔4〕 参见何敏：《知识产权客体新论》，载《中国法学》2014 年第 6 期。
〔5〕 参见张玉敏：《知识产权的概念和法律特征》，载《现代法学》2001 年第 5 期。

配是通过技术和其载体实现的。

第三，依据数据自然属性的特征，数据与《民法典》规定的债权的客体不同。依据《民法典》第 118 条第 2 款的规定，"债权是因合同、侵权行为、无因管理、不当得利以及法律的其他规定，权利人请求特定义务人为或者不为一定行为的权利"。从主体上看，债权的主体是特定的，但数据权利的主体不是特定的。从客体上看，债权的客体是行为，而数据权利的客体是数据。从内容上看，数据权利人对自己合法控制的数据财产可依法控制、处理、处分和收益，不同于债权需要借助他人的行为实现主体自身的权利。债权人的权利主要表现为要求债务人为一定行为或不为一定行为，而数据权利人是对数据的控制和支配。

综上，数据财产权既不符合《民法典》中的物权、知识产权和债权的制度构建逻辑，也无法被纳入其制度的范畴之中，且其客体与物权、知识产权和债权的客体存在本质差异。因此，数据财产权应构建为一种新型财产权。

（四）构建以平衡权益主体多元化和权益形态多元化保护为原则的数据财产权内容

数据承载的权益主体多元化和权益形态多元化，数据的新型财产权制度的构建应以平衡多主体权益和权益形态多元化为原则。数据财产权制度"是通过调整载体层面呈现的法律关系来实现利益协调与调整，以及数据记录的信息层面（内容层面）涉及的利益主体协调与调整"。

数据财产权制度的目的价值是通过其权利内容的构建来实现的，因此其权利的内容应实现数据承载的权益主体和权益形态多元化特征的权益保护的平衡。从构建数据财产权的实际目标出发，依据数据实现经济利益的具体路径，数据财产权可以包括数据财产权主体对数据行使的控制、处理、处分和收益的 4 项权能，而且控制、处理、处分和收益的 4 项权能可相互独立分置于不同主体，也可以集于一个主体。《数据二十条》中的数据资源持有权、数据加工使用权、数据产品经营权等分置的产权运行机制，在理论层面可以包含在数据的控制权能、使用权能、处分权能和收益权能之中。此种权利的内容建立不仅符合数据的性质、结构和特征，而且能够实现《数据二十条》中数据产权制度构建的诉求。

三、数据财产权制度的构建

数据产权，本质是数据财产权，而且是一种新型财产权。之所以说数据产权是"新型"财产权，一方面，是由于数据产权的客体区别于现有财产权体系中的客体；另一方面，是由于现有的财产权体系难以涵盖数据产权，因此数据财产权应当构建为一种符合数据本身特征的新型财产权。数据财产权还需明确其由哪些基础的数据权利构成，进而方可对各项权利的归属进行划分。

（一）数据控制权

数据控制权的建立与数据自然属性的独占性和排他性特征相契合，且数据控制权的建立能够实现《数据二十条》中的数据资源持有权。数据控制权是在事实上管理和控制数据的主体（自然人、法人和非法人）享有的权利。赋予其数据控制者的控制权是在法律上承认这种事实状态的权利效力，数据控制权利归属于数据控制主体是一种简单高效、符合实际情况的制度设计。

数据控制权是数据处理权的前提和基础，只有实际控制数据才能进一步处理数据[6]数据控制权是通过对数据载体层有权控制来实现对数据的控制的，对于不具有对此数据载体控制人的对抗权能，保障数据控制权人的合法权益，以对抗非法数据控制权人的权益。数据控制权主体是通过对数据载体层予以控制来实现对数据的控制主体，而不是数据记录信息的相关主体。

---

[6] 参见李爱君：《论数据法学体系》，载《行政法学研究》2023 年第 5 期。

数据控制权的建立应体现数据承载的多主体权益和权益形态多元化保护及实现《数据二十条》中的数据资源持有权。本书没有采用《数据二十条》中数据资源[②]"持有权"观点，是因为《数据二十条》中的"持有权"没有充分体现数据本身的特征，数据应以控制来体现对数据的占有。数据的控制与物的占有呈现的方式是不同的，数据控制是强调主体对于数据拥有访问、读写和调取等权限。如数据的存储不能作为数据控制的方式，数据存储仅涵盖了数据以某种格式记录在存储介质上的过程，而不具有对数据的管领控制力，此存储主体不拥有对数据的控制权。

数据控制权作为数据财产权的一个重要基本权利内容，就是在法律允许的范围内，数据控制权主体可以行使自己所拥有的数据处理权、数据处分权、数据收益权，也可将自己所享有的数据控制权转移给其他主体。数据控制权主体可以对自己所享有的数据资产进行处分，并获得数据资产产生的收益，亦可以对数据进行处理；数据控制权主体可以处分自己所享有数据处理权、数据处分权或者数据收益权的部分权利，将特定数据财产权利内容处分给他人享有。

（二）数据处理权

数据处理权是实现数据使用价值的关键。数据处理权是广义上对数据开发利用的权利，只要不是法律法规所禁止的，数据开发利用的各种可能形式，以各种方式、技术手段使用、分析、加工数据的权利均涵盖在内。数据处理权是实现数据使用价值的关键。马克思主义政治经济学认为，使用价值是由具体劳动创造的。因此，数据的使用价值只能通过人对于数据的处理劳动，即数据处理行为才能创造。在现实的经济活动中，数据使用价值的实现必然要体现在数据的处理行为上，数据能够带来的相关增值和资产化也需要通过数据的处理行为来获得。《数据二十条》中的"数据加工使用权"包含在数据的处理权之中，因为《数据安全法》中的数据处理的定义包括"使用加工"行为。

数据处理权的行使应对数据承载的多主体权益和权益形态多元化保护实现平衡。数据处理权的实现是通过对数据载体实现的，但数据处理权的行使应当保护数据内容层承载的主体的合法权益，不能违反法律规定。以处理个人信息数据为例，处理者至少应当满足《个人信息保护法》第13条规定的合法性基础条件，具体可以分为意定基础和法定基础，前者是基于个人的"知情—同意"授权而取得的合法性，而后者是在"履行法定职责或法定义务""新闻报道、舆论监督""处理已公开的个人信息"等情形下，基于法律的明确授权而取得的合法性。对于不具有合法性基础或超出合法性基础的个人信息数据，个人有权依据《个人信息保护法》第47条的规定，请求处理者删除相应数据。

（三）数据处分权

数据处分权是对上文的数据控制权和数据处理权进行处分的权利，是让渡数据控制权和数据处理权，从而赋予他人对特定数据的控制、处理等行为以合法性的权利。数据的转让③、共享④、开放⑤、融合和许可使用等都可以视为数据处分权的行使，其实质均可视为对数据控制权、数据处理权的不同处分方式的组合。例如，数据的融合可以视为以特定数据的控制权和处理权为对价，取得融合方的数据的控制权和处理权的处分方式。数据处分权是实现数据交换价值的基础，是实现数据经济价值和数据要素价值的制度保障。数据通过处分权实现的数据转移涉及数据的载体层和数据的内容层主体的权益。因而数据处分权主体应当充分保护数据的载体层和数据的内容层主体的合法权益。以个人信息数据为例，《个人信息保护法》第23条规定，"个人信息处理者向其他个人信息处理者提供其处理的个人信息的，应当向个人告知接收方的名称或者姓名、联系方式、处理目的、处理方式和个人信息的种类，并取得个人的单独同意……"因此，如果数据处分权主体想要转让载有个人信息的数据的控制权与处理权时，应当取得个人的单独同意。当然，如果数据处分权主体对该部分个人信息数据已经完成了匿名化处理且不可复原，此时因数据不可能再影响个人信息权益而不再需要取得个人的单独同意。

除对于数据控制权和数据处理权的一并处分外，数据处分权人行使自己的数据处分权还可以分别对数据控制权和数据处理权进行处分。第一种情况是处分特定数据的数据控制权，将特定数据控制权转移给其他主体所享有，或者直接放弃数据控制权，如转让、融合、许可使用、消灭、开放和共享等数据处分的行为。数据处分权主体可以通过处分行为转让、融合、许可使用、消灭或者开放共享将自己所拥有的数据资产进行处分。数据控制权处分实际为数据控制权人行使自己的数据处分权将特定数据资源的数据产权整体让渡，这是在数据权利层面上的数据处分权的行使。第二种情况是数据处分权人可以将自己所享有的数据处理权让渡。数据处分权人处分数据处理权是将特定数据资源的数据处理权让渡，这是在载体层面上处分数据资产。比如，淘宝（中国）软件有限公司所设计并推出的"生意参谋"软件就是数据控制权人对于其享有的数据载体层的数据进行处理，由此产生的一个数据产品，并通过行使自己的数据处分权，将自己所享有的数据资源部分开放，并收取相应的费用允许购买者使用，但被允许使用的购买者享有的仅仅只是部分的数据处理权能，而非转移数据控制权或者数据处理权。

（四）数据收益权

数据收益权，是指数据控制权人对于特定数据资产产生的孳息享有的收益权利。行使数据收益权的时候分为两种情况：第一种是在载体层面上享有由数据本身所产生的孳息，大体上分为通过自己经营数据资产而获得收益或者买卖数据资产获得的收益；第二种是通过行使数据处分权、处分数据权利获得的合同对价收益。

数据收益权也是数据财产权的重要内容，是取得行使数据处理权、数据处分权所产生的收益的权利。数据收益权可实现《数据二十条》中的数据产品经营权。在传统民法理论中，所谓收益，是指收取标的物所产生的利益，具体而言，是收取标的的法定孳息和自然孳息。具体到数据领域，数据收益权包括两类：一类是基于对数据处理权的行使而取得财产性利益的权利，例如，对合法控制的数据进行进一步的采集、加工、分析、整理，投入了资本和创造性智力劳动，产生了新的数据资源。另一类是基于数据处分权的行使而取得相对方支付的对价的权利，例如，将其合法控制的数据许可其他企业使用，由其他企业支付相应的使用费用。在经济生活中，收益的取得是市场主体进行各类市场行为的驱动力，数据要素市场自然也是如此，因此，数据收益权是数据要素市场运行和发展的基础。

四、数据财产权的特征

（一）数据财产权利的有限性

数据可以分为载体层和内容层（信息层），且数据承载的权益主体多元化和权益形态多元化，由此可能存在多种权益主体与多层利益主张。数据财产权的立法主要是调整数据客体所形成的法律关系，即通过调整作用于载体的行为，实现对数据的处理行为及所形成的法律关系的调整。但数据内容层的相关法律规定应首先对数据的处理行为进行调整，之后如涉及人格权价值的具体问题，再回归人格权私法理论、从其他的法律路径进行保护。即内容层面的立法非数据财产权立法应当解决的问题，保护人格权利益应由《个人信息保护法》等内容层面的法律加以调整。[7] 以包含个人信息的数据为例，尽管数据处理者有数据财产权，但在行使数据财产权时，应当首先尊重保护内容层主体的利益并遵守相关制度，确保个人信息主体的合法权益不受损害，从而实现数据流通与保护、经济价值实现与人格权益保护等多重目标。这种产权配置方式与传统的物权相比表现出显著区别，具体表现为积极权能和消极权能的广泛

---

[7] 参见姜程潇：《论数据双层结构的私权定位》，载《法学论坛》2022年第4期。

受限，主要受到内容层主体和数据流通目标的限制。只有通过复杂的限制结构，才能对接、协调和平衡数据之上的复杂利益关系。

数据控制权应受到个人信息保护制度的限制。数据可复制性仅体现数据作为商品的"非竞争性"，并不能否定数据具备排他性的财产性质。可借鉴"准占有"概念构造数据的排他性。数据财产权作为非源于有体物的权利，在数据财产权移转的过程中，数据财产权依附数据内容，而数据内容则是基于对数据载体的使用。通过适当的规则设计，参照民法理论中的"准占有"制度，数据载体可被数据财产权的权利人"准占有"，为数据处理者提供其对数据的"排他性"。[8] 其中，最基础的法律利益即为数据处理者对数据的控制。数据处理者依法取得数据后，即享有对相应数据的实际控制力，他人不得对数据实施非法侵入、干扰、盗窃、破坏等行为，进而非法获取数据或者改变数据的事实状态。[9] 控制权能表现在处理者享有控制相应数据的自由，但数据财产权的控制权能并不同于所有权的占有权能具有持续而稳定的特征，而因其合法性来源不同而具有不同的稳定性。此外，无论控制个人信息数据的合法性基础为何，处理者均遵循目的限制原则、必要原则等基本原则的限制，只能控制有限、合理、必要范围内的个人信息数据。

（二）数据处理权应受到个人信息处理制度的限制

数据处理者享有对数据进行分析、储存、记录、传输的使用自由，不同于所有权的使用权能。其一，享有控制权能并不当然意味着享有使用权能，这一点与某些他物权制度相似，例如，质权人享有占有权能，但是不享有使用权能。相似之处在于，处理者虽然控制个人信息数据，但并不意味着其享有相应的处理权能。其二，某些特殊的处理权能必须

---

〔8〕 参见姜程潇：《论数据财产权准占有制度》，载《东方法学》2022年第6期。

〔9〕 参见张新宝：《论作为新型财产权的数据财产权》，载《中国社会科学》2023年第4期。

满足法律特殊的形式条件，以体现对个人的侧重保护。譬如，在"敏感个人信息的处理""个人信息的公开""非公共安全目的对个人图像、身份识别信息的收集""个人信息的跨境转移""向其他个人信息处理者提供个人信息"等情形下，必须取得个人的单独同意，才能取得相应的使用自由。其三，拥有此种使用权不代表拥有彼种使用权，每种使用权都是一个单独的自由，不同于所有权使用权能的概括式权限，训练数据的任何处理权限都需要具备相应的合法性基础，处理者不能超越权限使用数据，例如，处理者基于同意取得了训练数据的使用权能，但是可能没有取得跨境传输训练数据的使用权能。其四，某些使用方式受到法律的明文禁止，例如，不得通过个人数据的分析对比实施大数据"杀熟"行为。当然，与控制权能相似，使用权能同样可能受到个人撤回同意的影响，也会受到个人信息处理基本原则的限制，不再赘述。

（三）数据处分权应受到有关规则的限制

数据的处分权能受到数据内容层权益的限制。数据的转让、共享、开放、融合和许可使用等都是行使处分权能的表现，可视为不同组合的数据控制权和数据处理权的处分。然而，因为训练数据中大量的个人信息数据不仅关涉处理者利益，还关涉个人信息权益，所以不能由处理者或个人一方单独决定。基于此，在司法实践中形成了"三重授权原则"，在个人信息数据流转时，不仅需要处理者的同意，还需要个人的同意，这同时也是《个人信息保护法》第23条第1款规定的个人信息处理者向其他个人信息处理者提供其处理的个人信息时应当遵循的要求。此外，基于《反垄断法》的规定，如果处理者对训练数据的掌握构成了市场必需设施，则该处理者负有开放数据的义务，此为基于数据流通目标对训练数据财产权的限制。[10]

---

[10] 参见李世佳：《论数据构成必需设施的标准——兼评〈关于平台经济领域的反垄断指南〉第十四条之修改》，载《河南财经政法大学学报》2021年第5期。

第七章

数据治理实践案例

一、国内数据治理实践

（一）各省市政府数据治理实践

1. 上海大数据中心数据治理工作方案

（1）顶层制度设计

在制度层面，2018 年至今，上海市大数据中心先后出台《上海市数据条例》，实施《上海市公共数据和一网通办管理办法》《上海市公共数据共享实施办法（试行)》等一系列地方性数据管理法律法规。制度规范聚焦发力全市公共数据统一集中管理，立足公共数据归集、治理、共享、开放、应用、安全生命周期管理，推进实现公共数据完整归集；建强电子政务云、大数据资源平台等基础设施和功能，加强区块链等新技术应用，实现数据全量上链上云；以共享为原则，不共享为例外，建设公共数据统一开放平台，强化高质量数据供给和数据下沉赋能，加快培育数据要素市场，创设公共数据授权运营制度，激发和释放数据要素活力，为进一步规范数据管理、强化数据安全，赋能支撑政务服务"一网通办"、城市运行"一网统管"，助力上海城市数字化转型提供法治保障。

在标准规范层面，2020 年，上海市公共数据标准化技术委员会正式成立。2022 年，为更好凝聚专业力量发挥集聚效应，开展组织调优，更名为"上海市数据标准化技术委员会"（以下简称市数标委）。市数标委坚持"顶层设计、急用先行"原则，开展公共数据标准体系研究和全过程数据标准研制，初步涵盖公共数据"采集、归集、治理、应用、安全、运营"相关环节。依托市数标委，初步构建本市公共数据标准框架体系，已发布《自然人婚姻专题库数据规范》《公共数据运营服务目录和计量计费指南》《公共数据运营绩效评估指南》《公共数据安全分级指南》等地方标准和《政务服务"一网通办"业务规范》等标准化指导性技术文件，助力上海政务服务"一网通办"和城市运行"一网统管"和城市数字化转型。同时，积极参与推进相关国家标准研制，长三角三省一市大数据管理部门成立"长三角"数据共享开放区域组，形成长三角数据标准研制合力。

（2）数据编目与汇聚

数据上链。强化区块链技术在政府部门的运用，提速数据"上云上链"。基于部门职责、系统、数据体系化编目，设计以"职责—系统—数据"关联的公共数据资源目录体系，摸清数据家底，做到胸中有数。推进全市50余家市级部门单位开展"三目录"编制和关联挂载，建立数据认责机制，开展全过程溯源管理。各部门根据职责梳理形成职责目录，根据职责目录推动数据目录编制上链和信息化系统登记上链工作，实现数据资源与业务职责的关联。依托"数据上链"实现公共数据的全生命周期管理，研究推进数据标准和数据应用场景的上链管理，结合"数据上链"开展数据质量溯源和数据分类分级管理。

"应编尽编""按需归集"。根据已上云的信息化系统的盘点情况，以"应编尽编""按需归集"为原则，梳理形成全市公共数据目录，逐步摸清全市委办局数据家底，并推动全市公共数据归集。结合"目录—数据—系统"关系，开展数据资产盘点试点，持续夯实全市统一目录管理。加强平台数据目录管理能力建设，实现数据目录编制、数据定级、数据资源挂载、数据资源申请、数据异议处理等功能。

"数源工程"。以"一数一源"为治理原则，开展"数源工程"，梳理权威数据目录。数源目录有效支撑各区、各部门智能填表、AI 审批等应用需求。自"数源工程"推进以来，推动办事从纸质材料向电子材料的转变、从"填材料"向"补材料"的转变、从"多次填表多次提交"向"单次填表单次提交"的转变、从多部门审核向无人干预自动办理的转变。各区在"数源"数据应用成效显著，不断拓展应用场景，提升政务服务办事体验。

（3）数据融合治理

建设自然人、法人、空间地理综合库，联合各相关委办单位，开展多维度专题治理，以业务牵头，以应用场景为切口，形成专题库，逐步丰富三大库。形成自然人综合库，并围绕自然人出生、教育、就业、婚姻、死亡等全生命周期，多维度展开专题治理；形成法人综合库，并围绕企业的成立、活跃、消亡等全生命周期开展专题治理；建设包含地名地址、建筑房屋等城市管理所需的空间要素的空间地理综合库。

（4）数据共享

"三清单"共享机制。《公共数据和一网通办管理办法》中提出建立"三清单"，形成以需求清单、责任清单和负面清单为基础的公共数据共享机制，"以共享为原则，不共享为例外"，依托市大数据资源平台打通国、市、区三级共享通道，实行"清单＋目录"数据供需对接模式，开展公共数据共享交换。

以"应用场景"为核心的便捷共享机制。为解决数据共享审核时间长等问题，建立以应用场景为核心的便捷共享机制，对于纳入应用场景的数据，需求单位提出相关需求时，通过电子印章等技术手段进行责任承诺签署后，可授权获取共享。

"长三角"区域共享：三省一市数据管理部门协力，依托全国一体化政务服务平台，打造长三角数据共享交换平台，建立长三角一体化数据共享高速通道，涵盖数据资源管理、数据共享交换、数据质量管理、数据供需管理、数据异议核实、数据目录管理、电子证照可信应用、电子证照融合服务等功能。近5年，三省一市在长三角数据共享平台上共编制并发布了近400个目录，注册挂载超500个数据资源，赋能长三角学生资助"免申即享"、跨省就医财政票据应用、公积金跨省提取、长三角出生一件事等跨省通办业务，让各类政务服务资源真正流动起来。截至2021年8月，已推出138项跨省通办场景应用，累计全程网办办件超543.8万件，让三省一市企业群众享受"同城服务"。

（5）公共数据开放

在上海市经济信息化委的牵头和指导下，市大数据中心为公共数据开放工作提供技术支撑。为了进一步提升公共数据面向社会的赋能力度，上海市率先开展公共数据开放工作，其中，统一的公共数据开放平台在全国也处于领先水平。依托市大数据资源平台建设的上海市公共数据开放平台（data. sh. gov. cn），为全市公共数据开放工作提供统一的日常运营、技术支撑和安全保障，面向社会开放公共数据集。

（6）公共数据授权运营

机制建立方面，根据国家"十四五"规划，国办、中央网信办关于开展授权运营试点的要求，2021年11月25日正式颁布了《上海市数据条例》，其中第三章第三节创新制定公共数据授权运营共3条，提供了本市建立公共数据授权运营机制的法律依据。采用竞争方式确定被授权运营主体，引入市场主体基于统一平台运营公共数据，开发数据产品并进入交易市场，最大限度地促进公共数据的挖掘利用，以及公共数据和非公共数据融合应用；同时，加强公共数据授权运营的安全管理方面，被授权运营主体在授权范围内，依托统一规划的公共数据运营平台提供的安全可信环境，实施数据开发利用。探索试点方面，已在金融、医疗、交通、旅游等领域试点公共数据授权运营机制，根据实际工作需要，设计了部分实际运营过程中所需要的相关流程和技术标准，包括应用场景审批、产品上线、产品发布、事中事后监管等，目前已在试运行。

（7）数据质量管理

数据质量管理闭环。依托"数据上链"加强源头数据管理，以异议核实与处理机制形成异议核实问题数据工单管理闭环，以数据运营报告体现数据质量工作成效。

异议核实与处理机制。由上海市政府办公厅牵头起草了《上海市公共数据异议核实与处理管理办法（试行）》，作为《上海市数据条例》配套制度发布，是一项全国创新性制度，明确"提出—收办—核实—修正—反馈—告知—评价"的异议核实与处理环节，以及每个环节的时限要求。一是突出业务牵引，厘清各方责任。业务环节的核实、确认与更正是数据异议核实与处理工作的关键，市级责任部门建立健全协调工作机制，加强部门内部横向协同和条线纵向统筹。二是注重分类处理，促进协同联动。做到简单问题快速办、多方问题联合办、复杂问题分析办。

运营报告。建立市、区两级数据运营报告机制，对全市各责任部门信息系统梳理情况、资源目录编制情况、数据共享情况、数据安全管理及制度建设情况进行综合评价，确保数据可用，问题可追溯，责任可落实。每月发布，年度发布总报告，动态体现数据治理成果。

（8）大数据资源平台

初步建成全市一体化大数据资源平台，打造城市数字化转型的新型数据基础设施，作为全市数据交换和要素流通的核心枢纽，实现国家、市、区三级的互联互通。对内提供数据治理和 AI 服务的工具箱，对外提供了数据开发利用的可信环境。

市大数据资源平台支撑包括数据底座、数据治理功能、数据共享、数据安全、数据门户等功能。深化中台建设，按照"一行业一中台"的原则，为每个行业主管单位提供数据中台能力，实现行业数据归集治理、服务接口封装、数据可视化等功能。向上与一体化在线政务服务平台互通，向下与各区大数据资源平台互联，形成了国、市、区"三层架构"。实现了多源异构，支持了包括结构化、非结构以及空间地理位置等多数据格式的归集，同时还满足了各种离线、实时数据归集的要求。搭建统一数据底座的算力池，通过统一的服务出口全面支撑全市自然人、法人及非法人组织的数据使用和服务。在一些应用的支持上也达到互联网级别的要求，实现高并发的数据查询能力。

（9）安全管理

在管理机制上，与上海市委网信办、网安总队和国安等部门形成安全工作合力，加强对云网协同，跨部门、跨业务的一体化安全运营机制。坚持筑牢"云、网、数、用"安全底线。在网方面：建立常态化网络安全态势感知能力，形成高效、有序的应急响应机制。在云方面：配套一系列服务能力。在应用系统方面：对于重点应用系统，实施全链路监控服务，并且定期进行安全检查，查漏补缺，健全防护体系。在数据方面：探索零信任安全体系建设，通过采取一系列防护措施，加强数据安全的审查，分析操作日志，排查潜在风险。以等保制度为纲，建立健全数据安全制度和标准规范。推进数据分类分级，开展重要数据目录制订。加强安全技术运用，实现个人敏感数据脱敏及加密存储。建设"一体化综合运营平台"，实现互联网安全攻击态势智能分析和"7×24"全天候安全监控。

2. 浙江省公共数据治理

（1）公共数据基础制度保障

法规制度层面，2017年、2020年浙江省先后出台《浙江省公共数据和电子政务管理办法》（已失效）、《浙江省公共数据开放与安全管理暂行办法》两部规章，明确各级政府促进数据共享、开放的职责，搭建起公共数据的制度框架。2022年3月1日，全国首部以公共数据为主题的地方性法规——《浙江省公共数据条例》（以下简称《条例》）正式施行，进一步规范公共数据提供主体、使用主体和管理主体之间的权责关系，明确公共数据边界、范围和多元治理体系，健全数据共享和开放制度，加强数据安全和个人信息保护，建立起规范有序、安全高效的公共数据开发利用机制。《条例》把公共数据范围从行政机关扩大到国家机关，纳入了党委、人大、政协、法院、检察院等单位，为整体推进数字化提供保障。同时，又充分保障了个人隐私和数据安全。这为公共数据的依法有序流动奠定了基础。《条例》确定了公共数据"以共享为原则，不共享为例外"，建立了"无条件开放、受限开放、禁止开放"分类分级开放制度和公共数据授权运营制度，允许县级以上人民政府授权符合条件的法人或非法人组织，依托公共数据平台对授权运营的公共数据进行加工，向用户提供并获取合理收益，促进了公共数据依法有序流通。

标准规范层面，先后制定了《数字化改革　公共数据分类分级指南》《数字化改革　公共数据目录编制规范》《公共数据元管理规范》等地方标准，发布了公共数据平台建设导则、数据治理、数据共享、数据开放、数据安全等相关工作细则，为全省公共数据安全有序共享开放提供指引。2023年8月初，《浙江省公共数据授权运营管理办法（试行）》以浙江省政府办公厅名义印发，按照依法合规、安全可控、统筹规划、稳慎有序的原则，对授权运营的职责分工、授权运营单位安全条件、授权方式、授权运营单位权利与行为规范、数据安全与监督管理等内容进行全面部署。

（2）完善一体化智能化公共数据平台

整合全省公共数据资源。全力推进省市县三级一体化智能化公共数据平台建设，以一体化数字资源系统（IRS）为载体，实现全省1.5万个应用、311.1万项数据、1141个组件、11.7万个云资源实例实时在线管理，促进全省数字资源高质量供给、高效率配置、高水平统筹，不断夯实平台底座。统一建设人口、法人、信用信息、电子证照、自然资源与空间地理等五大基础数据库，建成生态环境、交通出行等十大专题库，支撑多跨场景应用。

强化公共数据质量管控。规范治理存量数据，制定 6 大类、92 小类通用规则和 5096 个部门个性化规则，形成问题数据"发现—反馈—修正—校验"闭环管理。建立省市县一体、协同联动的共享数据快速治理机制，实现问题数据跨层级闭环处置、源头治理。会同各数源部门推进高频数据"一数一源一标准"治理工作，建成数据元标准库和标准字典库，确定每个数据的权威来源，加强数据高质量供给。承担建设国家政务数据目录、数据直达基层、电子证照数据治理和"区块链＋政务服务""区块链＋政务服务共享"试点建设，推动公共数据跨地区、跨部门、跨层级高质量安全利用。

（3）加快公共数据共享开放利用

深化公共数据共享应用。成立浙江省公共数据共享协调小组，统筹协调全省公共数据工作。依托一体化智能化公共数据平台，建立健全数据共享应用机制，通过接口共享、批量共享两种方式，实现跨地区跨层级跨系统数据共享，有效支撑各地、各部门业务协同。建设大数据处理分析系统，具备百亿级的数据分析处理能力。探索利用隐私计算技术，共享省统计局、省电力公司、省人力社保厅等数据，支撑共同富裕群体监测分析、稳就业和参保扩面、中小企业经营现状分析等应用场景。

加大公共数据开放力度。依托一体化智能化公共数据平台，由省级负责建设全省统一数据开放网站，11 个地市建立数据开放分站点，全省共开放公共数据集 3.3 万多个，开放数据 152 亿多条。连续几年举办数据开放创新应用大赛，从需求侧推动数据开放，通过省市两级联动，充分发动优秀团队，累计参赛作品 4539 项，积极挖掘一批群众获得感强、社会效益明显、促进治理效能提升的优秀应用，形成了公共数据开放利用的良好氛围。

推进公共数据授权运营。贯彻落实《浙江省公共数据授权运营管理办法（试行）》，建立省授权运营管理协调机制，确定 11 个设区市和部分县（市、区）为第一批试点地区，公共信用、先进制造等 6 个领域为省级试点领域。建设授权运营域系统，作为加工处理公共数据的特定安全空间，通过严进严出、边界隔离、精准管控等举措确保安全合规，按照"原始数据不出域、数据可用不可见"的要求，实现公共数据和社会数据的融合计算。推进一批试点场景，促进数据赋能经济发展，杭州市、宁波市、温州市、湖州市（德清县）等地已在卫生健康、公共信用、金融服务、车联网等领域推进实施具体场景。

3. 新疆政务数据治理实践

自 2018 年以来，新疆维吾尔自治区按照国家统一规划和工作要求，逐步推进数据治理工作。自治区数据资源管理和数字政府建设相关的体制机制相继建立。自治区通过数据共享平台和政务服务平台建设，建立了数据共享通道，为部分跨部门、跨地区的数据共享业务提供支撑，并实现了部分政务数据的归集。建设了区级人口库、法人库、空间地理库，基础库建设具备一定基础。信用信息、电子证照、生态监测等主题库建设初具规模，行业数据资源分散在各部门管理，全区尚未实现数据资源的统一归集和管理。"新服办"业务有序开展，"信易贷"业务取得一定成效。总体上，自治区数据治理工作仍处于起步阶段，需要统筹谋划，全区"一盘棋"整体推进。

目前，自治区加快推进政府履职能力数字化建设，通过政务数据共享提升政府治理能力，政务大数据在推进政务服务、市场监管、社会治理等领域应用赋能作用初步显现。

有效支撑政务服务应用创新。通过自治区政务服务网和"新服办"App，面向全区开展政务服务"一网通办"业务，为 367 万个人实名用户和 253 万法人用户数量提供服务，支持身份证、医保卡、社保卡、营业执照等 24 类证照亮证展示，实现证照"免提交"。持续推进"证照分离""多证合一"改革，联合国税、公安、人社、住建、商务、海关、银行等部门，在自治区政务服务网建立"企业开办一窗通办""企业注销一窗通办"两个专区，优化企业开办、注销流程，实现一般企业开办全程审批时间压缩至3天，一般企业简易注销流程缩短为30天，提升了企业和群众办事的满意度。目前，市场监管90%行政许可业务实现"全程网办""不见面审批""跨省通办"。但是，国办电子政务办开展的省级政府一体化政务服务能力调查评估结果显示，自治区一体化政务服务能力水平为"中"。仍然存在实名注册用户信息完备性需提升，信息检索、智能客服等服务的精准性和便捷性需增强，网上便捷申报，环节简化等方面需进一步优化，从"可办"向"好办"转变需要重点加强等情况，政务服务能力仍需进一步提升。

有效支撑市场监管应用创新。一是自治区市监局运用大数据资源汇聚成果，提供"大数据＋智慧监管"能力，为"食安新疆智慧监管""互联网＋名厨亮灶""特种设备智慧监管"等平台提供基础数据供给，全力支撑食品安全智慧监管，2022年完成全区食品生产经营单位和重点行业网上巡查1.3万次，通过AI抓拍共发现风险预警信息3000余条。二是支撑信用监管，改造新疆企业信用信息公示系统，归集全区236万户市场主体信息，公示各类企业信息1.1亿条，建设企业信用风险分类系统和全区"双随机、一公开"综合监管平台，推进分行业、分领域精准监管和"双随机、一公开"联合监管。三是自治区信用信息中心开展"信易贷"业务，以"线上平台＋线下服务"模式，为中小企业提供信用融资服务。该业务于2020年12月8日正式上线。截至2021年6月，平台已入驻29家银行机构及其862家分支机构，中小微企业10.1万余家，实现了14个地（州、市）全覆盖；已授信8423笔共计550亿元，放款6604笔共计302.7亿元。2021年11月，新疆"信易贷"平台被国家发展改革委授予"全国中小微融资综合信用服务示范平台"称号。

有效支撑社会治理应用创新。自治区党委政法委依托GIS地理信息服务，集中展示人、地、事、物、情、组织等社会治理基础要素，纵向贯通区、地、县、乡、村、网格，横向覆盖区、地、县三级成员单位。聚焦矛盾纠纷大排查、大调节，建成覆盖区、地、县、村五级的矛盾纠纷多元化解平台，协同处置各类纠纷。根据中央政法委、国家发改委、公安部等9部委工作要求，探索形成视频监控共享汇聚领域完备的资源共享体系，推进完成区、地、县三级视频监控联网平台及公安视频专网、综治视频网建设，完成对全区119万余路已联网监控资源的汇聚调度，实现联网共享总平台与综治分平台间的监控资源全量共享。

（二）数据资产化治理

1. 金融数据资产治理——某商业银行中小企业融资贷款案例

当前，中小企业普遍面临严峻的融资贷款难题，相比大型企业，中小企业的征信数据较有限，商业银行很难客观评估中小企业的经营情况。为了响应国家对中小企业纾困帮扶政策，某大型国有银行联合外部机构，将商户收单交易流水数据与行内数据共享流通，为中小企业主进行信用评分并给予信用额度，扩大普惠金融服务范围。方案整体结构如图7-1所示。

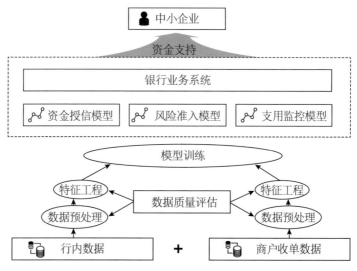

图7-1　某商业银行数字化中小企业融资贷款方案

　　金融行业对数据资产质量的特殊要求主要是由于其操作的高风险性和对于数据驱动决策的高依赖性。以商业银行为例，其在信贷评估、交易处理、风险管理、合规监控、投资决策等业务环节对数据的需求尤为关键。金融行业数据资产质量评估侧重在以下几点：首先，高度准确性。金融决策依赖精确的数据，交易数据、账户余额、利率等都必须精确无误，任何小错误都可能导致巨大的损失。其次，时效性。金融市场快速变动，数据必须能够实时更新，以便及时反映市场条件和客户需求。最后，合规性。金融行业受到严格的法规监管，比如，反洗钱（AML）和客户身份确认（KYC）规定，这要求数据必须符合相关法律法规的要求。

　　在该案例中，银行内数据、商户收单数据会参与建模。在进行建模之前需要先进行数据预处理和特征工程，然后进行联邦学习训练，最终产出训练模型。在该案例中，一方面，双方数据融合带来更精准的模型性能；另一方面，行内数据质量、银联数据质量，以及工商数据质量，特别是数据准确性和时效性也将是影响最终模型效果的关键。在该案例实际落地过程中遇到多种数据资产质量问题，包括由"脏数据"、异常数据、重复数据造成的准确性问题、客户财务数据未能实施更新而造成的时效性问题。

　　针对以上问题，上述银行重新明确数据资产质量评估方案，全面地监测、诊断并改进数据质量，确保数据的准确性和时效性。首先，基于数据现状，数据质量评估方案产出数据质量评估报告。评估报告主要包括数据概述、数据质量评分、数据字段分析等模块，其中数据质量评分，包括对是否存在重复数据、是否有名称不规范、是否存在缺失、是否存在字段类型不正确等问题进行分析评估。在数据字段分析模块，将对数据的每列数据进行展示，同时会展示出列值的数据分布等信息。其次，在对数据质量评估报告分析的基础上，数据质量评估方案通过异常值处理、过滤数据、删除重复数据、日期格式切换、删除字段等方式进行数据质量处理，保障在正式建模之前数据质量达到预期效果。

2. 公共数据资产治理——城乡居民养老保险参保稽核案例

当前，政务行业公共数据要素运营是国家积极倡导的政策方向，2022 年 12 月 19 日国家发改委对外发布《数据二十条》，积极推动数据要素流通运营。在大政策背景下，某地人社局基于数字治理理念，针对本地域劳动密集型企业，面向新市民人群，由人社局联合税务、金融机构发起的员工社会保险参保探查分析，找出本地域不缴纳社保或少缴纳社保的企业。整体方案如图 7-2 所示。

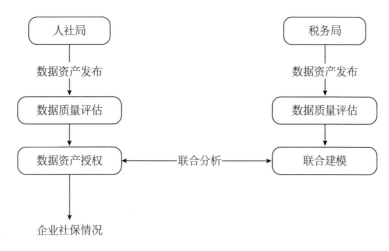

图 7-2 某地城乡居民养老保险参保数字化稽核方案

公共数据涵盖了社会的几乎所有领域，包括经济、教育、公共安全、卫生保健、交通等。从形式上看，公共数据不仅包括结构化数据，如数据库中的表格数据，还包括大量非结构化数据，如文档、图像和视频。从来源上看，公共数据生产源头丰富、规模庞大。在不同政府机构之间，预算限制、技术能力、管理水平、政策导向等多种因素导致公共数据运营在 IT 基础设施、技术应用和服务水平上存在较大差异。因此，公共数据资产在质量上也容易产生问题。

在该案例中，人力资源和社会保障局和税务局参与联合分析。在进行分析之前需要先进行数据质量评估，然后进行联合分析，最终产出存在问题的企业名单。在该案例中，人力资源和社会保障局以及税务局数据的准确性对最终结果的认定非常重要。在方案落地过程中出现了完整性、一致性、规范性各类问题。以一致性举例，人力资源和社会保障局数据在部分企业数据上和税务局企业数据上存在缺失问题，在最终分析数据之前需要先解决完整性和一致性问题。

（三）数据安全治理

1. 公共数据安全治理——某地政府大数据中心公共数据上链实践

为落实加快推进城市数字化转型要求，促进数据共享应用，某地政府依托政务区块链平台，开展公共数据上链工作，组织各单位开展公共数据目录梳理，完成公共数据目录编制与更新工作，构建"全程在链、全链可溯、全域可信"的数据管理模式，有效保障数据安全，为各单位提供"即取即用、集约高效、安全可靠"的区块链基础服务支撑，更好地赋能数字政府建设。具体实践如下：

（1）数据目录梳理。各单位根据职责目录、系统目录梳理情况，依托信息系统履职生成的数据资源，基于历史数据目录进一步梳理、编制与更新本单位数据目录并建立关联关系。

（2）数据目录编制。包括目录新增、变更、删除。

（3）数据目录分类。包括数据管理类型、数据管理层级、数据来源类型、业务实体标签、数据存储类型、衍生数据类型数据目录安全等级等。

（4）数据分级管理。各单位按照公共数据分类分级、重要数据识别相关要求，在数据目录编制工作过程中，同步开展数据目录分类分级。数据分级管理操作具体包括重要数据目录识别和数据项安全分级。

（5）目录质量检查。组织对公共数据目录质量进行检查。待本单位所有目录编制完成后，将反馈最终的数据目录质量检查报告。

（6）数据质量检查。在完成数据目录编制并挂载数据资源后，组织对新增数据目录的挂载率与归集情况的考核，每月出具数据质量报告，并加快开展"数源工程"和"一数一源"治理，持续提升公共数据质量。

（7）数据上链锁定后数据编目。待数据上链并锁定后，各单位公共数据编目工作统一通过公共数据管理系统进行管理。

公共数据上链是加强治理能力现代化建设的重要抓手，是提升城市核心竞争力的必然要求，是回应企业和群众期盼的迫切需要。该地政府及各单位秉承完成"集中会战"的紧迫感和使命感，充分沟通，团结协作，梳理完成"单位职责、系统、数据"三目录，建立关联关系，并完成上链锁定。依托政务区块链平台，初步实现了数据高质量上链、高效率共享、高效能应用，更好助推提升治理能力和服务能级。

通过"公共数据上链"，完成了数据资产的梳理，实现了公共数据分类分级，形成了数据资产分类分级清单。为进一步探索建立数据分类分级保护策略打下坚实基础，按照核心数据严格管理、重要数据重点保护、个人信息安全合规和一般数据分级保护的思路，制订数据分类分级保护制度，对数据实施全流程分类分级管理和保护，提升数据分类分级保护能力，形成数据分类分级保护体系。同时，在数据分类分级保护的基础上，不断丰富数据应用场景，深度挖掘数据价值，促进数据共享应用，提升数据治理效能，推动数据有效流动和开发利用。

2. 金融数据安全治理——某大型国有银行个人隐私与数据安全保护项目实践

自 2018 年以来，重大个人隐私数据安全事件频发，在社会上造成恶劣的影响，也给企业带来巨大的经济损失。某商业银行作为服务数亿名个人客户、拥有海量多维客户数据的国有大行，面临数据安全与个人隐私数据安全的新挑战。明确个人隐私数据范围和安全原则，既是商业银行满足国内外监管规定的外在要求，又是商业银行持续夯实数据治理基础，支持业务经营管理，预防相关风险和损失的内在需要，更是履行国有大行社会责任的直接体现。

2019年该商业银行计划实施个人隐私与数据安全保护研究项目，通过专项研究构建全行数据安全管理框架和策略，以完善数据治理能力框架，全面提升数据治理能力。鉴于目前国内银行在该领域的研究均处于起步阶段，无可借鉴的行业成熟经验，因而需要采购外部数据安全管理方面咨询专家，协助某行完成项目的相关工作，包括制定某行数据安全等级划分标准，并制定各等级相应的数据安全保护策略，对数据应用提出数据安全保护相关操作指导。

对大数据环境下个人隐私保护与数据应用安全工作面临的新挑战，该项目需要实现以下目标：首先，构建全行数据安全管理框架，充分解读国内外针对数据安全方面的监管要求，考察国内外数据安全管理的先进经验，构建数据安全管理框架，完善数据治理能力框架，全面提升数据治理能力。其次，构建数据安全管理成熟度模型，通过现状调研，评估数据安全管理方面的成果和存在的问题，开展成熟度分析，制定成熟度模型，规划3~5年内的数据安全管理"分步走""由点及面"的发展蓝图。再次，制定数据安全等级划分标准，充分研究国内外数据安全等级划分标准的先进实践，制订数据安全等级划分标准，并制定各等级相应的数据安全保护策略，对数据应用提出数据安全保护相关操作指导。最后，制定个人隐私数据保护的策略，明确个人隐私数据的定义和范围，并通过充分的调研，全面收集个人隐私数据的应用现状，评估现有个人隐私数据保护能力，分析存在的数据安全隐患和管控风险。考察国内外先进实践，制订全行个人隐私数据安全保护的实施策略，针对个人隐私数据项设定安全等级，并针对不同应用场景明确具体管控要求。

在安全策略方面，该商业银行依据国内外法律法规中针对数据安全的相关条例和国内外监管部门对金融机构数据安全方面的具体要求，以及数据治理框架和业务发展需要，通过现状调研评估数据安全管理现状为基础，梳理数据安全管理的需求、目标，构建数据安全治理发展蓝图，规划未来 3～5 年数据安全管理实施路径，并对每个数据安全治理阶段提出具有可操作性的指导性建议。完成了以下建设性任务：

首先，建立和完善数据安全制度架构，完善数据管理各阶段、流程、场景的安全管控要求，包括制定和完善数据分类分级制度，定期对制度内容进行更新和修订、制定数据分级保护制度或者策略，完善数据制度和策略细节，确保其符合数据管理现状、制定大数据平台数据安全相关的管理制度，加强数据分析过程中的安全控制，使用户有明确的参考和执行标准和要求、制订数据共享过程的规范要求、控制措施，加强对敏感信息共享的约束管理、制订数据跨境传输要求，明确跨境传输时对敏感信息的处理要求和管控规范、制订明确的数据供应链安全制度要求，规范和指导员工和供应链人员数据安全操作行为。

其次，建立个人信息安全制度架构。定义个人信息保护的原则，明确个人信息的分类分级标准，围绕个人信息的收集、保存、使用、委托处理、共享、转让、公开披露等方面制定可落地的规范要求，针对 App、业务上云、大数据分析、个人信息安全工程、跨境传输等场景制订细粒度的个人信息保护管控要求，并建立个人信息安全事件的处理机制。

再次，建立数据安全管控沟通机制。对内建立跨部门的定期工作机制，比如，工作月报和重大事件快速沟通，及时反馈问题，推进解决方案执行。包括纵向沟通机制，通过沟通实现"管理"上级。明确整个数据安全管理组织框架的沟通机制，汇报周期、汇报对象、汇报内容范围等；横向协作沟通机制，包括数据管理部与金融科技部、各业务部门等其他部门的沟通，及部门内部团队之间的沟通；明确沟通协作机制，包括数据安全及个人信息保护管理流程变更、技术更新、创新改革沟通机制、异常突发情况应急响应沟通机制、与供应商的数据安全管理及个人信息保护沟通机制、与客户的数据安全管理及个人信息保护沟通机制。

最后，对外建立网信办、监管部门、专业机构、外部服务商之间的定期沟通，设置相关对接人员，了解前瞻技术和研究方向，提升管控和应对能力。

通过项目的实施，某大型国有银行3年内达成了以下目标。

第一阶段：初步建立数据安全管理架构，夯实管控基础。建立和优化数据安全管理组织、制度、流程机制，重点落实分类分级和个人信息安全工程，建立管控指标库，提升数据安全保护能力。

第二阶段：重点建设数据安全技术管理能力，提升管理基准。进一步明晰并落实"三道防线"协同，落实数据安全内控评价机制，规范数据安全风险评估工作，完善数据供应链安全管理。推进同态加密等新技术应用，有效加强数据共享分析的隐私保护能力。

第三阶段：全面落实数据安全监控机制，强化风险感知。制定数据监测规则和方案，实现数据层面的安全和风险可控，健全客户信息保护机制，建立全方位的数据安全风险感知和防范应对机制，新兴技术的数据安全风险得到有效管控。

3. 大型企业数据安全治理——某餐饮国际公司数据安全治理建设实践

某餐饮国际公司作为服务数亿名个人客户、拥有海量客户数据的大型企业，面临数据安全与个人隐私数据安全的新挑战。其在数字化转型过程中，业务系统存有地址、手机号等大量敏感信息，系统交互和数据流转路径日益复杂，数据整合应用场景愈加广泛，造成数据安全风险点频发。数据安全管理需要覆盖数据"全流程""全场景""全体人员"，对管理方法及技术手段提出了更高要求。

该餐饮国际公司推动落实数据安全法律法规要求。数据安全治理领域以《网络安全法》《个人信息保护法》《数据安全法》《网络数据安全管理条例（征求意见稿）》构成"三法三条例"体系，成为网络安全防护和数据安全治理的重要合规驱动力。其需要积极响应相关法律法规及相应的标准规范，落实不同维度、不同侧重的各类监管合规要求。

该餐饮国际公司从关键需求出发，遵从各项法律法规为基础，坚持"业务影响最小化、安全服务组件化标准化、安全能力体系化规范化"三原则，梳理出"安全风险可识、使用流程可控、泄露风险可察、运营处置可达、法律法规可循"五大总体目标。

公司规划了数据安全"12345"战略，即"1套数据安全治理平台"，即公司通过一个数据安全治理平台，实现数据安全能力建设和运营的中心平台体系；"2项数据安全能力建设"，即公司的数据安全核心能力建设围绕两大核心：数据安全管理和数据安全技术；"3类数据安全场景"即数据安全本质围绕企业所需和风险，解决三大数据安全需求场景：数据泄露、数据破坏和安全合规。"4项数据安全长效运营"，即数据安全运营围绕4项目标：数据资产运营、安全事件运营、策略运营和合规运营。"5大数据生命周期管理"，即覆盖数据安全生命周期5大阶段：数据采集、数据传输、数据存储、数据处理和数据交换。

按照国家法规、监管指引等要求，参考国家、行业相关技术标准和规范，以及同业最佳实践，结合公司业务发展、数字科技转型和信息科技工作实际需要，制定了安全管理、安全运营、安全技术"三位一体"的数据安全总体框架。

（1）数据安全管理体系

公司数据安全管理体系通过建立数据安全制度和组织架构，构建合规管控和检查监督机制，保障数据安全管理工作有章可循。

一是构建数据安全合规管控长效机制。遵循法律法规和监管要求，建立安全合规要求技术标准，引入数据安全能力成熟度模型（DSMM）、"识别—防御—检测—响应—恢复"（IPDRR）模型和"开发—安全—运营一体化"（DevSecOps）等最佳实践，开展合规建设，进一步明确安全合规工作的流程和依据。

二是建立数据安全制度体系。根据公司整体信息化发展策略和目标，制定数据安全相关的策略目标和制度流程。通过建立标准规范，落实法律法规要求，指导数据安全管理工作，为保障公司数据安全提供有力支撑。

三是建立数据安全组织架构，包括制定数据安全工作责任制，明确权责边界，压实公司和各部门之间的数据安全职责。

四是开展检查监督，健全和完善公司数据安全检查评价机制。通过定期检查、问题整改落实、回顾总结优化和常态化考核评价，不断优化数据安全管理体系。

（2）数据安全运营体系

公司建立数据安全长效运营工作机制。数据安全运营通过搭建数据安全运营平台，利用自动化处置、流程引擎、低代码可视化引擎等手段，实现数据安全运营人员可达、处置可达、效率可达的目标。

一是夯实运营队伍。数据安全管控向全面化发展，相关运营工作以几何形式递增，现有运营人员难完成更多运营工作。公司扩充人员队伍，根据业务需要，建立涵盖资产运营、风险运营、策略运营、基础运营、运营支撑等细分领域小组，呈现人员专业化特点。

二是强化流程驱动。随着业务和内外部环境的变化，对安全运营的工作覆盖面、时效性、准确性等要求逐渐增加，安全运营工作需要跟随业务的变化而不断精进。通过搭建数据安全运营平台，利用大数据、平台能力和人工服务等手段，形成资产探测、风险监测、事件分发和策略优化的运营服务闭环。

三是提升人员安全能力。公司探索专业的数据安全技能提升手段和方法，强化主动运营能力，积极推广认证培训、搭建演练平台和开展实战演练，提升数据安全事件发现响应的时效，降低数据泄露风险，并及时发现、防范运营过程中的数据安全风险，阻止数据泄露风险发生。

四是持续运营平台建设。公司持续优化运营策略，提升业务的贴合度；完善应急事件处置手段，提高处置精准度，强化自动化运营能力。

（3）数据安全技术体系

在技术层面，某餐饮国际公司现有 3 个主要问题：一是数据安全技术和产品复杂，和业务贴合比较密切，服务提供能力不足；二是安全技术和产品种类繁多，特别是异构类产品，需要对相关原子安全能力集中化管理，对上层业务屏蔽实现逻辑，提高安全能力的适配度；三是数据杂乱无章，跨专业领域数据孤岛，数据采集能力和处理能力重复建设，同时不利于全域数据的使用和融合建模和降低误报率。针对上述问题，规划出数据安全技术体系框架，以安全技术中台建设为核心，实现数据安全原子能力组件化服务化，使风险识别更完整、安全防护更高效、威胁发现更精准。

该餐饮国际公司数据安全运营建设包括 3 个阶段：第一阶段：速赢阶段。终端数据安全情况调研；数据安全规范发布；全国市场 DLP 措施落地；全国市场 USB 权限关闭。第二阶段：强基阶段。数据安全治理平台建设；敏感数据识别和治理；敏感数据地图；核心链路数据安全加固。第三阶段：奔跑阶段。数据安全运营；全链路数据安全加固；智能分析检测能力；动态流转监测。

通过数据安全运营三期建设，公司数据安全成效显著。

数据安全管理方面：建设有数据安全组织架构与层级，明确网络安全与数据安全管理边界，落实数据安全团队的岗位职责；全面深入应对监管部门相关合规检查工作，实现数据安全领域的安全管理制度落地；通过完整的数据安全培训、举办相关主题活动，从而塑造公司"数据安全保护人人有责"的企业文化；通过个人信息安全四大领域共 200 余项评估项的合规评估，从而实现全方面评估个人信息安全的合规风险点，在满足最基本法律要求的同时，能更好地应对上级监管部门的相关合规检查；完成数据安全风险评估，全面识别目前公司存在的数据安全风险点，出具可落地、可执行的数据安全整改建议。

数据安全运营方面：进行岗位职责细分，人员设置关系合理，从而提高整体数据安全运营工作高效执行，形成有效的人员互补模式，降低人员变动风险；完成运营流程的新增、重构和优化，形成 SOP 标准化服务流程，提升运营工作效率；通过各类技术认证培训和实战演练相关内容的交付，在提高人员安全能力的同时，常态化进行数据安全实战演练，实现"平战结合"的目标；完成运营中心建设交付，建设高效的工单流转模块，结合自动化运营处置模块，提高公司数据安全事件应急处置效率。

数据安全技术方面：覆盖公司近百个业务系统，纳管各类型数据库资产近 2000 个，并与 70,000 多涉敏字段进行数据对接，实现数据库静态脱敏，满足数据共享和传输匿名化要求。完成文档脱敏、文档水印、敏感数据水印溯源、敏感数据静/动态脱敏等各项原子能力建设，保证数据在测试、开发以及业务分析等场景下使用过程中的安全，降低从生产环境明文涉敏数据到测试环境无序管理，以及数据泄露风险，赋能开发。

（四）跨境数据交易治理实践——深圳数据交易所首笔场内跨境数据交易

深圳数据交易所首笔场内跨境数据交易标的为"数库 SmarTag 新闻分析数据产品"，产品卖方为数库（上海）科技有限公司，买方分别为洛杉矶资本（美国）、贝莱德集团（美国）、PDT 公司（美国）、英仕曼集团（英国）、奥德沃思管理有限公司（中国香港特别行政区），交易总金额约为人民币 500 万元。

该产品主要通过自然语言处理算法对国内 459 个主流网站的财经及行业新闻资讯进行提取加工，形成标签化数据，剔除个人信息、新闻标题及新闻内容后向境外客户提供。标签数据包括新闻中涉及的公司、产品、行业、地区、事件及概念六大类的标签及消息正负面程度，从而帮助投资者获悉市场情况、预判投资风险、优化策略决策。

深圳数据交易所对该交易的交易主体基本情况、交易数据情况、交易合同及风险评估情况等多项事宜进行审查并留存了相关记录。基于现有材料，深圳数据交易所尚未识别交易数据涉及个人信息及重要数据的情况，考虑数据本身为公开数据，且经过标签化及剔除个人信息、新闻标题及新闻内容的处理，深圳数据交易所认为，数库科技主动防范了数据跨境交易的安全风险，该交易基本符合法律法规的要求。最终该交易于 2022 年 5 月完成备案。

（五）数据协同治理实践——开放群岛开源社区

开放群岛开源社区（Open Islands）伴随中国将数据作为第五大生产要素，将数字经济作为国民经济发展建设重点方向的国家政策方针，以及《数据二十条》出台和"建设全国统一数据要素大市场"的历史背景而生，诞生于中国南海之滨的科技创新先锋城市及中国特色社会主义先行示范区——深圳，立足湾区、链接全国、放眼世界。

社区广泛链接政府、高校、研究机构、企业等超过 230 家核心主体，成立 40 个囊括数据流通技术、数据应用场景、数据安全保障等不同领域的兴趣小组，吸引 20 余个省市加入社区城市站共建，形成了一个全新形态的产、学、研多方协同创新的生态联合体。

这也是中国规模最大的科技场景创新网络，以"促进数据可信流通和场景融合"为使命，以"开源开放、协同发展"为理念，呈现"星罗棋布、合纵连横、百花齐放"的蓬勃生机，以"成本最小化、效率最大化"的市场驱动的协同方式，链接产业链上、下游市场主体，遵循开源社区国际运行标准规范，创新完善组织架构，适配中国特色国情和区域产业发展特色，逐步构建了数据要素领域的新型生产关系。开源社区的开放性是数字经济的活水之源，数据要素可复制、低损耗的特性天然适配开放的生产关系，"数据要素不流通则无价值、数据资源不交易则无价格"——数据重新定义市场各方参与主体的角色关系。数据对产业资源配置效率影响权重逐步增强，"数治能力"和"数智能力"在企业竞争中地位上升，开源组织成为生产要素创新资源配置的重要形态。

探索建设适合数据要素生产力发展的生产关系，现在的交易模式、组织模式、生态建设模式、运营模式都是新型生产关系的一种探索，生产力促进新生生产关系，生产关系发展到一定程度，反过来就会促进生产力的发展，必然要求数据市场的开放程度、创新效率更高。

1. 开放群岛开源社区建设概况

社区定位：中国首个致力构建数据要素流通体系的数字经济开源创新联合体。社区充分利用开源社区的创新模式优势，以服务全国数据要素流通应用场景为目标，打造具备"坚持信创、场景主导、互联互通、开源开放"特点的开源社区，助力加快建设全国数据交易统一大市场，以开源开放的方式充分整合政府、企业、高校、科研机构等多方资源，推动数据要素流通关键基础技术发展。以"打破数据要素流通的孤岛效应，实现数字经济的技术普惠"为使命，以"成为全球领先的可信数据要素流通开源社区"，始终坚持贯彻"创新协同、开放共赢"的社区价值理念。

2. 社区发展机制

构建社区开源生态核心力量。构建由社区发起单位、成员单位组成的社区生态关键力量。对于社区发起单位，聚焦数据要素流通关键技术标准化及规则建设重要参与方，以及技术研发及场景应用重要参与方，包括国家智库、国家单位、高校、大型金融机构、大型互联网公司及产业数字化头部企业。对于社区成员单位，应具备数据要素流通关键技术研发和开源贡献能力，或具备推动相关数据流通场景应用能力。推动数据交易产业上、下游资源导入及链接工作，整合丰富的产业资源。

制订明确的社区三位一体的治理架构。社区治理架构以成员单位（机构）、省市级分站（地区）、专业小组（产业场景）作为社区三位一体的球形生态网络结构，另行组建社区发展委员会、社区专家智库引领社区专业及可持续发展，其中，专业小组覆盖数据要素流通关键技术全维度专业小组（数据流通关键环节、关键技术联合攻关、垂直场景应用）与社区省市级城市站共同构建"产业协同、地域共生"的协同网络。针对成员单位以"专业垂直＋地区分布式"双向赋能机构发展。

建立社区工作评价及激励相融机制。制订针对各专业小组、开发者、社区参与单位贡献评价机制。以技术平台的开源贡献、社区规范化治理的建言、行业标准联合制定、信任契约的履约、专业小组的牵头发起及参与、数据流通网络及场景网络的贡献等价值贡献纬度作为开放群岛开源社区价值贡献评估纬度，建议社群共创、产业嵌入、场景共生的社区生态共演机制。社区重要工作重要牵头方遵循牵头自主意愿强、专业能力受社会广泛认可、机构具备开源共赢思路等原则由社区发展委员会通过投票制进行评选。

建立围绕可信数据要素流通的开源项目群。社区种子平台定位为全国首个工业级信创版隐私计算框架。以打造自主可控的互联互通的隐私计算平台，实现与其他隐私计算框架的互联，形成基于隐私计算的数据产品和应用范式为目标。重点引入与模型算法、算力、数据安全、网络传输等相关的技术项目并进行重点孵化及生态培育，加强社区技术资源储备。

制定社区知识成果共创、联合署名、知识产权共享规则。以洞察行业研究"痛点"，利用开源社区组织协同共创的机制优势，由社区发展委员会或社区 SIG 小组牵头发起行业性研究项目，以白皮书、报告、案例等多样化成果输出方式，充分串联研究侧及实践侧的双向成果，并按实际贡献程度进行署名；具体署名贡献单位及其个人署名由相关负责人统计并报批社区指导委员会审核后正式署名。

构建全国范围内的数据要素市场生态参与协作网络，充分发挥地方产业优势与专业示范效应、拉齐各地数据要素工作专业认知、探索实践路径。社区通过协同各省市数据要素关键支撑单位组建社区城市站。各地可以根据自身的产业特点和优势，在数据要素流通领域展开积极探索，有利于激发地方活力，推动数据要素在各地区的落地应用，进一步促进我国数据要素市场的发展。通过搭建这个网络，可以有效整合全国范围内的资源，推动各地数据要素市场的协同发展。此举将有助于提升数据要素流通的效率，促进数据资源的优化配置，推动我国数字经济的发展。

3. 社区建设成果

社区现已拥有 230 家共建参与机构，由深圳数据交易所联合中国信通院、中国科学院软件所、清华大学智能产业研究院、鹏城实验室、中国电子、中国移动、南方电网、华为等 50 家国家智库、高校、大型企业共同发起成立，后续吸引全国范围内 180 家数据要素型企业加入社区，遍布深圳、北京、上海、广州、杭州、西安、湖州、合肥、珠海、贵阳、南京、青岛、泉州、郑州等 30 多个城市，涉及国家单位、科研智库、高校、大型金融机构、互联网头部企业、技术厂商、专精特新中小企业、数据交易机构等多元化参与方，汇集了一批基础设施提供方、数据交易场景应用方、数据安全技术厂商等优质产业资源。

构建覆盖数据要素流通关键技术全维度专业小组 40 个，包含数据要素流通关键环节、关键技术攻关、垂直场景三大纬度。由相关领域的领军机构牵头，其中，深圳数据交易所牵头场景产品小组，贵阳大数据交易所牵头数据交易商业模式小组，清华大学交叉信息研究院牵头数据定价小组，中国质量认证中心牵头数据质量小组，深圳市标准技术研究院牵头数据登记存证小组，中央财经大学牵头数据资产小组，青岛华通智研院牵头公共数据运营小组，联易融牵头跨境数据流通小组，建信金科牵头数据融合小组，深圳征信牵头智慧征信小组，国家工业信息安全发展研究中心牵头认证评估小组，粤港澳标促会牵头数据经纪发展小组，深圳国家金融科技测评中心牵头金融科技小组，清华大学智能产业研究院牵头智慧医疗小组，国家基础学科公共科学数据中心牵头科技数据小组，东湖大数据交易中心牵头产业数据小组，西安交通大学牵头智能交通工具与运维小组，国电通联合湖州市数字集团牵头双碳数据小组，数字安徽牵头智能网联汽车小组，郑州大数据交易中心发起时空大数据小组，中小企业数智化服务全国联盟发起中小企业数智化小组，易华录发起央企数据要素市场建设小组，中兴通讯发起联邦学习小组，中国信通院云大所发起区块链小组，华为云发起数据空间小组，中国电子发起数据元件小组，智谱 AI 发起大模型小组，鹏城实验室发起人工智能小组，腾讯云发起模型算法小组，京东科技发起深度学习小组，百度安全发起数据安全小组，蚂蚁集团发起数据治理小组，国家超级计算中心发起高效能算力小组，哈尔滨工业大学发起哈尔滨工业大学，中国移动研究院发起面向算力网络的跨主体数据流通及调度技术体系小组、数据要素共享服务网络技术体系小组，新华网未来融媒体研究院国家重点实验室发起感知数据标注规范与新应用小组，深圳市大数据研究院发起开放数据小组，粤港澳大湾区大数据研究院发起互联互通小组，以"共建、共治、共享"为原则，覆盖数据要素流通全流程。

成立 16 个省市级开放群岛城市站。开放群岛开源社区城市站由各地数据交易所、交易中心、公共数据运营权威国企单位牵头发起，包括安徽、天津、贵阳、厦门、江苏、四川、河南、西安、青岛、泉州、湖州、澳门特别行政区、浙江、甘肃、东莞、徐州等。另有包头、雄安、山西、广州、盐城、湖南、克拉玛依、宁波、济南、庆阳、德阳、长春、无锡等 14 个省市级地方城市开放群岛城市站充分结合地方的区域特色和资源优势，整体统筹和规划该区域社区城市站发展方向及计划，赋能该区域数据要素流通与价值释放，共同推动全国数据要素流通关键基础技术自主可控，为加快建设全国数据交易统一大市场贡献力量。

组建领域专家智库，指导社区可持续发展。社区由人工智能领军人物、中国人工智能学会荣誉副理事长杨强教授担任执行主席，会聚 21 位信通院、国家信息中心、中国科学院、中国科学技术法学会等行业标准制定、技术研究、法律合规方面顶级专家作为特别顾问，41 位发起单位推选的可信数据要素流通领域高层次专家组成技术指导委员会，为社区项目及建设发展提供指导性意见或建议、负责社区技术研发的重大决策和技术资源协调。

以场景需求驱动，促成多家大型互联网公司实现隐私计算的开源技术互联互通。作为关键数据场景方和早期开源项目建设方，联合 FATE 开源社区、百度、腾讯云、京东科技共同发起隐私计算开源协同计划（Open PPC），以加快推动各大主流平台之间的兼容性和开源项目的协同性。一方面，通过开源协同整合各方力量，节省技术资源投入，聚合各自生态资源扩大各自项目影响；另一方面，加快基础设施的建设从而聚焦实现数据流通业务场景的商业闭环。

充分发挥社区专业小组及各成员单位之间的开源协作关系、推动理论 + 实践达成双向共识；分别启动并完成《跨境数据流通合规与技术应用白皮书（2022 年）》《开放群岛开源社区 2022—2023 数据要素可信流通案例集》《数据资产化白皮书 2023》《2023 公共数据运营年度报告及产业图谱》等白皮书、报告及案例集的编写工作，每份专业内容的编写均由社区单位自行发起并组织，编写及案例贡献单位近百家，知识成果为社区所有参与方共有。

构建全国范围内的数据要素市场生态参与协作网络，充分发挥地方产业优势与专业示范效应、拉齐各地数据要素工作专业认知、探索实践路径。推动青岛牵头成立公共数据运营小组，以公共数据运营探索可实现路径的"青岛模式"带动全国公共数据运营参与方展开探索；推动湖州牵头双碳数据小组，以"双碳"之城"湖州"的绿色数据治理能力推动全国双碳数据建设；推动河南牵头成立时空大数据小组，充分发挥河南时空数据资源优势，并跨组联动时空数据与农业数据的融合应用。

4. 社区发展展望

展望未来，开放群岛开源社区将继续发挥其创新模式及资源整合的优势，积极探索和实践数据要素市场的高效协同及有效创新机制。

持续深化数据要素流通技术创新。开放群岛开源社区将不断加强数据要素流通关键技术研发，以隐私计算、数据安全、区块链等技术为核心，推动数据要素流通的便捷、高效、安全。通过不断优化技术平台，提升数据处理和分析能力，打破"数据孤岛"，实现数据要素的高效流通，为我国数字经济的发展提供技术支撑。

促进产业协同发展。开放群岛开源社区将发挥各省市级分站的作用，推动各地数据要素市场协同发展。通过整合全国范围内的资源，构建数据要素流通的生态圈，推动我国数字经济的发展。同时，社区还将积极与国际开源社区接轨，引入国际先进技术和管理经验，提升我国数据要素流通领域的国际竞争力。

培养数据要素高层次人才，促进行业专业人才有效流转。开放群岛开源社区将加强与高校、科研机构的合作，参与承接相关课题项目，培养数据要素流通领域的专业人才。同时，社区还将通过线上课程、实战训练等形式，提升我国在数据要素流通领域的人才储备，同时协同用人单位推动市场人才有效流转。

推动政策法规建设。开放群岛开源社区将积极参与数据要素流通领域的政策法规制定，为政府提供决策建议。同时，社区还将积极推动行业自律，制订相关规范和标准，引导行业健康发展。

构建开放共赢的合作生态，推动国际交流。开放群岛开源社区将继续深化与政府、企业、高校、科研机构等各方的合作，共同推动数据要素流通领域的发展。社区还将积极与国际开源社区接轨，引入国际先进技术和管理经验，搭建国际合作平台，推动我国数据要素流通领域的国际化进程。

推动数实融合，数据要素切实有效的赋能实体经济发展。开放群岛开源社区将以实体经济为依托，以数据要素流通技术为核心，助力企业实现数字化转型。通过与企业合作，推动数据要素在实体经济中的应用，为我国经济发展注入新动力。

(六) 数据平台数据治理实践——羚羊平台

为更好发挥数据治理效果，国家信息中心大数据发展部相关业务骨干和有关企业技术团队组成联合攻关小组，经过半年的开发，成功上线了通用型大数据智能化分析系统——羚羊平台。该平台在充分吸收大数据分析团队多年积累的数据、算法、模型和业务经验基础上进行模块化、可视化改造和创新，已成为大数据分析的核心工作平台，可同时面向中央、各部委各地方有关部门提供数据分析服务。平台定名为"羚羊平台"，寓意在大数据分析领域的坚韧和进取精神。

羚羊平台以"大数据×人工智能×云计算"为核心进行设计和研发，具有以下特色：

一是贴近需求。羚羊平台是专为大数据决策支持工作者量身定制的业务操作平台。平台的设计开发工作由长期从事大数据分析业务的骨干人员直接参与，对业务深刻理解，对需求把握到位。

二是数据丰富。羚羊平台目前已整合了多种数据资源，并可对这些数据进行在线分析处理，包括数百亿条的新闻媒体数据、数十亿条舆情数据（微博、微信、论坛），特别是按照动态本体理论关联打通企业登记注册、就业招聘、招投标、投融资、专利软著、社会信用、行政审批、法院判决等近 80 大类、1800 余个指标项，并按企业 ID 号统一检索，对企业按照行业、区县属性进行灵活划分，实现了对企业的精准刻画。

三是操作便捷。羚羊平台通过图形化可视化的功能界面，将各种复杂的数据分析操作变得简便易行。大部分操作可以在拖拽和勾选对话框中完成，易于理解和使用。

四是功能强大。羚羊平台已建成"1＋1＋3＋N"的功能架构，还在不断迭代增加新功能模块。"1"即一个大数据基础平台，提供数据存储、分布式计算、高性能搜索等一系列基础能力。"1"即一个智能分析平台，通过归集和处理海量文本数据，实现要素提取、情感分析、文本分析、地域分析、热点分析等功能。"3"即三大业务数据库：舆情中心

(库)、指数库、可视化本体库。舆情中心可自动发现和定位舆情热点，自动生成重要人物的主要观点和重点领域的热点话题；指数库提供定制化指数服务，展示产业风险指数、产业聚集指数等高频经济监测指标；可视化本体库基于动态本体理论，将同一企业在登记注册、股权结构、招聘、信用、知识产权等多领域的信息进行整合，形成覆盖全国的企业本体库，并提供可视化操作工具。"N"即 N 个业务工具，包括可视化工具、爬虫工具、文本溯源工具等。

应用场景一：基于企业本体的中小微企业创新能力分析

1. 背景

中小微企业数量大、活力强，是我国创新发展的源泉，也是推动经济高质量发展的重要支撑。及时把握中小微企业创新发展动态，摸清创新发展堵点，找准政策着力点，是提升中小微企业创新能力，支持中小微企业高质量发展的应有之义。现有的中小微企业发展相关评估体系多基于统计和调查数据，基于大数据的相关研究相对较少。传统统计数据覆盖维度相对有限，专利和软件著作权等与创新产出直接相关的数据则很少能细化到中小微企业的层面，难以实现常态化高频监测分析。为更好了解我国中小微企业的创新发展态势，以海量数据资源和大数据方法为基础，从"动态本体、属性关联、时空展现"的分析方法论出发，构建了基于大数据的中小微企业创新能力评价体系，突破传统统计、调查等相关方法局限，以求对中小微企业创新能力进行更立体、全面、精准的刻画。

2. 数据汇集

我们以中小微企业为分析对象，通过政府共享、企业合作、社会购买、互联网公开采集等多种渠道，汇集了包括企业登记注册数据、企业股东关系、专利申请数据、就业招聘数据等近 1 亿条数据资源进行关联穿透分析，充分发挥大数据时效性强、颗粒度细的优势，开展中小微企业创新能力研究。

3. 数据处理

建立数据资源体系后，需对所汇聚数据进行预处理，包括缺失值处理、重复值剔除、数据集成、格式规范化等。此外，针对中小微企业这一特定主体的创新能力分析还需进行以下数据处理操作：

（1）中小微企业的界定与识别。2011 年工业和信息化部、国家统计局、国家发展改革委、财政部联合发布的《关于印发中小企业划型标准规定的通知》等相关政策文件从企业的营业收入、纳税金额、人员规模、资产额度等方面对中小微企业进行了范围界定。在充分借鉴国家各类中小微企业划分依据的基础上，结合企业本体数据库拥有的字段，以不同行业企业注册资本规模及一度关联方数量为划分依据，将企业划分为大、中、小、微 4 种类型，并提取所需的中小微企业数据集。

（2）中小微企业岗位招聘数据处理。基于羚羊平台所汇聚的主流招聘网站的海量招聘信息，通过智能识别算法，对招聘文本进行清洗处理，自动识别矛盾、缺失、遗漏信息，通过"机器 + 人工"方式进行自动纠偏，形成包含职位名称、工作城市、学历要求、公司名称、企业 ID 号、所属行业等 20 多个标准化维度的就业招聘数据集。以企业 ID 号字段将中小微企业数据集与已汇聚形成的就业招聘数据集进行关联，即可查询到中小微企业的就业招聘数据。

（3）中小微企业专利申请数据处理。以企业 ID 这一共有字段将羚羊平台专利申请数据库与中小微企业数据集进行关联，即可从海量专利申请数据中识别提取出申请主体为中小微企业这一特定本体的相关专利数据，实现对中小微企业专利申请情况的综合分析。

总之，通过上述过程，围绕中小微企业这一主体，将对专利申请、就业招聘等数据库所涉及的企业信息进行关联匹配，贯通各项数据资源库，用于支撑以中小微企业为主体的多维度综合分析。

4. 分析结论

通过对 2019 年 1 月至 2021 年 6 月中小微企业相关创新数据分析

发现：

（1）中小微企业专利申请"质""量"齐增。从总体来看，我国中小微企业专利申请量平稳快速增长，2021年1～6月，我国中小微企业累计申请专利159.3万件，相较上年同期大幅增长32.7%，比2019年同期更是多出62.3%，创新活力不断增强。从总量占比看，中小微企业专利申请量占全国总量的比重稳步提升，从2019年平均水平77.4%提升至2021年6月的81.8%，中小微企业在我国创新发展进程中扮演日趋重要的角色。从专利类别看，发明专利占比稳步提升，2021年上半年中小微企业专利申请中，技术含量较高的发明专利占比为31.8%，高于2020年同期的29.5%，创新含金量不断提升。

（2）企业创新参与度不断攀升。从参与创新企业看，有创新活动的企业范围不断扩大。截至2021年6月，全国共有超108.55万家中小企业有过专利申请活动，占全部中小微企业数量的1.45%，与2020年同期的1.34%及2019年同期的1.26%相比，占比逐年提高。从人才需求看，研发技术类岗位招聘占比持续提升。2021年1～6月，我国中小微企业网络招聘中与研发技术类相关的岗位招聘量占全部招聘量的比重为10.6%，高于2020年的8.0%与2019年的6.2%。

（3）中小微企业创新基础差实力弱，与大型企业差距逐步拉大。从创新企业占比看，2021年6月大型企业有专利申请行为的企业占其注册量的20.96%，而中小微企业这一比例仅为1.45%，且差距较2020年及2019年同期逐年提升。从平均专利申请数量看，2021年1～6月有专利申请行为的中小微企业平均每家申请14.10件专利，但与同期大型企业平均申请专利112.28件相比，两者相差近8倍，差距呈逐年扩大趋势。尽管中小微企业持续加大创新队伍建设力度，但因其规模小、实力弱，其在创新队伍建设上与大型企业间的差距也正持续拉大。从岗位需求量看，2021年6月中小微企业研发技术类岗位招聘占比为11.52%，而大型企业招聘占比为20.87%，相差近1倍，且这一差距呈持续扩大趋势。

从员工吸引力看，中小微企业研发技术人员平均薪资长期低于大型企业，差距虽逐步缩小，但始终相差超 1000 元。

针对上述发现，围绕完善人才培养激励机制，加强技术创新服务，加大对中小微企业创新的融资支持力度，进一步构建鼓励创新、公平竞争的市场环境与社会氛围等方面提出了相应的对策建议。

应用场景二：基于项目本体的项目风险识别与预警

1. 背景

"一分部署，九分落实"，党的十八大以来，以习近平同志为核心的党中央以更大的决心和力度加强督促落实与督导检查，推动全党形成旗帜鲜明讲政治、雷厉风行抓落实的局面。在重大战略规划、重大政策、重大工程（简称"三个重大"）等落实情况的评估督导工作中，传统监管方式常常面临手段单一、力量不足、信息不对称等问题，难以及时发现风险和问题。对此，基于"动态本体、属性关联、时空展现"的大数据技术体系探索出一套项目风险识别预警方法体系，旨在破解传统监管方式短板，依托海量数据及时精准提供问题线索，助力评估督导效率和效果提升，从而推动"三个重大"更好落地见效。

2. 数据汇集

基于战略—政策—项目—企业—个人"五位一体"的关联分析模型，打通从最小元素"人"到最顶层"战略"之间的关系，从经济社会运行的基本单元——企业和自然人的行为分析出发，分析重大项目、重大政策以及重大战略的落实情况。具体到此项工作，其主要目的是打通企业库与项目库，监测并识别作为项目承接主体的企业在经营活动中的风险，从而研判在重大政策或项目推进过程中可能存在的重大风险点，并提出预警。为此，依托羚羊平台汇集了企业登记注册、招投标、政策文本、社会信用、行政审批、法院判决等多个数据源，近千万条数据。

3. 数据处理

处理过程主要分为 3 步：第一步，对与该类项目相关的法院裁判文书进行提取、分类，识别历史上该类型项目建设面临的主要问题，为风险识别提供参考依据；第二步，对项目招投标文本的自然语言处理，抓取中标的项目，析出中标企业信息，以企业 ID 字段自动关联企业信用数据，对这些企业近 3 年的信用数据进行提取挖掘，从失信被执行人、被执行人、法院判决败诉、行政处罚等方面构建失信指数；第三步，设定失信指数阈值，划分严重风险、较严重风险、一般风险 3 个等级，从而标定所对应项目的可能风险等级及主要风险点。

4. 分析结论

以全国易地扶贫搬迁项目为例，采集 2019 年 1 月 1 日至 5 月 5 日全国易地扶贫搬迁相关工程项目的中标公告 450 个，发现 55 家中标企业存在不同程度的失信行为，涉及 15 个省份 52 个中标项目。依据所构建的风险指数，对上述项目进行了风险等级划分和重大风险点识别。例如，（1）某建筑工程有限责任公司中标项目金额超过 700 万元。但该公司有 44 次作为被告且被法院判定完全败诉，主要集中在拖欠工人工资或工程款方面；有 127 次被列为被执行人，其中 2 次因不履行法院判决支付工程款而被列为失信被执行人；近 5 年被有关部门行政处罚过 4 次。按照风险指数，该企业风险得分超过 500 分，被认定为存在严重级风险，故该项目属于重点督查项目，需要重点关注拖欠工人工资、违规施工等风险。（2）某建设有限公司中标项目金额超过 40 万元。该公司有 13 次作为被告被法院判定完全败诉，主要集中在拖欠工人工资或工程款；5 次被列为被执行人，其中 1 次因不履行法院判决支付工资、工伤赔偿而被列为失信被执行人；近 5 年被有关部门行政处罚过 2 次。该企业风险得分在 100～500 分，被认定为存在较严重风险，故该项目属于定期重点督查项目，特别在拖欠工人工资方面重点关注。

（七）手机信令数据治理实践——中国联通智慧足迹数据治理实践

智慧足迹数据科技有限公司是中国联通设立，中国国有企业结构调整基金、中国互联网投资基金和京东科技等战投的专业大数据及智能科技公司。公司依托中国联通卓越的数据资源，锻造"产业×科技"能力，聚焦"人口+"经济、民生大数据，连接人—物—企，成为全域数据智能科技运营服务商。

公司以"PAD"（D：数据集成，A：模型+智库，P：产品平台）为核心能力，面向数字政府、智慧城市、企业数字化转型广大市场主体，专注经济治理、社会治理和企业数字化服务，构筑了基于数智引擎的数据集成、模型智库、产品平台运营优势，打造七大多源数据主题库—三大科技平台—七大应用产品体系，提供"人口+"经济、消费、就业、民生、社会、企业等服务，服务支撑国家治理现代化和国家战略，推动经济社会高质量发展。

目前，公司已服务国家30多个部委及众多省市政府、300余个城市规划、知名企业和高校等智库、国有及股份制银行等数百家头部客户，入选国家级专精特新"小巨人"企业，承接中国联通数字政务经济运行军团，参与自然资源部城市时空大数据、数字政府等行业标准、团体标准制定，获得国家重点研发计划、国家自然科学基金、国家社会科学基金项目、中国社科院优秀对策信息奖、数博会领先科技成果奖、地理信息科技进步奖等众多科技荣誉，是中国经济、就业、统计、城市等领域大数据领先服务商。

构建以人口位置数据为核心的人口大数据库，核心是将采集的海量复杂的手机信令数据处理为结构化、标准化、专题化的应用数据。这个过程采用数据治理建设常用的分层方法进行构建，在不同分层使用不同的处理技术，更清晰掌控数据的同时，也完成了数据存储计算效率的提升，以及对不同数据应用场景需求的适配。

应用场景一：某部委复工复产及经济运行大数据平台

1. 背景

2020年2月22日，中国联通集团领导安排联通大数据公司对接国家某部委之后，第一时间组建分析、技术、产品联合团队加入项目大数据专班,全力支撑复工复产、疫情防控相关工作。初期对接时,尽管其他厂商也同时参与为大数据专班提供支撑,中国联通在对接第一天就高效地准备了完整的方案能力展示、主动提供了报告和复工复产大数据平台,获得了该部委相关领导和负责人高度认可。

复工复产平台通过整合多源数据,构建复工复产数据模型。平台以联通人口大数据为基础,融合了电力、税务等综合数据,平台提供按行业、按区域的复工率、复产率、返城率、返岗率等指标分析。

2. 治理过程

中国联通智慧足迹基于全国数据和算法模型开发了复工复产大数据平台,并展示全国返程率返岗率一览图、全国重点区域返乡劳动力滞留图、全国重点区域劳动力供需对接图,供领导总览复工复产大势。平台对接部署在国家级相关支撑平台,可按省、市、典型园区和企业展示分析,每日更新数据。

运用智慧足迹公司自研的数据治理一体化 DaaS 平台提供的数据接入功能,接入数据库、数据文件、数据接口等不同类型的数据。通过接口轮询的方式获取 SQL 计算指令,接入省统计、工信、发改、住建、人社等部门的数据,平台即时响应并根据内置的专业模型进行运算,接口输出基于位置的各类人口统计数据集,包括日人流量、小时人流量、职住人数、访客人数、职住矩阵、人群画像等统计维度,并且所有统计可以在空间和时间上进行用户去重处理。再通过接口输出基于位置的各类人口统计数据集,包括人流量、职住情况等。

DaaS 提供的分析建模功能支持特定需求的数据统计与建模分析。提供编写、管理、执行 SQL 语句的功能,支持特定需求的数据统计与建模分析。

通过 DaaS 平台汇聚多源数据进行数据清洗、比对、整合等操作,并通过建模和统计计算,形成场景创新应用过程。

（1）返程率返岗率模型

基于 2019 年各城市常住人口、返程返工及职住模型，研发团队运算了全国省份的返程率和返岗率。截至 2020 年 2 月 24 日，全国总体返城率，分析总体趋势。重点分析了江苏、北京、广东、上海、浙江等发达地区的返程率情况等。为了进一步研究返城劳动力有多大比例到岗开展工作，研发团队分析了全国各省工作人口返回到固定工作地点情况。通过分析发现，全国返岗率区间、总体趋势等相应指标，考虑互联网远程办公因素，叠加各种因素计算返岗率评估。分析北京、天津、辽宁、上海、吉林等重点省份返程情况。

（2）返乡劳动力滞留模型

研发团队选取北京、广东、浙江等劳务输入大省，基于返乡劳动力迁移和城市腹地模型，分析了北京、广东、浙江等重点省市的返乡劳动力主要滞留区域，选取前 50 个滞留城市。分析出北京劳动力主要滞留在河北的邯郸、保定、廊坊等 12 个城市，河南省周口、信阳、驻马店等 9 个城市，其次为天津、山西临汾、山东菏泽、黑龙江哈尔滨等各个城市；浙江劳动力主要滞留在安徽省的阜阳、亳州等 9 个城市，河南省的周口、商丘等 8 个城市，其次为重庆、江西上饶、贵州毕节等中西部劳务输出城市；广东劳动力主要分布在广东本省茂名、湛江等 16 个城市，重庆，湖南衡阳、永州等 14 个城市，江西赣州、广西贵港等华南西南地区等情况。

（3）劳动力供需模型

研发团队选取北京、广东、浙江等劳务输入大省市，基于劳动力供需对接匹配等模型，建立重点区域劳动力缺口需求与返乡劳动力滞留地区的点对点对接关系，解决劳动力供需"堵点"。北京劳动力主要滞留地中，河北邯郸、保定、廊坊推荐进行劳动力供需对接；浙江劳动力主要滞留地中，河南周口、商丘、信阳，安徽阜阳、亳州、宿州，贵州毕节、遵义、六盘水、安顺，推荐进行劳动力供需对接；广东劳动力主要滞留地中，广东省内茂名、湛江、揭阳，广西贵港、玉林、钦州，推荐进行劳动力供需对接。

2020 年 3 月 25 日,复工复产平台成功接入互联网监管平台,经政务外网,开放给各部委、地方政府使用,发改委、人社部、农业部、外交部等 50 余个部级机构、31 地市政府对平台的认可度很高,并提出了很多新的需求。据不完全统计,自开通后,10 天内日访问量超过 800 人次。

①精准比对劳动力缺口和滞留省份关系,推动政府有效组织

通过评估全国 334 个地级市,2800 余个区县的返程率和复工率,找准发达地区劳动力缺口与邻近省、中西部地区劳动力滞留人口的空间分布,精准比对劳动力缺口和滞留省份关系,并结合地区风险级别,建立劳动力供给和需求端的点对点对接,解决劳动力供需双方信息不对称问题,帮助各地政府有效组织。例如,根据大数据分析得出的外地劳动力的主要滞留区域,潜在返工人员的地理位置和规模情况,政府应主动对接这几个省份,协调铁路、公路、水运等交通部门,以点对点的动车专列、大巴车队等方式建立外地劳动力集中返工的"绿色通道",尤其是重点高速公路,应尽快恢复,加快推进返程到岗。对于省内、疫情风险较低,又是本市主要务工来源地的城市区县,协调健康互认机制,并沟通这些区域逐步放开管控的程度。

②分析疫情对不同行业产业链的冲击,助力政府精准扶持

通过行业复工情况洞察疫情对不同行业产业链的冲击,评估冲击效果。对比分析全国劳动力返程到岗率发现,返程到岗率与疫情风险等级呈高度负相关,疫情较轻的地方返程到岗率较高。此外,造成返程率和到岗率之间的差别和产业结构相关,第三产业占比高的城市区域复工率低,以制造业为主的浙江和江苏的返程率和到岗率双低,说明需要在固定场所工作(如工厂)的人群到岗难度会更大。

通过对具体企业的影响分析来看,以腾讯为代表的互联网企业,可以通过远程办公来开展业务,在疫情的严峻形势下,返回总部上班的人

数明显低于制造业企业。而制造型企业如玖龙纸业到岗程度没有明显变化，提示该企业可能存在招工难的情况，需要地方政府引起重视。

应用场景二：某省经济运行平台

1. 背景

党的二十大报告明确提出，高质量发展是全面建设社会主义现代化国家的首要任务。2022年6月，国务院印发了《关于加强数字政府建设的指导意见》（以下简称《指导意见》），强调"加强数字政府建设是……创新政府治理理念和方式、形成数字治理新格局、推进国家治理体系和治理能力现代化的重要举措……"，"强化经济运行大数据监测分析，提升经济调节能力"。

强化经济运行大数据监测分析，提升经济调节能力，是加强数字政府建设的重要举措。中国联通助力某省政府建设经济运行平台，有效解决了省级各厅局数据的横向贯通和21个地市数据的纵向汇聚、统计局和政数局两个用户的需求分歧等难题，最终实现全省主要经济指标立体化、全局化、动态化大屏展示，实时剖析经济运行的"形"和"势"，帮助该省率先实现运用数字化手段开展经济发展运行的动态监测、精准预测和科学决策。该平台已经建立省级经济运行平台的技术标准，对中国联通在其他省市建设部署经济运行大数据监测分析平台有借鉴推广意义。

2. 治理过程

中国联通承建的某省经济运行平台全面打通了省级横向多个厅局和纵向所有地市的经济运行相关数据，实现全省经济发展在线分析，主要经济指标实现立体化、全局化、动态化大屏展示，实时剖析经济运行的"形"和"势"。

为该省夺取疫情防控和经济社会发展双胜利提供有效平台及统计支撑，在2023年4月23日和7月18日的省政府经济形势分析会上被连续使用，是该省率先运用数字化手段指导经济运行分析决策实战的创新实践。

整个治理过程如下所述：

（1）汇聚数据，摸清家底

平台首次摸清该省经济运行指标和数据家底。围绕涉及国计民生的核心经济指标和数据，首次横到边、纵到底，全面梳理全省经济运行指标，摸清数据家底，通过整合地区生产总值、规上工业增加值、固定资产投资、社会消费品零售总额、一般公共预算、进出口、居民收入等 30 大类、195 小类反映经济态势的 4229 个主要指标，汇聚发改、工信、统计等 21 个省级单位和各地市主要经济数据 89 万条，覆盖实体经济、农业、工业、服务业、财政、科技、房地产、资源环境、文旅等 14 个重点领域，汇集各级经济政策文件 2380 份，形成高价值、高可用、高标准、广覆盖的省域经济治理指标体系。

（2）数据治理，质量校验

数据治理就是围绕数据的全生命周期管理，形成不同阶段的数据质量管理能力，在确保数据真实性、准确性、唯一性、完整性、一致性、关联性、及时性的基础上，实现数据资产整体管理能力，利用元数据管理、数据清洗融合、数据标准治理、数据质量治理、统一配置管理等功能模块和系统，帮助政府实现数据质量的高效、统一管理。

元数据管理主要提供元数据的采集、管理维护、查询分析、模型管理等功能，实现数据信息的收集和管理。元数据管理可以把整个业务的工作流、数据流和信息流有效的管理，可以支持需求变化，从而提高系统的可扩展性。通过元数据管理打通数据孤岛，统一数据定义，使数据变得更有价值。

数据清洗融合服务是基于数据治理数据体系和相关的标准规范，针对信息综合数据库数据中存在的问题，进行数据的修复及质量清洗，实现数据的去伪存真、纠错补全、统一规范、合理关联、持续优化。

数据比对服务是基于数据比对系统提供的，数据比对系统是根据预定义的数据比对和校验规则，对数据进行差异分析和异常分析，对于分析的结果，反向推送给数据提供部门，进一步提升数据质量。同时，可以配置为一个自动化的流程，定义比对的时间、比对的业务规则进行数据比对工作。

数据标准管理是基于项目实践与积累，运用适用的信息技术对数据进行标准化和规范化的管理，建立数据元规范管理规章，数据标准化管理规范。使数据在整合、应用的过程中实现统一标准的管理，达到提升整体数据资源价值的目的。数据标准管理主要针对核心数据、系统间交互数据进行基于标准的管理，包括数据标准本身的管理、标准解析、标准代码化，基于标准的数据规则设计，以及通过规则对数据对象进行标准符合性检查。

数据质量监测是对数据质量问题解决程度、进度、效果的全面掌握监控，可以有效促进数据融合与数据治理的工作推进，并提供基于标准管理、质量评估、数据比对、数据清洗的可视化监控服务，能够直观展现。数据质量问题的评估是基于数据质量的重复性、关联性、正确性、完全性、一致性、合规性 6 个维度，对数据进行数据关联的自动探索，相对标准管理对数据进行标准符合性检查，数据质量评估是从数据本身的特性及业务角度进行质量符合性检查。

在数据治理工作过程中，将数据资源转化为数据资产，梳理形成资源目录，以数据资产的形式在信息中心进行注册，使数据资源作为资产，以数据要素形式进行市场化配置提供条件。

在数据治理过程通过运用中国联通智慧足迹公司自研的数据治理一体化平台——DaaS 平台进行实施交付。DaaS 平台具备数据治理、数据建模和数据呈现的功能，平台提供的数据接入、清洗比对和质量管理的功能，依托省政数局信息中心数字政府一体化底座功能，完成整个数据治理与资源注册过程。

（3）监测分析，预警预测

借助经济运行平台，省各级政府有效的强化宏观经济预测能力，及时掌握市场运行态势，进一步提升对重点行业领域监测与分析的时效性和精细度。

平台基于全省经济结构特征，聚焦重点行业领域和业务场景，构建起核心经济指标预测模型，不断完善经济指标体系，增强覆盖经济运行全周期的统计监测和综合分析能力。平台通过充分挖掘税务、住建、工信、金融等部门业务环节数据，捕捉细颗粒度信息，实现实时和高精度监测预警；通过跟踪监测税收发票、企业用电量、股票债券、外汇交易等经济运行重点数据，及时感知经济运行态势和市场变化。此外，平台还加强对贸易活跃度、线下航班起飞数、订单成交量等线上线下商业数据的收集分析，帮助及时捕捉和分析市场主体信心恢复度。

平台基于经济先行指标组，构建经济预测传统模型、即期模型，通过时间序列、指数平滑和神经网络等算法，预测地区生产总值等重点指标中短期趋势；构建宏观经济景气指数，通过景气指数强弱反映当前经济景气程度，辅助及时预警经济下行、经济过热风险。

从产业、行业、区域、时间等多维度，对全省经济运行整体情况进行动态监测，为领导决策提供全面、准确、及时的数据和预警信息，为优化产业结构和产业政策的制订提供量化依据。

（4）决策支持，趋势调度

全省各级各部门通过经济运行平台开展基于量化模型的事前模拟评估、事中事后满意度评估调查，以及基于市场实际数据的事后评估，进而增强经济政策调节能力。省、市两级协同发力、互联互通，全面赋能区域宏观经济研判和调度。

省级平台围绕减税降费、财政补贴等各类惠企政策，通过建立场景化情景模拟，可在施政前推演出不同经济条件、不同政策实施力度的模拟效果。通过联合相关部门依托省"12345"政府热线、企业诉求响应平台等服务，及时收集企业和群众对出台政策的评价建议，为行政部门及时优化修订政策提供依据。此外，还利用企业生产、居民消费等数据，准确评估政策实施效果，帮助优化后续政策设计，提高政策调节能力。

中国联通智慧足迹公司自研的 DaaS 平台能够提供基于手机信令数据的安全可控的明细数据访问及数据分析功能，实现了自主建模、模型计算与结果输出、专题图制作与输出等功能。

通过应用 DaaS 平台提供的数据接入功能，接入数据库、数据文件、数据接口等不同类型的数据。通过接口轮询的方式获取 SQL 计算指令，接入省统计、工信、发改、住建、人社等部门的数据，平台即时响应并根据内置的专业模型进行运算，接口输出基于位置的各类人口统计数据集，包括日人流量、小时人流量、职住人数、访客人数、职住矩阵、人群画像等统计维度，并且所有统计可以在空间和时间上进行用户去重处理。再通过接口输出基于位置的各类人口统计数据集，包括人流量、职住情况等。

3. 社会效益

该省经济运行平台支撑各行业经济运行场景应用。加强经济态势感知研判平台建设，健全省经济运行调节数字化支撑体系。构建经济治理基础库，建成省、市两级经济态势感知研判平台，赋能各经济领域数字化转型，全面提升政府经济态势感知和研判能力。

（1）建立全省经济运行数据"词典"

省经济运行平台依托数字政府一体化底座构建标准统一、布局合理、管理协同、安全可靠的省、市两级经济运行调节数字化支撑体系。

通过省经济运行平台的建设，打通了 21 省级单位和地市，涉及 14 个重点领域；梳理了 89 万条相关经济数据，以及 2380 份经济政策文件；形成 30 大类、195 小类、4229 个主要经济指标；共设计部署了经济形势、区域经济、态势研判、营商环境、经济资讯、政策一览、省情一览、专区经济、政策仿真九大经济运行监测模块，建立全省经济运行数据"词典"，形成完整的经济运行监控体系。

（2）提升重点行业领域分析精细度

通过采集政务数据（税务、住建、工信、金融），融合多源大数据（税收发票、企业用电量、股票债券等），运用专业的经济模型进行计算，实现经济预警。通过聚焦重点行业领域和业务场景，构建起核心经济指标预测模型，提升经济态势感知能力。

以经济预测、预警运算结果为依据，在施政前推演出不同经济条件、不同政策实施力度的模拟效果，进行政策模拟与评估。对接省"12345"政府热线、企业诉求响应平台、企业生产、居民消费等数据，准确评估政策实施效果，帮助优化后续政策设计，实现了经济大数据辅助决策的作用。

（3）全面赋能区域经济协同发展

省经济运行平台建设实现协同发力、互联互通，全面赋能区域宏观经济调度与研判。平台实现经济数据从填报、治理、入库、应用全流程处理，支撑经济数据常态化报送、指标订阅和对标分析，通过经济资产赋能、研判支撑、应用配置三大支撑中心的建设，充分运用 AI 技术，搭建 AI 算法分析平台，提升对各地各部门的公共支撑能力。

（八）商业银行数据治理实践

1. "基于联邦学习技术的普惠信贷风控服务"——工商银行数牍科技普惠金融创新实践

（1）案例简介

"基于联邦学习技术的普惠信贷风控服务"是隐私计算在银行普惠金融落地应用的典型示范，荣获 2021 年中国信通院 CAICT 星河案例隐私计算优秀案例。数牍科技与工商银行、中国移动合作探索，采用联邦学习技术，打破跨机构间的数据协作壁垒，实现基于隐私保护的多方数据安全融合，丰富了银行中小微企业风控模型，在保障企业商业秘密的前提下，提高中小微企业信贷审核效率及风控精度，提升了普惠金融服务能力。

（2）针对痛点

中小微企业受制于企业规模小、缺乏有效的抵押担保资产、信息不对称导致信贷风险高等因素，致使信贷需求和信贷供给错配，往往面临融资难的局面。亟须利用中小微企业的各维度信息打造更全面、更精细化的信贷风控系统，以降低不良率，提升资产质量，提高金融服务的普惠力度。而多方数据融合存有原始数据泄露与隐私泄露风险，且面临数据来源多、格式杂，数据处理及多方数据协作技术投入高难题。

工商银行软件开发中心经过长期技术及业务可行性验证，最终选择数牍科技提出的基于隐私计算技术的多方数据安全协作解决方案，赋能工商银行普惠金融业务。

（3）解决方案

在技术层面：数牍科技运用联邦学习等隐私计算技术，在保证原始数据互不可见、合法合规的前提下，实现多方数据安全协作；在业务层面，数牍科技帮助工商银行省级分行引入中国移动省级分公司的数据资源，为中小微企业信贷风控补充了具有地方特征的多样化信息。数牍科技基于联邦学习等技术基于多样化的企业法人数据特征进行联合建模，丰富了企业用户画像信息，完善了贷前评估和贷后预警模型。

（4）取得成效

在技术方面，相比传统的大数据风控系统，一是在系统使用层面降低了对数据分析人员专业能力的要求，普通工程师也可以通过该系统进行风控模型的训练；二是通过融入多方的数据，提高了模型的准确率；三是规范了工商银行的数据使用形式，降低了数据泄露的风险；四是带动了工商银行以创新技术应用赋能金融数据要素价值发挥的活力。

在业务方面，本次通过隐私计算技术将多方数据进行融合应用，作为工商银行贷款初筛模型，已参与数百笔贷款的贷前审批中，目前放款中小微企业尚无出现重大风险企业。

在此基础上，本项目还打造了面向小微商户的开放式融资服务新模式，客户可在线主动申请业务，由系统开展自动审批，大幅提高业务办理效率和客户体验，并进一步扩大普惠金融服务面。

对行业发展来说，本项目的成熟应用标志隐私计算技术在金融行业应用更进一步。从工商银行软件开发中心从事技术研究、技术验证阶段，推广到工商银行区域分行实现真正落地应用，标志隐私计算技术逐渐成熟，足以支撑地方普惠金融创新应用。同时，此类中小微企业的信贷风控场景也是国有银行、股份制银行、城商行等金融机构的高频企业服务场景，具有较高的业务横向拓展及推广价值。

对产业发展来说，在数据安全及个人信息保护相关法律法规的推动下，隐私计算已成为数字产业化与产业数字化发展进程中的关键技术。2021 年 12 月，国务院办公厅发布《要素市场化配置综合改革试点总体方案》，明确提出探索"原始数据不出域、数据可用不可见"的交易范式，隐私计算技术在各行各业中也将迎来高速的需求发展阶段。未来，隐私计算技术将作为数据流通中的底层基础设施，赋能数据要素市场有序发展。

2. 商业银行联合反欺诈共享联盟

（1）案例简介

商业银行联合反欺诈共享联盟试点项目由中国人民银行牵头，协同政府、公安、运营商、商业银行成立联合反欺诈共享联盟，共同承担电信反欺诈任务。在满足隐私性、安全性的前提下，全行业首次实现参与方数据实时流通及协同计算，实时处理和分析多方数据联防联控电信网络诈骗，提升金融行业的安全水平，维护人民群众的财产安全。

（2）针对"痛点"

该项目直接回应了电信网络诈骗频发的社会问题，特别是在金融机构之间缺乏实时数据共享和处理能力的背景下。这种缺陷使诈骗分子能够利用信息孤岛进行欺诈活动，而受害者和金融机构往往手足无措。

非法开办贩卖手机卡、银行卡是电信网络诈骗的关键环节，可疑人员或涉诈人员的银行卡就被犯罪分子用来实施欺诈。为打击治理电信网络犯罪行为，需要银行、公安、运营商等多方联动从根源上进行切断，通过断卡、斩断犯罪分子的信息流和资金流。

（3）解决方案

商业银行反欺诈共享联盟项目涵盖了以下几个关键方面：

要素核验查询。项目利用隐私计算技术，使商业银行能够在不暴露用户身份信息的前提下，向运营商、公安等节点参与者发送要素核验申请，节点参与者在本地数据库进行核对后反馈是否一致的结果，核验记录留存与统计。

黑灰名单查询。金融机构、电信运营商、公安等参与者在数据不出本地数据库前提下，进行黑灰名单数据的共享。

一人多卡查询。商业银行在数据不出本地数据库的前提下，能通过客户的身份证号，查询成员节点内客户的一人多卡统计情况。例如，提供新开户用户近期在联盟内的开户请求，借贷情况统计记录。

开户风险分级。联盟内参与者的每一个网点都可以通过其行内系统发起开户风险等级服务申请。联盟各参与方在确保数据隐私安全前提下进行联合计算，系统将计算结果形成开户风险等级评分，反馈给查询方。

其中，隐私计算技术的原理与优势如下：

隐私计算技术的应用是该解决方案的技术基础。它包括同态加密、安全多方计算和零知识证明等方法，允许在保护个人隐私的同时进行数据的加密处理和分析。这一技术的优势在于，数据隐私性和安全性：保障了个人数据在整个处理过程中的隐私性和安全性；合规性：符合全球数据保护法规，如欧盟《通用数据保护条例》；跨机构协作：促进了不同机构之间的合作，而无须共享敏感信息；实时性：实现了对加密数据的实时分析，提高反应速度。

为响应反欺诈治理，数牒科技参与起草业务标准，共同于某市落地试点该项目。一期已实现该市范围内 20 家商业银行数据流通，正在全国

（江苏、杭州、内蒙古）范围内推广使用。通过这一系列的解决方案，该项目在保护个人隐私的同时，显著提高了对电信网络诈骗的防范和打击能力。实时数据共享和处理能力的提升，使诈骗活动的检测更迅速和准确。

商业银行反欺诈共享联盟作为隐私计算技术的标杆案例，展示了在大数据时代下如何在保护个人隐私的前提下进行有效的数据分析和利用。未来，隐私计算技术有望在更多领域得到应用，推动金融科技的进一步发展，同时为个人信息保护树立新的标准。随着技术的不断进步和更多参与者的加入，该项目的数据网络效应将进一步增强，为金融服务的安全性和便捷性提供更加坚实的保障。

二、国际数据治理实践

（一）国际各区域数据治理现状

1. 非洲地区

（1）发展现状

非洲地区所有方面的评分低于全球平均水平，需要在数据治理机构、数据基础设施以及公共数据管理和利用方面进一步推进。然而，在公共财政数据管理和共享等议题上，该地区各国存在相互学习的机会，并可将这些学习应用于其他领域，如应对气候变化的数据。该地区还有一些坚实且正在改进的开放数据政策框架可供考察，尽管对开放数据倡议的资源和支持的持续性仍然是未来的一大挑战。

撒哈拉以南非洲地区枢纽是重要学习经验，在实地调研期间观察到了一些重要主题包括：

第一，很少有公开可见的证据表明，政府在除统计部门或国家统计机构外的公务员的数据素养进行提升；

第二，各机构、部门和部委网站上的内容分散，从而使公众和其他利益相关者难以找到相关数据。

　　除这些与数据创建和传播有关的问题外，该地区普遍存在数据解读的低数据素养问题。例如，人口民事登记和主要统计系统（CRVS）的数据对个人来说很难理解。这表明，在数据的"供给侧"和"需求侧"都存在挑战，而不仅是允许发布统计报告而已，应该在政府内外支持分析和再利用的方式来管理数据。通过实地调研发现的许多数据未针对持续分析进行定制，也不似乎与政府内部的流程相关联，以保持数据的更新。

　　即使在数据使用和数据开放方面已经开展工作，但非洲一些国家缺乏数据保护或隐私标准。缺乏强有力的法律框架似乎是日益关注的问题，特别是在没有监管新兴技术如人工智能（AI）使用的框架的国家。

　　第三，非洲地区似乎在地方政府方面存在困难，不愿将数据公开和开放给公众，调查显示在区域或城市层面，开放数据和开放政府方面几乎没有进展，只有少数例外。

　　（2）未来发展方向

　　非洲国家必须确保提供更多资源，以提供持续援助、能力建设和加强国家统计机构，这是国家开放数据项目的推动力。支持重用需要可访问、可理解和可使用的数据。为了实现这一点，必须克服各种障碍，如技术、政治、财政和社会文化的障碍。鉴于此，应更加重视在学术界、新闻界和其他从业人员群体中进行能力建设、同行学习和培训，以推动对数据的需求和使用。

　　非洲地区正面临来自气候不确定性和人口增长的压力，撒哈拉以南非洲的政府应考虑将重点放在共享农业领域的数据，以供公众使用，支持政府主导的数据共享努力，并努力确保来自各方利益相关者的农业数据可作为公共资源使用。

2. 东欧和中亚

（1）发展现状

东欧和中亚地区在能力支柱上略低于全球平均水平，各国在技能、机构和使用数据为公共利益服务的自由方面存在显著差异。该地区在使用和影响方面略高于全球平均水平，特别反映了民间社会对数据的利用。

未来几年，加强数据治理，采取更多利益相关者参与的方法，促进数据的管理、可用性和使用为公共利益服务，是该地区的发展关键领域。

中亚和东欧伙伴关系国家在治理和行政方面有一个主要共同点，即苏联的过去，其后果在治理和行政方面仍然明显。这些国家在不同程度上共享后苏维埃政府的许多共同特征，如复杂的官僚机构、倾向威权主义的领导、不发达的数字基础设施、新闻自由的挑战等。

然而，尽管存在相似之处，但该地区各国数据生态系统却有很大的差异。

研究人员只发现了零星的数据使用案例，这些案例主要由媒体和公民社会组织主导。这表明，很多国家在学术界和私营部门与数据的接触方面缺乏参与。即使媒体在使用数据时，这通常依赖公民社会组织作为中间人。在缺乏开放数据集和分析工具的情况下，进行深入的数据处理对于快节奏的媒体来说可能过于耗时，因此它们主要报道公民社会组织发布的研究和报告，特别是基于政治融资数据和公职人员资产申报的数据。

此外，在该地区的几个国家中，几乎没有任何用于公众监督官员和治理流程的工具。这些国家的政治体系对于公民和公民社会组织的任何有意义的社会政治参与仍然封闭。

在所有数据类别中，采购数据似乎是该地区最可用的数据。大多数受调查的国家都设立了创新采购门户，并积极使用开放合同数据标准（OCDS），但依从程度各不相同。相比之下，在该地区，游说数据似乎是最具挑战性的，大多数国家要么没有收集该类数据的功能性框架，要么没有公开提供该类数据。一些国家在提高获取开放数据立法和实践方面取得进展，而一些国家停滞不前，过去几年没有进行任何基本改革，有些国家甚至有所倒退。

（2）未来发展方向

首先，该地区的国家需要牢固的法规框架来获取开放数据，因为大多数国家缺乏常见的开放数据标准。为此，需要强大的政治意愿，以确保决策者意识到建立健全的开放数据生态系统的重要性、好处和关键推动因素。

其次，另一个重要组成部分是对所有相关利益相关者进行开放数据管理的能力建设，其中包括数据收集、处理、发布和使用。特别是需要优先处理公务员在数据管理和开放数据方面的资质，因为他们负责产生或收集大部分公共数据。与此同时，还需要加强与其他利益相关者（如媒体和企业）的能力建设，以提高通过使用开放数据产生的影响。

最后，不同利益相关者之间在开放数据收集、发布和使用问题上建立合作伙伴关系至关重要。这种多部门和多利益相关者的合作将大大增加为公共利益而进行的数据计划的影响。具有不同背景和经验的不同利益相关者可以更好地结合他们的努力，可能设计出对公民福祉产生积极影响的创新服务和新产品。公民社会和媒体已经在这个阶段看到了好处，但目前似乎还没有充分发挥或鼓励数据的经济潜力。

将重心转移到开放数据的经济方面可能会激励并在促进该地区各地开放数据实践方面起到至关重要的作用。此外，关注开放数据的经济方面可能有助于说服决策者将与开放数据相关的改革纳入政治议程，并促使私营部门与公民社会和公共部门进行对话，以改善数据管理系统和增加获得公共数据的途径，以造福公众。

➤ 具体案例分析：欧洲信息开放组织（欧洲和其他地区）

欧洲信息开放组织充当 27 个国家的区域枢纽，其中大多数位于欧洲地区。从这 27 个国家中，有 20 个是欧洲联盟（EU）的成员国，在许多领域（如数据保护）共享共同政策。英国也位于欧洲地区，并作为研究对象，于2020年正式脱离欧洲联盟，但它也与欧盟成员国共享许多在其离开之前通过的规范和政策。欧洲之外，欧洲信息开放组织在世界各地的几个国家协调了研究工作，例如，北美（加拿大和美国）、大洋洲（澳大利亚和新西兰）、西亚（以色列）和东亚（韩国）。韩国包含在"南亚和东亚"表格和统计数据中，但所有这些其他国家都被视为"欧盟、北美外"集群的一部分。

这些国家都是开放政府合作伙伴关系的成员，这意味着每2年或4年，它们必须提交一个共同制订的行动计划，其中概述了增强透明度、问责制和公众参与的具体承诺。

这个区域集群的国家整体上的表现高于全球平均水平。这包括指标的4个关键支柱以及所有主题模块。该地区在能力支柱方面得分最高，使用与影响支柱得分最低。政治诚信是得分最低的主题模块，反映出相对较少的国家在数据治理和发布范围内满足高标准。

该地区在数据保护框架的存在方面表现特别优异，部分原因是自1995年以来欧盟强制性的数据保护规定以及2016年加强的《通用数据保护条例》，在2018年5月在所有欧盟国家生效。大多数该地区的国家存在要求收集和发布政治财务和资产申报数据的法律框架，尽管需要注意的是，大多数资产申报数据不能以可机读的格式获得。

在这个地区，通常可获得的其他数据集包括Covid-19疫苗接种、资产申报、公共采购、排放、政治财务、预算和支出数据以及重要统计数据。调查还发现，几乎没有法规要求收集和发布信息权和游说数据，缺乏直接的法规导致这些信息在实践中无法得到。

可以从这些国家的数据中得出一些更进一步的观察结果：

（1）在规定要求进行数据收集和/或发布方面非常重要，这样可以保证更多的数据可用。在大多数情况下，缺乏要求数据收集/发布的法律框架实际上会导致数据不可用。

（2）在许多国家，实际上尚未提供受益所有权数据，而在那些提供的情况下，通常不是免费提供、开放许可或机器可读格式。公司信息在更多国家是可用的，但在其中许多国家，仍然不完全免费。

（3）当公司信息和公共采购数据可用时，有强有力的证据表明它们被各种利益相关者广泛使用。

（4）尽管气候变化是最紧迫的问题之一，并且该地区具有生产和使用数据的高能力，但仍然惊人地缺乏有关气候脆弱性的数据，例如，未来自然灾害、极端天气事件或气候变异的信息。

我们仍然可以感知北/西欧和南/东欧国家之间的差距。如果正确实施，适用于所有欧盟国家的开放数据政策，如开放数据指令，将促使公平竞争，并改善该地区的数据环境。目前，一些特定的法律框架还大部分缺失，包括游说监管，采纳要求收集游说活动数据的规定是实现监控游说对决策的影响的优先事项。在已经广泛运营的框架中，各国需要着重改善关键数据集，特别是公司和受益所有权注册的可用性、开放性和可用性。

政府还需要采取更多行动，促进公共数据的再利用，增强数据对社会和经济带来的好处。为此，数据应始终以免费方式提供，在允许任何类型再利用的开放许可下，以机器可读格式予以提供，并提供整个机器可读数据集，及时发布，更新，并提供具备历史数据的数据，以允许用户跟踪时间变化，在国家的所有语言中可用，并提供可访问和开放的工具帮助用户探索数据。政府还应促进数据集之间更大的互操作性，以真正释放开放数据对社会的全部潜力。然而，仅仅发布开放数据是不够的，还需要实施相关的数据策略，确保公职人员得到适当的培训，并积极宣传发布和再利用数据的好处。

3. 拉丁美洲和加勒比地区

（1）发展现状

尽管在治理和能力方面的平均得分低于全球平均水平，但该地区的数据可用性、使用和影响与全球平均水平相匹配,特别反映了社区主导的开放数据倡议在支持数据发布和使用方面的作用。在未来几年,该地区应该继续发展和嵌入参与和包容性数据政策,以及制订更强有力的框架来管理数据共享和数据算法使用,同时通过持续的同行学习来加强部门开放数据倡议。

拉丁美洲是世界上最不平等的地区。该地区面临的问题十分复杂,这是因为政治机构薄弱、经济管理不善以及社会和创新政策效率和实效不足的遗留问题所导致的。

然而,拉丁美洲也是社会和商业创新蓬勃发展的地方,过去10年中涌现出一批新的"数字独角兽"。大多数拉丁美洲国家加入了开放政府伙伴关系(Open Government Partnership,OGP),这是一个政府和公民社会组织的联盟,其中,许多国家在开放和数字转型方面发挥了重要作用。但是,目前在该地区,开放性停滞不前。

由拉丁美洲数据开放倡议(Iniciativa Lationmaericana de Datos Abiertos,ILDA)协调的最新地区开放数据测量表显示,政府在进展方面有限,这反映出目前在拉丁美洲正在形成更大、更令人担忧的局势。此外,民主正处于退却状态。尽管该地区一直面临挑战,但新一波政府和社会运动出现了,他们倾向不将数据视为政治辩论和政策的有效来源。

治理作为一个整体正在受到广泛讨论,需要新的政治代表和参与形式。环境危机也正在影响拉美人民。一些政府在发布环境和自然资源数据集方面纪录不佳,但也存在容量问题,使它们无法这样做。

在没有关于环境的准确数据的情况下,应对气候变化仍然是一纸空文。AI的出现有可能增加多个社会和经济风险。拉美国家仍然没有一个共同的方法,能够在隐私、生产力、创新和公正之间取得平衡。

拉丁美洲的数据能力平均得分略低于全球平均水平。具体而言,政府对数据再利用的支持存在明显的薄弱环节,其次是对开放数据倡议的质量和资源的担忧。15个参与方中,有14个缺乏支持数据再利用的资金计划，其中 10 个表示政府没有进行任何形式的数据再利用信息会议，还有 7 个缺乏高级政治领导人支持开放数据倡议，另外 7 个没有为开放数据活动拨付预算。尽管存在这些区域性的薄弱环节，但超过一半的地区国家（根据数量计算）的平均得分高于全球平均水平。能力建设活动仍然是拉丁美洲的一个优先事项，也是国际合作、开发银行、私营部门和政府可以合作的领域。

在全球范围内，政治廉正模块得分最低，而在拉丁美洲，该模块是第二低的，高于全球平均水平。有关财产申报和政治金融的框架是该地区得分最高的两个指标，其次是政治金融数据的可用性。相反，政治廉正数据的互操作性和游说数据的可用性是该地区平均水平最低的两个指标。此外，该地区在表现最佳和表现较差之间存在重大差距。简而言之，拉丁美洲在这个领域有很大的改进空间。

气候行动数据的区域平均得分高于数据指标的全球平均水平。评估的 3 个指标（排放、生物多样性和脆弱性数据的可用性）在该地区的平均水平高于全球平均水平，其中，气候脆弱性数据是该地区与全球平均值之间差距最大的指标。这是一些特定国家在发布气候数据方面所做的积极努力的结果。尽管如此，气候行动数据的整体结果在该地区仍然不能令人满意，因为总体得分仅有可能得分的一半，表明在数据开放和一些国家在线上提供基本气候数据方面仍有许多待办任务。

关于隐私的具体问题，数据指标显示，拉丁美洲有 14 个参与方制定了数据保护框架，其中 13 个框架具有法律效力，表明在这一领域取得了一般性的进展。大多数框架为数据主体提供了选择或同意的权利，以及访问和更正与自己有关的数据的权利。然而，其中没有一个明确涵盖有关位置数据的保护，只有一个在某种情况下涉及算法决策，这总体上给人一种数据保护框架在该地区需要更新以解决现代隐私问题的印象。

（2）未来发展方向

首先，需要保护开放性。该地区的开放记录停滞不前，政府似乎没有足够的支持来改善在多个领域提供开放数据的供应。亟须汇聚一批能够专注于保护环境、公共财政和廉正性等地区最需要的开放性的利益相关者联盟。为了维持开放性，支持公民社会、媒体机构和学术界利用这些数据的新兴群体至关重要。

其次，数据超越了开放性。目前，企业和政府对待数据的方式在一定程度上是不确定的。拉丁美洲的隐私框架正在发展，但该地区对开放性、隐私和创新如何相互关联没有一个一致和共享的观点。在人工智能时代，这对于获得创新的好处至关重要。需要出现基于证据和尊重人权的新治理模式。

最后，能力和包容性至关重要。许多设计和实施决策仍然掌握在一小部分人手中，这些人不具备或不愿意创建包容性的政策设计流程和实施新设计。充分考虑包括不同性别在内、代表排除群体（如土著人口）的适当和安全的标准至关重要。还需要投资稳定可靠的公共基础设施，以支持该地区的数据领域能力建设。

总之，如果数据领域要为该地区的真正发展作出贡献，拉丁美洲还有很多工作要做。发展将与该地区的政治机构的发展息息相关，因此，关键问题是：数据领域将以何种程度服务于民主？

4. 中东和北非

（1）发展现状

该地区在治理、数据可用性和使用和影响方面远低于全球平均水平，但在政府和私营部门管理数据的能力方面相对较强。进一步开发能够利用私营部门能力促进数据为公共福祉服务的伙伴关系模式，特别是在可持续发展挑战方面，为数据再利用提供更深入的支持途径。通过在数据共享框架和能力建设活动上的努力，还需要重点确保平等获取数据的利益和保护免受潜在危害。

进一步细分，按子区域和国家的数据显示，互联网的访问和使用在各个地区和国家之间存在差异。例如，海湾地区的互联网用户比例超过

90%，北非阿拉伯国家（摩洛哥、阿尔及利亚和突尼斯）为 60% ~ 65%，而苏丹（30.9%）、也门（26.7%）、叙利亚（34.3%）和毛里塔尼亚（20.8%）等中东和北非地区的其他地区不到 40%。在个体信息和通信技术技能方面也存在类似趋势（如使用设备、软件和应用程序的能力）。

过去 10 年来，中东和北非地区的全球变化以及多次起义已经从根本上改变了政府与公民之间的关系。这些变化重塑了公民对自身权利和义务的认知，特别是与问责、透明度和开放性相关的领域。经济和社会的快速数字化加快了数据和开放数据战略、工具和应用的发展。

同时，我们也需要认识到该地区面临的一些基础设施和政策挑战。根据国际电信联盟（International Telecommunication Union，ITU）的数据，2019 年阿拉伯国家 55% 的居民可以接入互联网，其中超过 2/3（67%）的人是年龄在 15 ~ 24 岁的年轻人。按性别划分，2019 年有 47% 的妇女和 61% 的男性可以接入互联网。这意味着存在 0.77 的性别差距。从地理角度来看，城市地区有 74% 的人可以接入互联网（主要是 4G），而农村地区只有 34% 的人可以接入互联网，其中农村地区主要依赖较慢的 3G 移动连接。

在法律和政策层面，只有 6 个阿拉伯国家有与信息公开权有关的法律 [约旦（2007 年）、摩洛哥（2011 年）、也门（2012 年）、苏丹（2015 年）、突尼斯（2016 年）和黎巴嫩（2017 年）]，其中 3 个是开放政府伙伴关系（OGP）的成员。

尽管不同国家（地区）之间存在差异，但调查显示，中东和北非地区在数据共享、开放性和可用性方面取得了一些进展。在阿联酋、卡塔尔、阿曼和沙特阿拉伯等国家，政府对数据和开放数据倡议表现出越来越大的政治意愿和官方支持。此外，民间社会和其他非政府组织在促进有效的数据管理、共享和可用性方面发挥越来越积极的作用，帮助政府将政策和愿景转化为具体的数据产品和服务。

然而，存在能力差距可能对国家倡议的潜在影响产生负面影响。有限的基础设施或缺乏基础设施以及较低的数字素养可能阻碍公民充分利用可用的数据并有意义地参与公共咨询和决策过程。例如，在该地区，一种被证明受欢迎且有效的做法是通过数据创意赛，鼓励公民和关键利益相关方参与开放政府和数据领域（以及更广泛的政府数字转型过程），市民、创新者、活动家、研究人员和数据科学家共同探索和测试各种数据集的潜力，为其社会面临的社会、经济和环境挑战提供解决方案。

（2）未来发展方向

我们鼓励中东和北非地区的数据机构和倡议与民间社会组织、私营部门和其他关键利益相关方建立战略合作，拥有必要的能力，以有效和战略性地利用可用的数据。同时，还需要开设更多与数据为公共利益相关的专业培训和学术项目，以提高和改善该地区在数据领域的人力资本。

此外，我们鼓励中东和北非地区的数据机构和倡议探索在负责任的人工智能和数据分析领域开展区域合作的潜力，并进行知识、技能和经验交流，以在阿拉伯语机器学习工具和技术、高级数据分析和数据可视化等方面建立区域能力，更加关注基础设施和区域监管框架。

5. 南亚和东亚

（1）发展现状

该地区国家虽然开放数据政策和倡议普遍存在，但关键数据集的数据可用性和开放数据发布仍有待加强，尤其是在政治廉正、公司信息和气候行动方面。

亚洲是人口众多、多元化的地区，拥有不同的语言、文化、政府形式、经济发展水平，甚至在子区域内的政治背景也有所不同。因此，当审查总体趋势和得分时，需要对每个国家和每个支柱/模块进行更深入的研究，以更好地了解数据发展的挑战和机会。

东亚和东南亚对国际贸易和投资来说也是一个地缘政治上重要的地区。由于新冠肺炎封锁措施，全球供应链中的许多中断可以追溯到该地区的主要制造出口和货物运输。政府提供与贸易和投资相关的优质数据和数字服务能力将对该地区的经济复苏至关重要。

东南亚在亚洲其他子区域中是一个异常值，其数据能力高于数据可用性。从总体上看，该地区的计量器得分与国家的经济发展水平（人均收入）相关。

除韩国外，研究中表现最好的亚洲国家，各国的数据能力似乎并没有得到良好的转化。这引发了关于可能需要的干预措施以支持更广泛的数据使用的问题。

就开放数据而言，该地区的国家似乎有良好的立法、法律和政策基础，开放数据的明显例外是柬埔寨，在该国，数据的可用性和能力由本地和国际民间社会组织提供，而不是政府。

该地区的多样性在计量器数据中是显而易见的。对于该地区的每个国家来说，相比总体得分，它们在几个模块或指标上的得分较低。

然而，国家数据优势似乎并不总是与它们面临的最紧迫问题相符合，这表明它们拥有的数据基础设施与它们需要应对未来挑战的基础设施可能存在脱节。例如，一些最近受到气候变化严重影响的国家在气候行动模块的得分相对较低，与其整体能力相比。

（2）未来发展方向

总体而言，与其他地区相比，东南亚在理论上具有确保数据的公共利益的能力，但在数据收集和可用性方面与他地存在较大差距。我们调查收集到的证据提供了大量见解，可以帮助塑造通过政府和民间社会倡议解锁这些数据的策略。特别是对于受气候变化严重影响的地区来说，需要在气候行动数据方面做更多的工作。许多国家有大量人口居住在洪水平原上，并每年受到洪水和热带风暴以及森林砍伐的影响，但该地区在计量器的气候行动模块中的得分相对较低。

笔者还注意到，在一个相互连接的世界中，每个国家相关的数据也可以在全球范围内或跨国界找到。例如，我们应关注全球数据发布系统，如贸易统计的联合国商品贸易统计数据库（UNCOMTRADE）和美国/美国国家航空航天局的全球生态系统动态调查任务（Global Ecosystem Dynamics Investigation mission，GEDI），它们可以为无法生成或发布此类数据的国家提供森林覆盖数据。类似地，国际非政府组织和发展银行已经并应该提供他们在所工作国家收集的数据，为目前没有能力提供关键数据集的国家提供替代的数据可用性来源。

利用当前的计量器，我们已经可以研究可能有助于解决国内挑战的跨境数据，例如，在拥有庞大金融业的国家（如英国和美国）中可用的所有权益和资产披露数据，可用于深入了解政治家的外国资产或来自其他国家的政治融资流向。为了支持东亚和东南亚的数据驱动决策，我们需要继续发展区域数据治理和可用性，并继续强化对与气候变化、疫苗出口、贸易和许多其他主题相关的区域数据资源的意识，这些数据资源在世界其他地方也在提供。

（二）各国政府数据治理实践

1. 美国：循证决策基础法

虽然循证决策并不是什么新鲜事，而且得到了学术研究的广泛支持，但支持这种方法的国家政策或战略仍不多见。2016 年，美国循证决策委员会成立，以探讨政府如何更好地利用其数据，为未来的政府决策提供信息。循证决策委员会花了一年半的时间进行审议和实况调查，并于 2017 年 9 月发布了一份报告，报告中优先考虑扩大数据的使用范围，确保隐私，加强政府生成和利用证据的能力，以评估影响健康、教育和经济福祉方案的预算支出。

2017 年和 2018 年，《基于证据的政策制定基础法》（以下简称《证据法》）获得国会批准，并于 2019 年 1 月由总统签署成为法律，以促进委员会一系列建议的实施。此后不久，白宫管理和预算办公室发布了《联邦数据战略》，作为第二个实施机制，将数据确定为战略资产，并概述了联邦机构在执行该法案时必须遵守的原则和做法。管理和预算局发布了多份指导文件，以帮助各机构处理委员会的一些建议；文件中包括关于指定评价官员、任命首席数据官员、确定统计专家、制定"学习议程"以及将新行动纳入年度预算和业绩计划的规定。对于已经制定了数据战略的机构，如卫生和公众服务部，《证据法》组成了加强利用数据建立证据的能力的额外任务。

《证据法》建立了对开放数据、数据清单和数据管理的新标准。它还加强了长期存在的《保密信息保护和统计效率法》，这是一项强有力的隐私保密法，迫使政府在承诺保密的情况下采取一切必要步骤保护数据。国家安全数据服务（委员会建议但尚未建立）预计将改善数据的获取过程，并将加强隐私保护。

2. 孟加拉国：政府官员中增强数据能力

这个庞大的政府项目反映了数字政府和数字经济的重要性，它预计将在2020年前实现"数字孟加拉国"的主要目标。这一计划帮助推动了孟加拉国2024年脱离最不发达的国家。为了支持其长期愿景，政府正在加强政府机构的体制能力，以管理并推动转向以数据为基础的循证发展规划、服务设计和政策实施。

信息接入倡议（Access – to – Information，a2i）是"数字孟加拉国"的领航项目，负责促进以公民为中心的公共服务创新，简化并改进公共服务的提供。a2i小组部署了信息通信技术解决方案，支持各机构实现国家发展战略目标和可持续发展目标。在联合国经济和社会事务部的支助下，a2i办公室发起了一系列各级公职人员能力发展方案。在此框架内，来自不同部委的秘书和副秘书参加了两次国家一级的加强数据驱动决策能力的机构能力研讨会，以支持可持续发展议程。研讨会侧重支持可持续发展目标1、目标4、目标8和目标16电子政务服务的交付和问责效率。

在2019年，a2i小组还与新加坡国立大学新加坡电子政务领导中心（eGL）和淡马锡国际基金会合作，发起了一个方案，通过使用数据分析作出决策，以加强公共行政。执行这一方案是为了支持"数字孟加拉国"和该国 2021 年的总体远景，其中，包括通过讨论、个案研究、实地访问和讲习班强调最佳数据分析做法及其治理和管理框架。高级别官员和专家参加了全国数据研讨会。

3. 新加坡：数据领导力和政府数据战略

在新加坡总理办公室设立的智慧国家及数字政府办公室将数据视为"数字政府的核心"。为了使未来的数字政府更加"以用户为中心，高效地完成关键任务"，并使各个部门和各级机构"数据与数字紧密结合"，新加坡建立了国家数据系统。该系统服务于大量的内部和外部使用者，包括个人、企业和公共管理者。

为了解决现有政府数据结构存在的问题，2018 年新加坡推出了政府数据战略。为了 2023 年战略的实施，总理办公室设立了政府数据办公室。"战略的重点是在新的综合数据管理框架下对公共部门进行重组……并确定在整个生命周期内管理数据所需的水平使能因素。"信托中心汇总来自单一信息源的数据，并向用户提供访问政府核心数据集的"一站式"服务。需要跨部门数据集的用户无须到每个数据源逐个索取数据。分别位于统计办公室（个人和企业）、新加坡土地管理局（地理空间）以及智慧国家和数字政府（传感器）的 3 个可信数据中心实现互操作计划于 2019 年底投入运作。

采用整体政府的方式，"新加坡公共服务机构也对组织结构进行了重大变革，将数据置于机构数字化转型工作的前沿和中心"，置于最高领导层之中。政府数据办公室编制的"一份指南提供给各机构用于制定和执行数据战略，作为数字化工作的一部分。它还为首席数据官开发了一种新的能力框架"；专业化首席数据官的角色，并赋予首席数据官"推动其机构数据转型"的任务。新加坡也在制定数据科学能力框架的策略，对结构性培训提供支持，并提高政府官员的数据能力。"进一步数字化产生的更多数据可用于更大的改进。通过对传感设备和物联网设备收集的数据与市政反馈进行三方分析，由此建立诸如电梯之类的基础设施的预测维护模型。这使各机构能在问题发生前就解决市政反馈的根本因素，让政府和居民共同创造更适宜所有人居住的社区。强调数据正是政府目前转型的推动力，这将使相关的政策、过程、系统和人员落实到位，以便于公共部门能够系统地获得、管理和使用工业规模的数据。"

4. 秘鲁：通过数字身份整合数据和电子政务

100 多年来，秘鲁的民事登记和身份识别系统都与选举进程挂钩，这实际上阻碍了政府履行其这方面的职责。但这种情况随着国家身份识别和公民注册局的建立发生了改变，因为这个机构兼备了管理民事登记和身份识别工作的职能。通过一个分散但一体化的系统，该机构改变了服务事项登记和公民身份识别过程。该系统集成了民事登记、重要的统计和身份管理系统，并将其与电子政务服务提供联系在一起。这种整合的获得得益于通过采用标准程序和规则，引入数字技术，将民事登记和身份证明记录数字化等。

通过将数字身份平台与公共服务的提供进行连接，RENIEC 确保了更多的新生儿能及时获得营养支持；过去需要两个月时间，现在只需72小时，在出生后第一个月就能获得资助的受益者人数从36%增至71%。按照"不让一个人掉队"的可持续发展目标原则，身份恢复和社会支持司正在制订一个项目，为土著社区的民事登记员提供定制培训，其目标是为占人口16%的群体提供48种土著语言的培训。

这一新制度和相关计划有助于减少登记错误，促进包容性，减少登记不足以及实现可持续发展目标。

后　记

　　数据治理是数据价值释放的一种管理模式，更是实现数据安全与数据发展平衡的关键。数据是数字世界的原材料，根据《数据安全法》第3条"本法所称数据，是指任何以电子或者其他形式对信息的记录"的规定，挖掘、加工、处理这些记录信息的数据可以生产比原数据自身更有价值的知识和情报，从而为组织决策服务，进而促进经济发展和人类的福祉。面对数据自身和数据处理行为的特征、如何使数据产生价值和增值而带来的负外部性已向传统的数据管理提出了挑战，同时也是实践领域和理论界研究的重点。数据治理是"治理"和"管理"的有机融合，且数据治理的目标、内容、方式等都不同于传统的数据管理，其是对传统数据管理的重构。

　　本书的研究起源于2020年教育部哲学社会科学研究重大课题攻关项目"数据法学内容和体系研究"和2020年国家信息中心与中国政法大学互联网金融法律研究院合作开展的"数据治理体系研究"。在此问题的研究过程中得到了社会各界、业内专家的大力支持。感谢上海市大数据中心、深圳数据交易所、粤港澳大湾区大数据研究院、重庆西部大数据前沿应用研究院、中国联通智慧足迹、蓝象智联、数牍科技、开放群岛开源社区等政府机构、研究院所、企业为我们的研究提供了大量鲜活的案例。特别感谢复旦大学郑磊教授为本书提出了很多建设性意见，提供了有价值的资料。感谢中国政法大学互联网金融法律研究院兼职助理研究员申心凝对实践案例部分的梳理、整理和撰写，感谢中国政法大学

318

杨捷博士研究生对"数据治理体系研究"课题的资料整理，感谢中国政法大学经济法学硕士研究生江婧妍对本书的校对和制度部分的核对。

最后，特别感谢法律出版社法治与经济分社社长沈小英编审的鼎力支持与毛镜澄责任编辑牺牲节假日和休息时间为本书顺利出版的辛苦付出。

2024 年 1 月 4 日